海洋钻井隔水导管
关键技术及工程化应用

刘书杰 杨 进 谢仁军 周建良 著

石油工业出版社

内 容 提 要

本书介绍了海洋钻井隔水导管桩土相互作用机理、入泥深度设计、施工控制技术及关键产品研发等内容，而且与现场施工作业紧密结合。本书是在多年研究与工程实践积累的基础上，形成的一套完整的隔水导管设计和作业技术成果资料。具有基础性强、覆盖面广、理论和实际结合密切的特点。

本书可作为海上钻完井技术人员、海洋工程科技人员进行海洋油气井工程设计及现场施工的参考书，也可作为石油院校相关专业教学的参考用书。

图书在版编目（CIP）数据

海洋钻井隔水导管关键技术及工程化应用／刘书杰等著．—北京：石油工业出版社，2019.3
 ISBN 978-7-5183-3141-3

Ⅰ.①海… Ⅱ.①刘… Ⅲ.①海上油气田-油气钻井-隔水管 Ⅳ.①TE52

中国版本图书馆 CIP 数据核字（2019）第 036374 号

出版发行：石油工业出版社
　　　　　（北京安定门外安华里 2 区 1 号　100011）
　　　　　网　　址：www.petropub.com
　　　　　编辑部：（010）64523537
　　　　　图书营销中心：（010）64523633
经　　销：全国新华书店
印　　刷：北京中石油彩色印刷有限责任公司

2019 年 3 月第 1 版　2019 年 3 月第 1 次印刷
787×1092 毫米　开本：1/16　印张：11.75
字数：290 千字

定价：53.00 元
（如出现印装质量问题，我社图书营销中心负责调换）
版权所有，翻印必究

前　言

在当今全球化的时代背景下，海洋已经成为各国提高综合国力和争夺长远战略优势的重要领域。海洋作为地球上最大的一个地理单元，其资源和价值已逐渐被世人所认识和重视。海洋技术综合实力的发展标志着一个国家、民族的富强程度。而海洋石油工业技术是海洋综合实力的一个重要组成部分，其技术水平的高低直接关系到海洋综合实力的地位。

海洋石油钻探与陆上相比，其难度主要体现在一层汹涌澎湃的海水，这层海水带来的技术难度，绝不亚于几千米深的岩石。海水越深，钻探技术难度越大，而且呈几何级数上升。

海洋钻井隔水导管作为连接海底与平台井口的"咽喉"，是海上钻井及油气生产的第一道关口，其入泥深度和稳定性控制是国际公认的海洋钻井首要技术难题。中国海洋石油科技工作者针对这一难题开展了长达十余年的攻关与实践，形成了集原理、设计、施工、产品于一体的海洋钻井隔水导管关键技术。该套技术于2014年获得国家技术发明二等奖。

本书旨在系统、全面介绍海洋钻井隔水导管所涉及的桩土相互作用基础理论、入泥深度设计方法、下入施工控制工艺及关键产品等内容，并结合典型工程案例分析给出三种不同下入方式钻井隔水导管的设计方法，是国家技术发明奖创新成果的系统提炼和总结。

在本书编写过程当中，中国海洋石油集团有限公司的董星亮、谢梅波、孙东征等同志提供了大量的技术指导。中海油研究总院的耿亚楠、幸雪松等同志提供了大量的技术资料与指导。中海油天津分公司的邓建明、范白涛，中海油湛江分公司的李中、李炎军，中海油深圳分公司的韦红术、汪顺文及中海油上海分公司的张海山等同志提供了大量的油田资料与现场应用指导，在此表示衷心的感谢。

中海油研究总院的徐国贤、吴怡、焦金刚、仝刚、周长所等同志参加了本书的编写工作，在此表示感谢。

由于本书涉及内容较多，加之编者水平有限，定有不妥之处，敬请广大读者批评指正！

目 录

第一章　绪论 ··· (1)
　　第一节　海洋钻井隔水导管基本功能 ··· (1)
　　第二节　国外钻井隔水导管技术研究现状 ··· (1)
　　第三节　我国钻井隔水导管技术研究进展 ··· (3)
第二章　导管与海底土相互作用机理 ·· (6)
　　第一节　锤入法下隔水导管海底土性质变化规律 ································ (6)
　　第二节　钻入法下隔水导管承载力变化规律 ······································ (15)
　　第三节　喷射法下结构导管承载力变化规律 ······································ (24)
第三章　入泥深度设计方法 ·· (48)
　　第一节　海底浅层破裂压力 ·· (48)
　　第二节　海底土极限承载力计算 ·· (49)
　　第三节　锤入法和钻入法下隔水导管最小入泥深度 ··························· (55)
　　第四节　喷射法下结构导管最小入泥深度 ·· (57)
第四章　强度和稳定性分析 ·· (59)
　　第一节　海况作用下隔水导管强度和稳定性分析 ······························ (59)
　　第二节　深水喷射结构导管水下井口稳定性分析 ······························ (70)
第五章　施工工艺与控制技术 ··· (72)
　　第一节　锤入法钻井隔水导管施工控制 ··· (72)
　　第二节　钻入法隔水导管施工技术 ··· (92)
　　第三节　喷射法下导管施工控制工艺 ·· (96)
　　第四节　钻井隔水导管下入方式适应性 ··· (116)
第六章　特殊隔水导管产品研制 ·· (121)
　　第一节　卡簧式隔水导管快速接头 ··· (121)
　　第二节　新型组合式抗冰隔水导管 ··· (125)
　　第三节　其他配套的隔水导管辅助装置 ··· (130)
第七章　钻井隔水导管软件系统开发 ··· (133)
　　第一节　软件说明书 ·· (133)
　　第二节　软件操作步骤 ··· (138)
第八章　工程应用案例 ·· (147)
　　第一节　隔水导管入泥深度应用案例 ·· (147)
　　第二节　隔水导管强度及稳定性分析应用案例 ·································· (157)
　　第三节　水下井口稳定性分析应用案例 ··· (174)
参考文献 ·· (180)

第一章 绪 论

第一节 海洋钻井隔水导管基本功能

海洋石油勘探开发与陆上相比,难度主要体现在一层汹涌澎湃的海水,海水越深,钻井难度愈大,而且呈几何级数上升。海洋钻井隔水导管是从海上钻井平台下到海底浅层的导管,其主要功能就是隔离海水、形成钻井液循环通道,同时作为海上钻井井口的持力结构。

由此可见,钻井隔水导管对于整个海洋石油的勘探开发起着重要的作用。作为海洋石油勘探开发成功与否的第一道重要工程关口,必须"站得住、不下沉、不倒下",否则就可能造成防喷器或采油树失稳、油气井报废等事故。在复杂的海洋环境条件下,钻井隔水导管受到风、浪、流、冰及钻井动载等多种因素的影响。在不同的海域,由于海况条件的不同,对于钻井隔水导管的入泥深度要求亦不相同。如果钻井隔水导管入泥深度下入过浅,将不能完全承受上部的井口载荷而导致在施工过程中井口的失稳、下陷等海上复杂事故,从而造成很大的经济损失。如果隔水导管入泥深度下入过深,会使隔水导管用量过度增加而造成经济上的过多浪费。因此,钻井隔水导管的入泥深度和稳定性控制是海洋钻井界公认的首要技术难题。

第二节 国外钻井隔水导管技术研究现状

由于水深的差异,钻井隔水导管下入方式可分为三种:锤入法、钻入法和喷射法。浅水海域一般采用锤入法和钻入法,这两种方法下入的钻井隔水导管一般都是安装在固定式导管架平台上,从平台甲板连接到海底泥线以下几十米。深水海域一般采用喷射法下隔水导管(也称为表层导管或结构导管),这种隔水导管一般绝大部分在海底泥线以下,露出泥线以上3~4m,作为水下井口和采油树的支撑结构。

一、浅水钻井隔水导管

国际上,对于浅水固定式平台采用的钻井隔水导管研究较少,尤其是在入泥深度和施工控制方面,直接将其等同于导管架平台的桩腿,通常引用固定式平台桩基础算法或者采用墨西哥湾、北海等成熟地区经验估值,没有形成专项技术。

二、深水结构导管

深水喷射法下入结构导管技术起源于墨西哥湾,在20世纪70年代后得到了迅速的发展,目前已经扩展到世界各地。从国外应用实例和效果分析来看,深水喷射法下入结构导管技术在下入工艺和工具方面已有较为完善和成熟的技术和工具,而这些工具和技术目前主要被Dril-Quip、CAMERON等几家国外公司垄断,他们只提供现场服务,不对外公开工艺技术和销售产品工具。

与钻入法相比,深水喷射法下入结构导管有如下 3 个方面的优点:

(1) 喷射法下入技术可在钻进的同时下导管,解决了深水表层钻孔后下导管不易找到井口的难题;

(2) 这种方法无须固井,可避免因水泥浆密度过大而压破地层,能为表层导管提供一个稳定的泥面以利于其支撑井口结构;

(3) 采用喷射法可以有效地节约钻井时间,从而很大程度上节约了钻井成本,这对目前深水钻井日费高昂的情况来说具有更大的意义。

喷射法下入深水结构导管,首次在墨西哥湾的浮式钻机上使用。MINton 在 1967 年对首次应用在 20 世纪 60 年代初期的浮式钻机上的安装钻井隔水导管工艺进行了描述。组合喷射推进方式设置长为 100in,直径为 29.5in,壁厚为 1.0in 的钢管。钢管与喷射推进底部钻具组合相连,通过使用 3in 冲程的"J"形槽工具驱动底部钻具组合运动。底部钻具组合由 5.5in 的钻杆、2 根 22in 的钻铤组成,以提供冲击和增加进入沉积穿透重量。装备图如图 1-2-1 所示,喷射液通过喷射接头进行喷射,回收液通过导管外部进行回收。图 1-2-1 描述施工工艺并展示了流体和喷射产生的固体被迫沿着导管外部流向泥线。MINton 提出,甚至在浮式钻井的初期,深水结构导管的沉降已经是一个值得关注的问题。

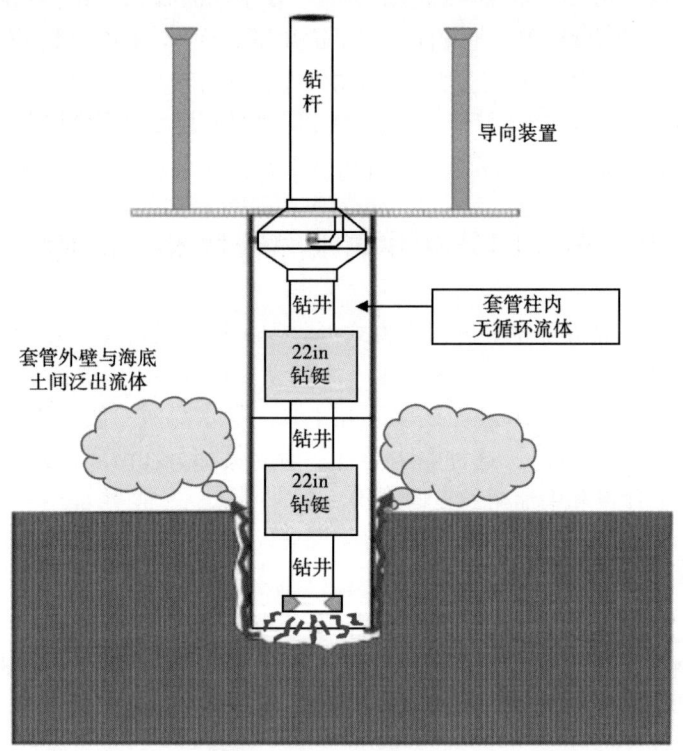

图 1-2-1 原始喷射工艺

在 20 世纪 70 年代,工具的发展,如正位移井下动力钻具、井口基座运行工具,使得喷射技术不断发展。井口基座运行工具内的返出口使回流液在导管内部回流而不是导管外面,从而减少土壤的扰动。正位移井下动力钻具使钻头在喷射管柱中转动,并使沉积岩的破碎和流体化更有效。

喷射技术已经扩展到世界各地其他的地质地理区域。Salies 等人指出，1993 年在巴西的 Campos 海域，开始使用 30in 表层导管的喷射安装。在 20 世纪 90 年代中后期，一些西非国家如安哥拉、尼日利亚和刚果，这些国家的深水区域也同样使用喷射技术安装表层导管。特立尼达岛、加拿大、澳大利亚、南非的深海操作人员都把喷射结构导管当作首选的安装方法。当前基本喷射工艺如图 1-2-2 所示。

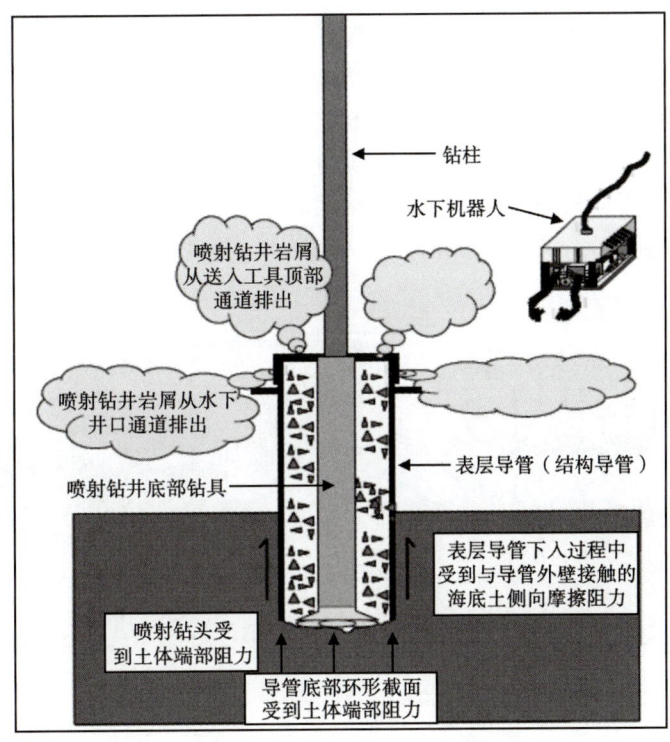

图 1-2-2　当前喷射工艺

第三节　我国钻井隔水导管技术研究进展

与世界海洋大国相比，我国海洋石油工业起步比较晚，20 世纪 60 年代初才开始走向近海进行探索性的活动，而真正开始进行规模性的开发已经到了 20 世纪 80 年代。近 30 年来，中国海洋石油从引进、消化、吸收国外海洋石油工业先进技术开始，在学习国外先进技术的同时，也开阔了自己的视野，并且根据中国海洋石油的现状与需求，在学习与创新海洋石油工程技术方面取得了长足的进步与发展。但在海洋工程、岩土工程与钻探工程结合和融合方面的基础研究很少，尤其在海洋钻井隔水导管设计与施工技术方面，初期也都是参照国际模式或者承包给国外公司施工作业。

但是，随着我国海上平台井槽数增多，井间距减小，采用锤入法作业时，常常造成打桩拒锤、导管下沉等复杂事故，照搬国际上常规的桩基础算法无法解决这些难题。典型案例如：渤海蓬莱 19-3 油田 I 期（水深约 30m）隔水导管设计入泥深度 70m，而在锤到 50m 时发生了严重拒锤现象，导管端部变形严重，增加修复作业，使工期延长一个月，直接损失数千万元；南海西江 24-3 油田（水深约 100m）发生隔水导管下沉事故，造成了巨大经济损失。

深水海域喷射法下结构导管技术仅被少数几个国外公司掌握，他们为垄断深水钻井市场，扼制我国深水钻井技术发展，其核心技术对我国封锁。在我国南海荔湾、流花等深水国外合作区块钻井过程中，对我国进行严格技术保密，中方人员无法接触其核心技术。

经过中国海洋石油人的艰苦探索，认为浅水和深水钻井隔水导管技术（图1-3-1）的核心，在本质上都表现为导管、海底土、载荷之间的相互作用关系。为从根本上解决以上工程技术难题，中国海洋石油集团公司自2000年开始，历经10余年科技攻关，系统开展了钻井隔水导管与海底土相互作用机理、关键参数影响规律、方案和工艺设计等技术攻关，突破了原理方法、设计方法、控制技术及核心产品等多项重大技术关键，发明了海洋钻井隔水导管入泥深度及施工监控技术，打破了国外技术垄断，并在我国海域及海外58个油气田工业化应用，取得了丰富的理论技术成果和重大应用效益，为加快我国近海能源开发，推动南海深水油气开采，保障海洋权益，实现海洋强国战略奠定了坚实基础。该套技术于2014年获得国家技术发明二等奖。

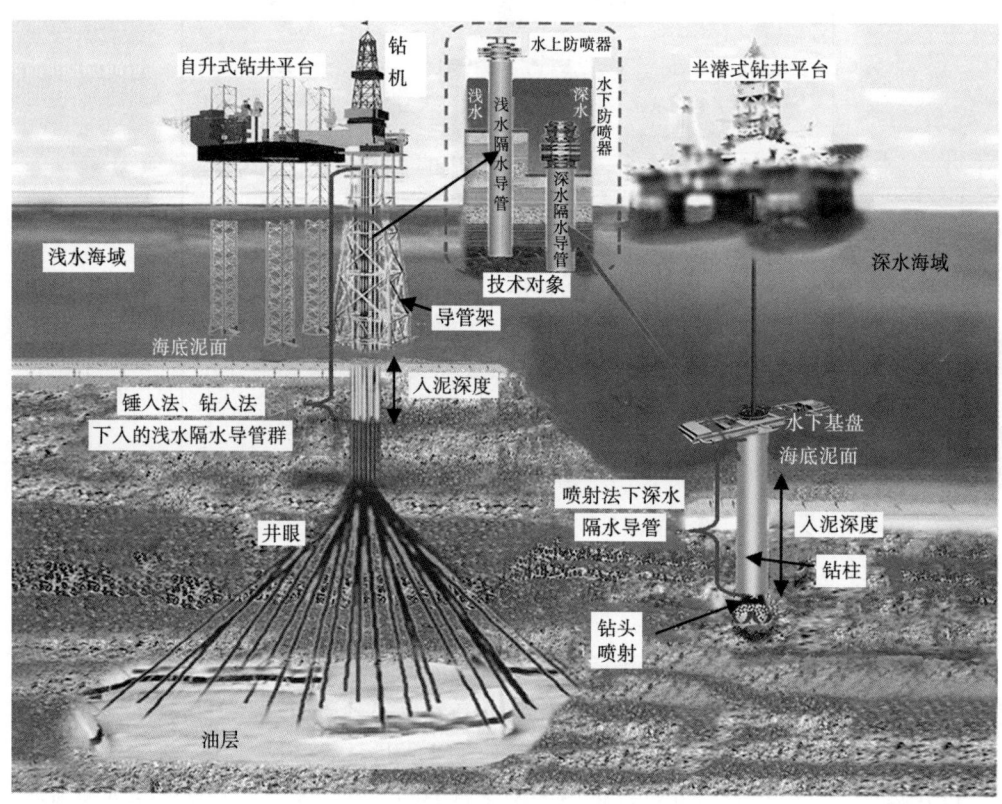

图1-3-1 海洋钻井隔水导管技术示意图

该套关键技术包含四项主要内容。

（1）钻井隔水导管入泥深度及控制的原理方法。

揭示了海洋钻井条件下钻井隔水导管与海底土相互作用机理，创建了综合海洋环境、钻井动载等多因素导管与土相互作用本构关系、群桩效应计算模型，发明了隔水导管下入深度及控制的原理方法和模拟3000m水深的试验装置，突破了隔水导管关键技术理论基础。

（2）不同下入工艺的钻井隔水导管入泥深度设计方法。

通过系统室内实验和现场大型模拟试验，揭示了钻井隔水导管作为"循环通道""持力结构"两大功能的动态力学特性，发明了锤入法、钻入法及喷射法下隔水导管入泥深度设计方法，创建了喷射下导管钻井参数设计图版，开发了应用软件。

（3）钻井隔水导管海上施工监测方法及控制技术。

揭示了钻井隔水导管贯入度与打桩锤性能参数、土质特性内在影响规律，发明了钻井隔水导管下入施工实时监测方法和控制技术，研制了打桩防斜、扶正等关键控制工具，保证了隔水导管施工质量，实现了海上作业的安全高效。

（4）高强度、高效率隔水导管关键产品。

发明了承载能力提高40%、可抵御我国海域百年一遇冰载的抗冰隔水导管组合结构，开发了连接效率提高两倍以上的新型快速接头，突破了恶劣海况下常规隔水导管抗冰技术难题，保障了油气生产安全，大大提高了作业效率。

第二章 导管与海底土相互作用机理

海洋钻井隔水导管与海底土相互作用是一个复杂的交叉学科问题,涉及钻井工程、结构工程、海洋工程和岩土工程等学科的相关理论和技术。通过大量的室内模拟实验和现场试验,开展了单桩和群桩条件下钻井隔水导管施工模拟,揭示了单桩和群桩作用下隔水导管与海底土相互作用机理,得出了隔水导管周围土体应力场的计算方法。根据单桩和群桩在打入过程中土层应力的试验测量结果,得出了单桩和群桩作用下海底土性质的变化特征,建立了海底土力学特性参数变化规律的数学模型。根据室内和现场模拟试验结果,利用有限元法分析了海底土应力场的分布特征,确定了群桩作用下海底土特性的变化规律。

第一节 锤入法下隔水导管海底土性质变化规律

一、群桩作用下海底土层性质变化规律

(一)沉桩挤土效应的理论分析

锤入法打桩过程中,一般持续时间较短,对周围土体而言基本是一个不排水受挤过程,土体将发生垂直隆起和水平位移;当桩周土为饱和软土时,将产生相当高的孔隙水压力,土中的有效应力大幅度降低;沉桩结束后,孔隙水压力随着时间逐渐消散,即所谓再固结过程,再固结使土体有效应力增加,桩间土面下沉,土体强度恢复,桩侧摩阻力和桩尖端部阻力也随之增长。一般而言,可将黏土中打桩的挤土效应分为以下4个方面:

(1)桩周土完全重塑或土体结构的部分改变;
(2)桩周土的位移及应力状态的改变;
(3)桩周土体中超孔隙水压力的产生及其消散;
(4)土体强度的长期恢复。

采用普通弹塑性模型模拟土体的本构关系,设置 Goodman 接触面单元,来分析沉桩挤土过程中土中的应力和位移变化规律。

(二)沉桩挤土效应的数值模拟

在沉桩挤土问题的数值模拟中,可以用平面四边形单元模拟土体区域,通过土力学求解,并考虑初始应力,土与桩间的相互作用采用接触面单元来模拟,土体的本构关系则采用弹塑性模型。

1. 基本假定

在进行有限元分析时,采用了以下几个基本假定:
(1)考虑平面应变问题,利用对称性取半截面分析;
(2)假定所研究的土为饱和软土;
(3)假定桩的入土过程是一个分段、侧向挤土的过程。

土体单元采用八节点等参单元,按弹塑性材料考虑;桩体采用八节点单元,按线弹性材

料考虑。

2. 桩入土过程的模拟

由于桩入土的过程是分阶段进行的，所以将桩的入土过程分几个工况，每一工况桩体进入一定的深度，再将每一工况中桩体水平向的挤土简化为按一定的增量系数进行扩张，即进行增量计算。

每次桩体排土引起的应力增量 $\{\Delta\sigma_i\}$ 和位移增量 $\{\Delta\delta_i\}$ 与前次过程所得的应力场 $\{\sigma_{i-1}\}$ 和位移场 $\{\delta_{i-1}\}$ 叠加，即此时的应力 σ_i 和应变 ε_i 分别为：

$$\sigma_i = \sigma_{i-1} + \Delta\sigma_i \tag{2-1-1}$$

$$\varepsilon_i = \varepsilon_{i-1} + \Delta\varepsilon_i \tag{2-1-2}$$

依此类推直到这一工况水平位移等于固定位移，然后进入下一工况。直到施工结束。图 2-1-1 可以说明工况循环时边界约束情况。

对于群桩问题，可将群桩按一般组合进行分区，将每一分区的桩近似为当量单桩，然后按单桩分析群桩的挤土。

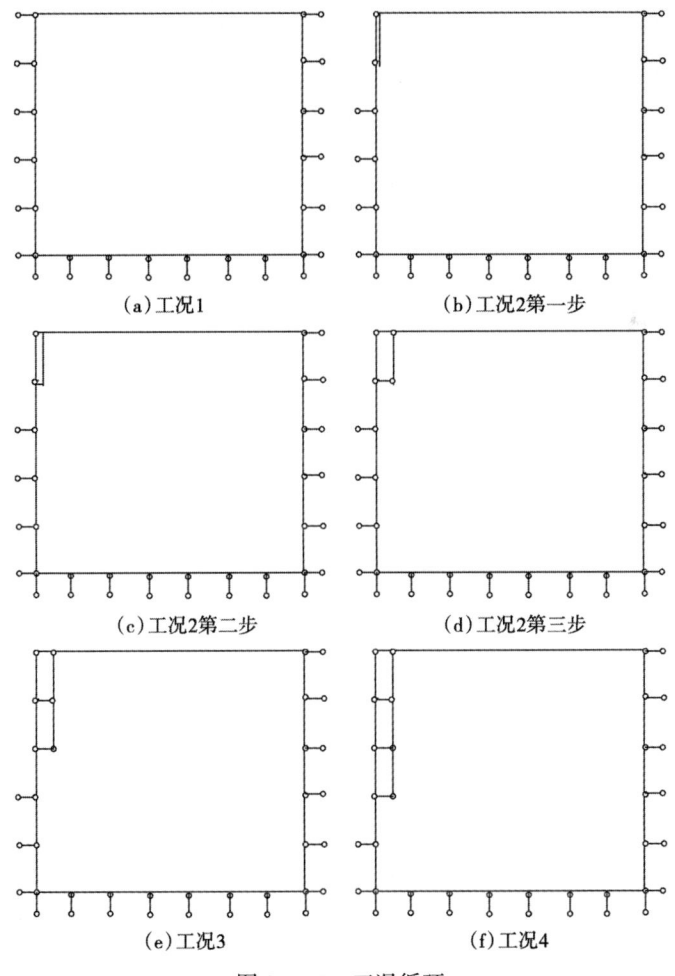

(a) 工况1　　(b) 工况2第一步

(c) 工况2第二步　　(d) 工况2第三步

(e) 工况3　　(f) 工况4

图 2-1-1　工况循环

3. 初始应力场的计算

大量研究证明,土体的破坏性状会受到土体内的初始应力的影响。为此,应当进行初始应力的计算,为后续工况的循环提供必要的初始应力场,只有在正确的初始应力计算结果上才能获得正确的分析结果。

施工前地层中已存在初始应力场,所以首先在土体内部施加自重载荷,用弹塑性有限元法求出每一单元的静应力,从而得到第一工况的初始应力场 σ_0。

4. 弹性模量的折算方法

用平面问题来分析桩体周围有邻桩的问题时,必须进行折算。如图 2-1-2 所示,对于群桩问题,假定在距沉桩轴线为 r 处有 n 根桩时,可将由 n 根桩及桩间土所组成的矩形体看作由另一种均质弹性材料组成;对于在距沉桩点为 r 处有一根桩时,考虑到桩挤土的影响范围,仍将一定范围

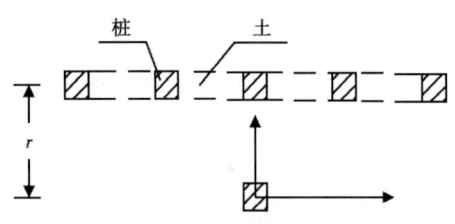

图 2-1-2 弹性模量折算示意图

内由土和桩所组成的矩形体看作由均质弹性材料组成。

由于桩间土的刚度较钢管桩小得多,在此可忽略不计。根据总刚度等效,推得第一种情形等效弹性模量 E' 为:

$$E' = E \frac{nA}{A'} \tag{2-1-3}$$

式中　E——桩体弹性模量,GPa;

　　　n——桩数,根;

　　　A——桩身横截面积,m^2;

　　　A'——矩形面积,m^2。

对于第二种情形可由桩挤土的影响范围按式(2-1-3)计算。

5. 挤土位移的折算方法

用平面问题来分析桩的挤土问题时,也需要进行一些近似处理。应将桩在入土时的挤土位移进行折减,具体折算方法同样需要分类进行。由于土体是黏弹塑性介质及土体的可压缩性,土体的位移不是简单的叠加问题,需将实测数据与计算数据进行拟合,方可得出合理的折算公式。

二、群桩作用下室内打桩模拟实验

(一)实验准备

根据相似原理,实物与模型几何尺寸相似比选为 10:1。选用直径为 2in(直径 50.8mm,壁厚为 2.54mm)的钢管作为桩模型,长度为 3.5m。打桩锤选用 50kg 重锤,锤落距为 1.0m。

选择一块长、宽、深为 5m×5m×5m 均质土地(砂土),在中心位置钻取一个直径为 120mm,深度为 3m 的孔,把两个土压力传感器分别置于 1.5m 和 2.5m 深的位置,把传感器压力面正对 1#桩和 3#桩两个方向安放。用砂土进行回填,施水进行密实,等待一段时间,使土密实程度接近原始状态。

将土压力传感器的信号电缆连接在动态应变仪上,并与计算机连接好,测量土压力传感器初值,并记录保存。4个模拟桩的位置如图2-1-3所示。

(二) 打桩施工

分别按图2-1-4、图2-1-5、图2-1-6、图2-1-7所示的打桩顺序,把桩打入3m深土中,在打桩过程中测量两个土压力传感器的信号,并保存测量结果。

注意:在各个桩打入过程中,打完第一个桩后要停一段时间,等扰动土稳定后,再打第二个桩,这时要测量土压力传感器信号。

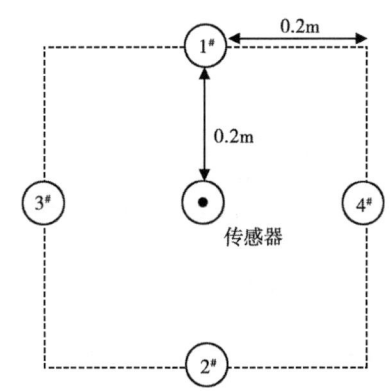

图2-1-3 室内模拟打桩实验安装示意图

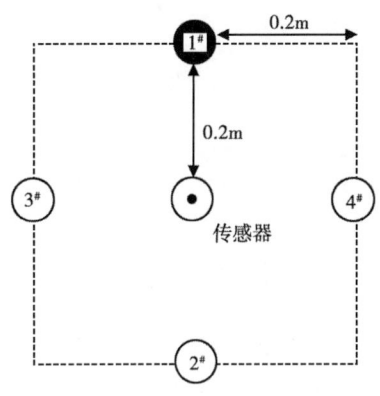

图2-1-4 打第一个桩示意图

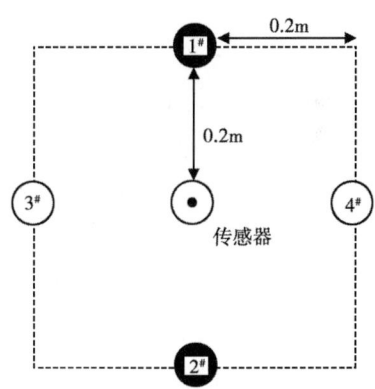

图2-1-5 打第二个桩示意图

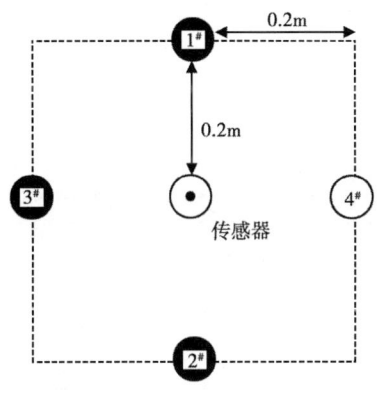

图2-1-6 打第三个桩示意图

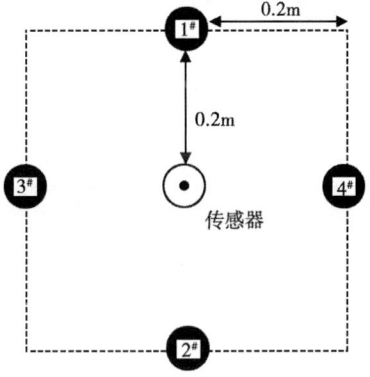

图2-1-7 打第四个桩示意图

在原实验场地上,把砂土挖掉,用黏土回填。按照上述实验步骤,分别将桩打入黏土中。

在上述的实验场地上,把实验坑中的土挖掉,用黏土和砂土交错回填,即先填一层黏土再接着回填一层砂土,每一层厚度控制在0.5m。按照上述实验步骤,分别将桩打入互层土中。砂土、黏土,以及砂土和黏土交互土层的传感器和群桩安装示意图如图2-1-8~图2-1-10所示。

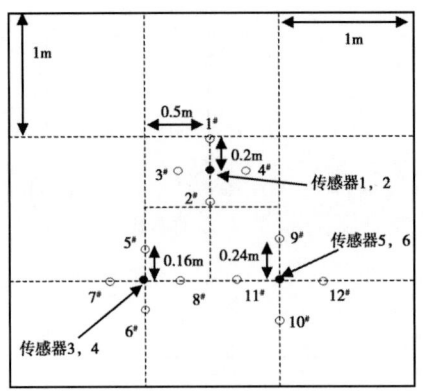
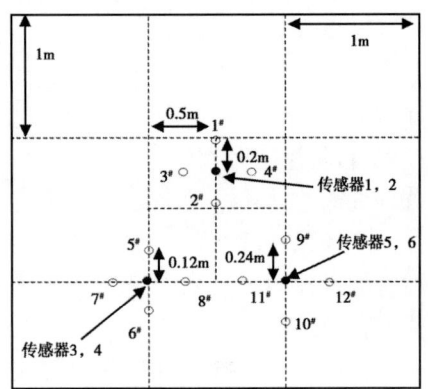

图 2-1-8　砂土实验传感器和群桩位置示意图　　图 2-1-9　黏土实验传感器和群桩位置示意图

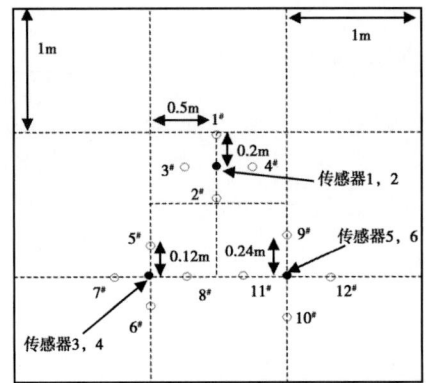

图 2-1-10　黏土和砂土交互土层的传感器安装和群桩位置示意图

(三) 实验数据处理与分析

1. 各实验土的打桩锤击数统计分析

从原始记录来看，随着桩入土深度的增加，贯入度逐渐减小。从表 2-1-1~表 2-1-3 中可以看出，$3^\#$ 桩和 $4^\#$ 桩的捶击数比 $1^\#$ 桩有明显的增加，这说明 $1^\#$ 桩和 $2^\#$ 桩对土的扰动影响非常显著。

表 2-1-1　黏土实验的锤击数统计

序号	第1组实验	第2组实验	第3组实验
$1^\#$	40	38	36
$2^\#$	49	50	47
$3^\#$	60	71	58
$4^\#$	81	94	75

表 2-1-2　砂土实验的锤击数统计

序号	第1组实验	第2组实验	第3组实验
$1^\#$	55	53	54
$2^\#$	67	64	62
$3^\#$	88	76	72
$4^\#$	116	92	84

表 2-1-3 砂土与黏土互层实验的锤击数统计

序号	第1组实验	第2组实验	第3组实验
1#	52	51	55
2#	62	63	63
3#	83	74	71
4#	108	89	82

2. 各实验土打桩过程中土压力的变化

各实验土打桩过程中土压力的变化见表 2-1-4~表 2-1-7。

表 2-1-4 砂土实验的 3m 深土压力传感器读数

序号	第1号传感器	第3号传感器	第5号传感器
1#	631	640	633
2#	664	682	642
3#	716	765	667
4#	834	903	698

表 2-1-5 砂土实验的 1.5m 深土压力传感器读数

序号	第2号传感器	第4号传感器	第6号传感器
1#	582	576	585
2#	616	638	595
3#	658	694	616
4#	726	789	644

表 2-1-6 黏土实验的 3m 深土压力传感器读数

序号	第1号传感器	第3号传感器	第5号传感器
1#	602	623	616
2#	629	667	624
3#	675	744	647
4#	752	864	675

表 2-1-7 黏土实验的 1.5m 深土压力传感器读数

序号	第2号传感器	第4号传感器	第6号传感器
1#	590	586	584
2#	626	648	603
3#	667	705	634
4#	741	794	656

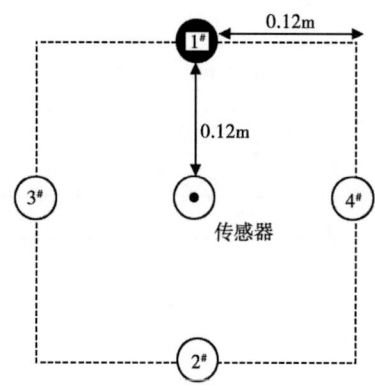

图 2-1-11 打桩施工流水示意图

3. 土应力场分析

制订实验施工方案时，采用两边对应打桩顺序来测量群桩对周围土应力场的影响。图 2-1-11 是本实验打桩流水示意图，打桩顺序为 1#，2#，3#，4#。按照图 2-1-11 所示的打桩顺序，进行了 3 种桩距的模拟实验，桩距分别是 0.12m、0.20m 和 0.24m。

图 2-1-12 给出了模拟实验的打桩过程中土压力传感器的测量数据图，从实验原始记录分析来看，随着各个桩的打入，不同深度土压力传感器读数逐渐增加。从图 2-1-12 可以看出，4# 桩打入后，土压力传感器的读数比第 1 号桩打入后有明显的增加，这说明群桩作用对土的扰动作用十分明显。

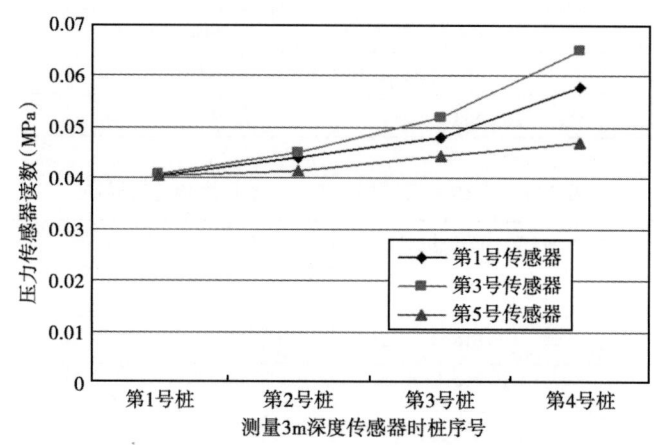

图 2-1-12 3 组实验的 3m 深度压力传感器测量数据图

从实验结果可以看出，先打入的 3 根桩对后继沉桩影响较大，对土压力传感器读数的影响也很明显。1#、2#、3# 和 4# 桩对压力传感器处的土应力影响，应为 4 个桩合成效应的结果，四者的合成按照正交力系的矢量法则进行计算。

其计算公式如下：

$$\Delta\sigma^2 = \Delta\sigma_{r_1}^2 + \Delta\sigma_{r_2}^2 + \Delta\sigma_{r_3}^2 + \Delta\sigma_{r_4}^2 \qquad (2-1-4)$$

式中 $\Delta\sigma$ ——4 个桩打入后土压力传感器处土应力的增量，MPa；

$\Delta\sigma_{r_1}$——1# 桩打入后传感器处土应力的增量，MPa；

$\Delta\sigma_{r_2}$——2# 桩打入后传感器处土应力的增量，MPa；

$\Delta\sigma_{r_3}$——3# 桩打入后传感器处土应力的增量，MPa；

$\Delta\sigma_{r_4}$——4# 桩打入后传感器处土应力的增量，MPa。

从图 2-1-12 中分析可以看出，由于群桩效应的影响，土压力传感器处的土应力增加了 10%~41.1%。当桩距与桩直径之比小于 3 时，群桩作用十分显著，第 4 个桩打入后土压力传感器的读数增加了 41.1%。当桩距与桩直径之比为 3.94 时，群桩作用较明显，第 4 个桩打入后土压力传感器的读数增加了 20.5%。当桩距与桩直径之比为 4.72 时，群桩作用较弱，第 4

个桩打入后土压力传感器的读数增加了 10%。

三、群桩条件下桩承载力变化规律

(一) 打桩的影响范围

打桩时，桩对土的水平挤压力可用 Vesic 孔扩张理论模拟，如图 2-1-13 所示。

此时桩周土体发生了大范围的扰动和重塑，用摩尔—库仑准则代入圆孔扩张平衡微分方程，可求得土体中的应力，从而求得桩挤土效应以及各桩之间的相互影响。塑性区内土体是可以压缩的固体，具有摩尔—库仑所定义的强度指标 C 和 φ，以及平均体积应变 Δ，与现

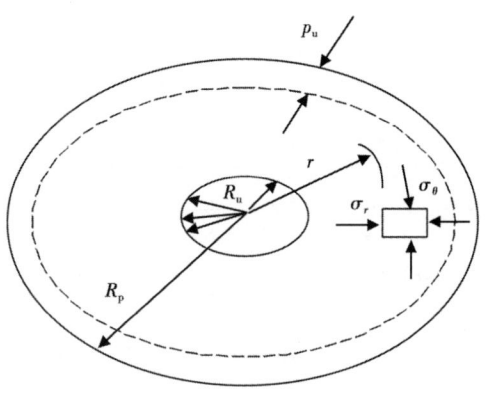

图 2-1-13 圆孔扩张应力分布

有的或新加的应力相比，其体力可以忽略不计。在施加载荷 p_u 之前，整个土体具有各向均等的有效应力 q。

球形对称体的应力平衡方程解：

$$\frac{d\sigma_r}{dr} + 2\frac{\sigma_r - \sigma_\theta}{r} = 0 \qquad (2\text{-}1\text{-}5)$$

$$\sigma_\theta = \sigma_r \frac{1-\sin\varphi}{1+\sin\varphi} - \frac{2C \cdot \cos\varphi}{1+\sin\varphi} \qquad (2\text{-}1\text{-}6)$$

利用径向位移的拉梅解，并考虑边界条件可得如下结果。

塑性区半径：

$$\frac{R_p}{R_u} = \sqrt[3]{\frac{I_r}{1+I_r\Delta}} \qquad (2\text{-}1\text{-}7)$$

式中　I_r——刚度指标；
　　　R_p——塑性区半径，m；
　　　R_u——桩半径，m；
　　　σ_r——径向应力，kPa；
　　　σ_θ——环向应力，kPa。

扩张压力：

$$p_u = \frac{3(1+\sin\varphi)}{3-\sin\varphi}(q + C \cdot \cos\varphi)\left(\frac{R_p}{R_u}\right)^{\frac{4\sin\varphi}{1+\sin\varphi}} - C \cdot \cos\varphi \qquad (2\text{-}1\text{-}8)$$

径向应力衰减方程：

$$\sigma_r = (p_u + C \cdot \cos\varphi)\left(\frac{R_u}{r}\right)^{\frac{4\sin\varphi}{1+\sin\varphi}} - C \cdot \cos\varphi \qquad (2\text{-}1\text{-}9)$$

从式 (2-1-5)~式 (2-1-9) 看，塑性区土层的特性已由 C、φ 确定，只有平均体积应变随桩的水平挤压力而变化，由于各层土层特性不一，故水平径向应力和环向应力的大小也不一样。取地面下 3 个点为例求得了沉桩影响范围及扩张压力，桩端塑性区半径按球穴扩张理论

求解，同样求得各点的塑性区半径，见表2-1-8。

表 2-1-8 打桩过程中计算参数值

条目	试样 S-1	试样 S-2	试样 S-3
试样深度（m）	4.0	5.0	6.0
C（kPa）	15	15	13
φ（°）	3	1	2
桩侧塑性区半径 R_p（m）	$6.22R_u$	$5.90R_u$	$5.81R_u$
桩端塑性区半径 R_p（m）	1.35	1.38	1.60
扩张压力 p_u（kPa）	654.2	982.1	1184.5
径向应力新增量（kPa）	20.6	46.6	60.2
后打桩侧摩阻力增量（kPa）	22.8	48.1	58.7

（二）打桩阻力

1. 单桩打桩阻力

打桩阻力主要来自克服桩尖土层的动端阻力和桩侧土层的动摩阻力。由于桩侧土种类不同及桩的刺入和挤土作用，沉桩时侧摩阻力分布并不同于承载力计算时的分布模式。根据前期他人的研究，认为桩侧动摩阻力的分布可为3个区段，如图2-1-14所示。

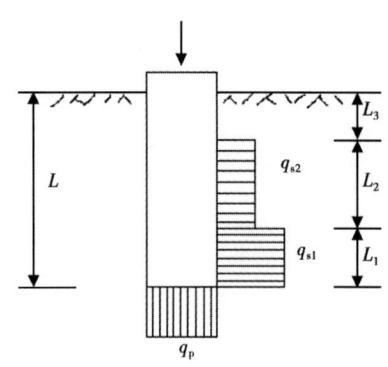

图 2-1-14 沉桩阻力分布

L_3 为无侧阻区；L_2 为滑移区，土的侧摩阻力小于原状土的静态侧摩阻力，它的降低程度与土的灵敏度有关；L_1 为挤压区，这个区的侧摩阻力一般稍大于原状土的静态强度。一般 $L_1 = (7～8)D$，D 为桩的直径；$L_2 = (0.5～0.6)L$，L 为桩入土深度。桩尖阻力由于闭塞效应而完全同闭口桩；桩侧阻力并不是随着桩入土深度的增加而线性增加，有时增加不大，有时反而减小。总体上入土桩身的桩侧平均单位面积侧摩阻力随桩的入土深度增加而减小，往往采用折减系数 u_1 来计算。

可按式（2-1-10）计算沉桩阻力：

$$Q = u_1 U \sum q_{si} L_i + q_p A_p \qquad (2\text{-}1\text{-}10)$$

式中 q_{si}——根据静力触探求得的桩侧摩阻力，kPa；
q_p——根据静力触探求得的桩端阻力，kPa；
Q——沉桩阻力，kN；
U——桩管的圆周周长，m；
L_i——第 i 段的桩管入泥长度，m；
A_p——桩端承载面积，m²。

$$u_1 = \frac{2(0.1L - 1 + e^{0.1L})}{(0.1L)^2} \qquad (2\text{-}1\text{-}11)$$

由求得的静沉桩阻力乘以冲击系数即可求得打桩阻力，即：

$$Q_d = m_p Q_p + m_s Q_s \qquad (2\text{-}1\text{-}12)$$

式中 Q_d——打桩阻力，kN；

m_p——桩端冲击系数，为1.3~1.5；

Q_p——桩端沉桩阻力，kN；

m_s——桩侧冲击系数，为2.1~2.7；

Q_s——桩侧沉桩阻力，kN。

2. 考虑群桩效应的沉桩阻力

上述仅求得单桩施工情况，实际工程中如果两根桩的桩距小于桩的塑性区半径，则已沉桩的挤土效应将增大后沉桩的沉桩阻力，下面就桩侧进行分析。

对于砂土层，沉桩过程可以近似看作是一个排水过程，水平有效应力的增量就等于径向应力的增量，则侧阻力的增量为：

$$\Delta q_s = \mu \Delta \sigma_1 \quad (2-1-13)$$

式中 μ——桩壁与土之间的摩擦系数，$\mu = \tan\delta$，$\delta = \dfrac{2}{3}\varphi$；

δ——外摩擦角，(°)；

φ——内摩擦角，(°)。

前面已求出不同深度的径向应力增量，将各层土的 μ 代入式（2-1-13），就可以求得不同土层桩侧摩阻力增量。

第二节　钻入法下隔水导管承载力变化规律

一、钻井隔水导管钻入法模拟试验

在采用钻入法下入钻井隔水导管过程中，一般使用海水钻进，钻达设计深度后下入隔水导管并固井，这时隔水导管外面与水泥浆直接接触。为了摸清隔水导管与水泥浆固结作用规律，需要通过现场试验模拟得到。由于实际井场无法开展这些试验，就需要在陆地上开展模拟试验，来系统探索隔水导管与水泥浆之间的作用规律，建立隔水导管与水泥浆固结力随时间的变化规律，为海上钻入法下隔水导管施工提供科学依据。

（一）试验场地

试验土质选择：黏土和砂性土。

试验场地选择：避免回填土和吹填土，选择第四系原始沉积土层，试验地点选在天津渤海塘沽地区东沽海滨地区一块 30m×40m 的场地。现场隔水导管下入分布示意图如图 2-2-1 所示。

C1、C2、C3、C4、C5 是固水泥的单桩，K1、K2、K3 是不固水泥的单桩，1#、2#、3#、4#、5# 是一组固水泥的群桩，S1、S2、S3、S4、S5、C1、C2 是取样孔的位置。C1 与 C3 之间的距离为 5m，C3 与 K2 之间的距离为 5m，K2 与 C4 之间的距离为 5m，K1 与 C2 之间的距离为 5m，C2 与 K3 之间的距离为 5m，K3 与 C5 之间的距离为 5m，C1 与 K1 之间的距离为 5m。群桩的间距为 600mm。本试验共下入隔水导管桩 13 根，在 7 个孔中取土样 28 个。

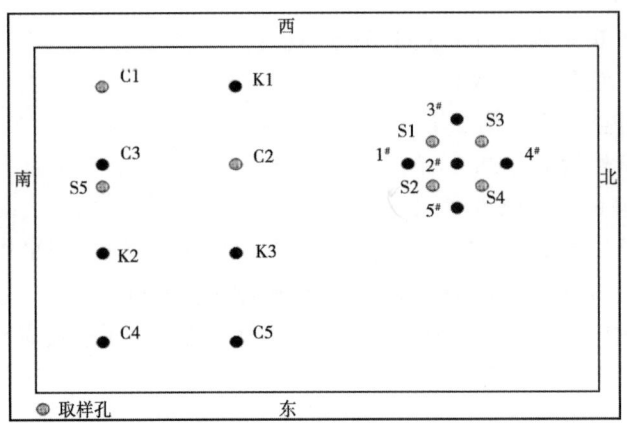

图 2-2-1　隔水导管平面位置示意图

(二) 试验设备与器材

根据相似原理，选择海上常用的 30in 钻井隔水导管进行模拟试验。实物与模型几何尺寸相似比选为 6∶1。选用直径为 5in (127mm)、壁厚为 5.08mm 的钢管作为桩模型，长度为 10m。钻头用 7in (177.8mm) 钻头。水泥采用早强水泥 P.O42.5R 号 (强度等级为 32.5)，水灰比采用 0.48。钢管采用普通轧钢 HRB400，共 13 根，在距钢管桩头 10cm 处正对着开两个小孔，为拔桩时使用测力仪方便，如图 2-2-2 所示。钻孔钻机：使用小型可移动式钻机，如图 2-2-3 所示。拔桩机：采用 50t 大吊车，如图 2-2-4 所示。钻孔取土机：采用车载取土钻机，取土筒直径为 57mm，内径为 53mm，长度为 400mm。测力仪：使用 50t 拉力计，记录拔桩力大小，如图 2-2-5 所示。

图 2-2-2　钢管桩桩头

图 2-2-3　钻孔用的小型钻机

图 2-2-4　测量拔桩阻力的测力仪

图 2-2-5　拔桩使用的吊车

(三）试验模型建立

水泥环的强度，目前 API 和国际都以抗压强度作为衡量指标。对于井下水泥环的受力状况而言，国内外已开始重视水泥环界面强度的试验研究。

水泥环的抗压强度，已经有很多学者做过试验，一般采用边长为50mm的水泥试验立方块，经过一定时间养护后在模拟井下静止温度和压力条件下，在压力机上进行破模试验，试块破坏时单位面积上所承受的压力即为抗压强度。由于井下的高压对水泥石抗压强度影响不大，因此在井下压力高于 20.7MPa 时，一律采用 20.7MPa 的养护压力，而在井下压力低于 20.7MPa 时可采取实际井下压力或在常压下养护水泥试块。

对于水泥剪切胶结强度的研究，也就是水泥与导管之间的黏结强度。很多专家和学者的研究结果表明：水泥环的剪切胶结强度与水泥环的抗压强度之间并没有关系，而与水泥的抗拉强度成正比。Parcevanx 和 Sanl 通过研究指出：水泥环抗压强度与剪切胶结强度之间没有明显的相关关系。Backer 和 Pteerson 分别对剪切胶结强度和抗拉强度进行了研究，并得出相似的结论。他们认为：水泥与导管，水泥与地层之间的胶结与胶结面上的黏着力有关。剪切强度与表面的可湿润性和水泥的水化程度有关。虽然水泥和导管间的胶结强度与水泥的抗拉强度没有直接的关系，但是 Farris 的研究已经证明，水泥—导管的胶结强度将随抗拉强度的增加而提高（在正常情况下，认为水泥的抗拉强度为抗压强度的 1/12）。

胶结强度是指水泥浆在环空中凝固后，水泥与地层、水泥与导管之间界面胶结的牢固程度。1961 年 Bearden 和 Lavne 就建立了一套简单的试验装置，以确定水泥与管子间的剪切胶结强度，如图 2-2-6 所示。

他们通过研究认为，在允许的试验误差范围内，剪切胶结强度几乎与试样的尺寸无关，还指出剪切胶结强度与一些因素成比例。首先，剪切胶结强度与水泥的抗拉强度成正比，这种关系取决于水泥组分、养护温度、压力和时间。其次，如果导管表面有钻井液膜，水泥与导管之间的剪切胶结强度明显降低。最后，剪切胶结强度与导管表面的物理性质有关。

为了测量钢管桩与水泥环、水泥环与土壤的胶结强度的大小，将上面的试验装置进行改装，试验模型如图 2-2-7 所示。

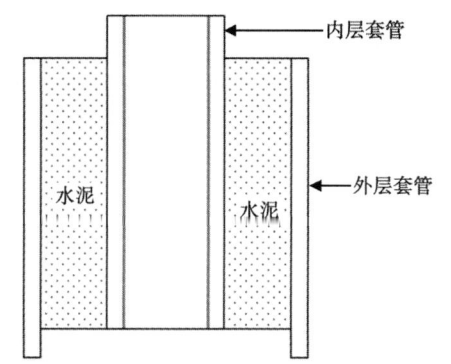 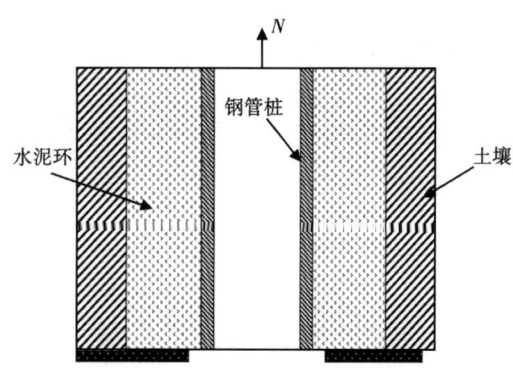

图 2-2-6　水泥环与导管胶结强度试验示意图　　图 2-2-7　改装后的试验模型

为了对比分析钢管桩与水泥之间以及水泥环与土壤的胶结强度大小，本试验下入了 5 根不固水泥的钢管桩来进行对比分析。如图 2-2-8 所示，拔出的为 2# 桩。

图 2-2-8 拔出的 2#桩

二、钻井隔水导管与水泥环—海底土固结规律

水泥与钢管桩黏结强度的变化，主要体现在侧向摩擦力的变化上。根据文献资料，隔水导管与水泥浆固结强度的变化主要表现在 48h 以内的作用时间里，48h 以后水泥浆与地层之间作用就成为主要矛盾。在 48h 以内的作用时间里，钢管桩与水泥浆之间的摩擦力增加明显，而超过 48h 后它们之间的摩擦力就趋于稳定，增加不太明显。所以隔水导管与水泥浆之间的固结强度计算，主要利用 48h 之内的拔桩数据来进行分析处理。

（一）钢管桩与水泥环黏结强度

试验共分为 3 组，通过使用不同配方的水泥浆来控制水泥浆的固结时间。水泥浆固结时间分别设定为 48h、36h 和 24h，来分别测量水泥固结过程中水泥与钢管桩之间摩擦力的变化情况。

当水泥浆固结时间分别为 48h、36h、24h，单桩作用下的水泥环与钢管桩的黏结强度和群桩作用下的水泥环与钢管桩的黏结强度如图 2-2-9~图 2-2-11 所示。

通过对比以上 3 组试验结果，得出水泥环与钢管桩黏结强度随着固结时间的变化规律。考虑到水泥环与钢管桩的黏结强度的变化趋势具有相似性，均可用 $y=a\ln t+b$ 进行回归。根据上述 3 组试验结果，可以推出当固结时间分别为 2h、4h、6h、8h、10h、12h、14h、16h、18h、20h、22h、26h、28h、30h、32h、34h、38h、40h、42h、44h 和 46h，水泥环与钢管桩的黏结强度图。

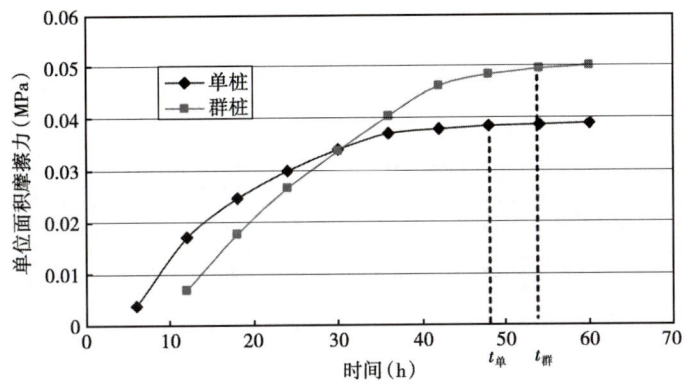

图 2-2-9　钢管桩与水泥环之间摩擦力随时间变化关系图（48h）

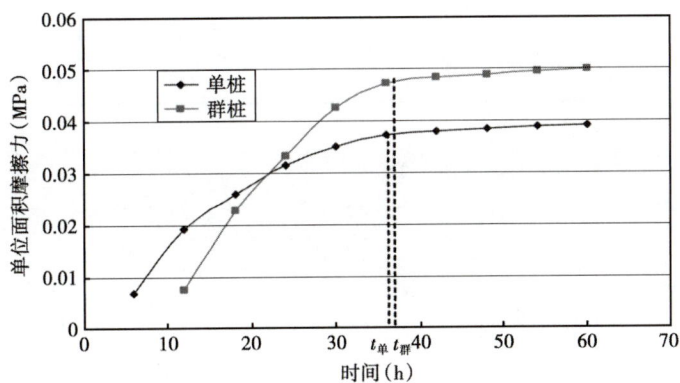

图 2-2-10　钢管桩与水泥环之间摩擦力随时间变化关系图（36h）

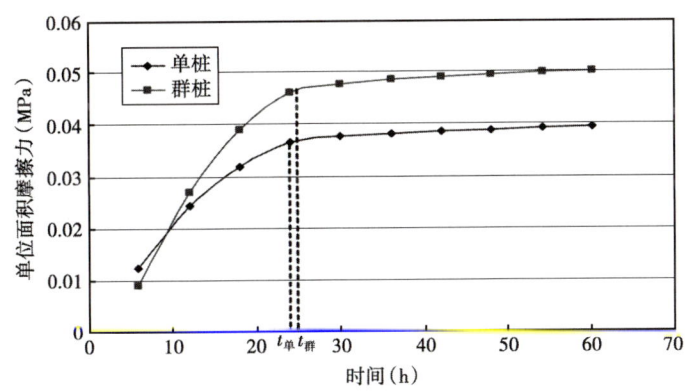

图 2-2-11　钢管桩与水泥环之间摩擦力随时间变化关系图（24h）

根据上述3组试验推得单桩和群桩情况下水泥环与钢管桩的黏结强度随固结时间变化趋势，如图 2-2-12、图 2-2-13 所示。

现场实际施工时，水泥浆的固结时间一般为24h左右，通过添加早强剂可以将固结时间缩短到6h左右。结合试验数据和现场实际施工情况，推得单桩和群桩情况下钢管桩与水泥环之间摩擦力随时间变化关系如图 2-2-14 所示。

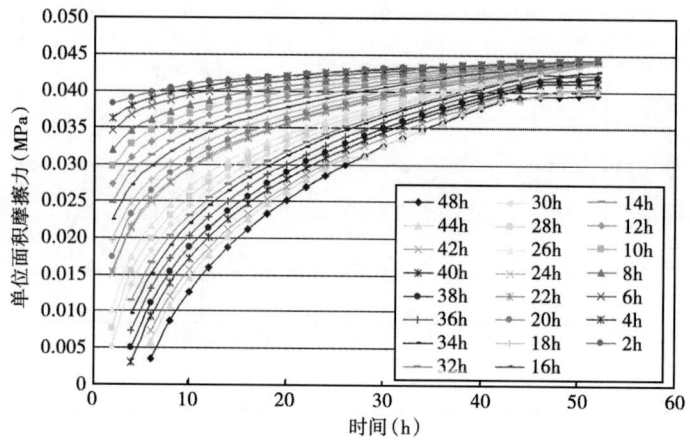

图 2-2-12 单桩工况下钢管桩与水泥环之间摩擦力随时间变化关系图

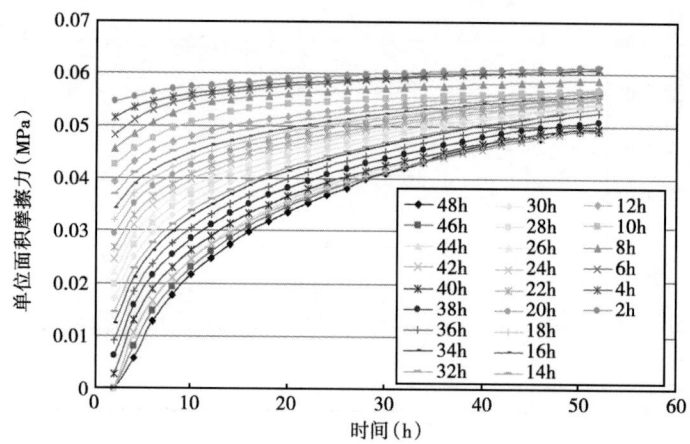

图 2-2-13 群桩工况下钢管桩与水泥环之间摩擦力随时间变化关系图

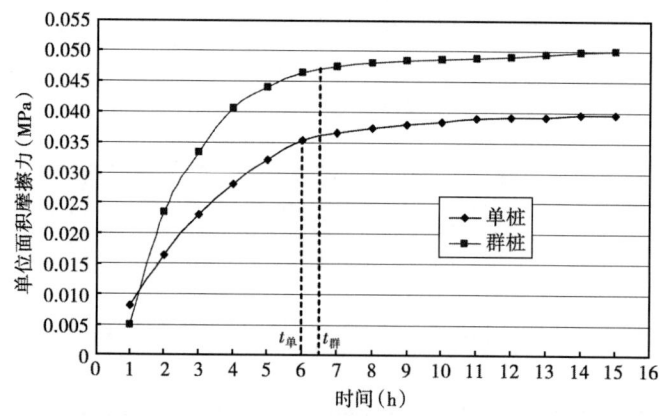

图 2-2-14 钢管桩与水泥环之间摩擦力随时间变化关系图（6h）

当单桩作用下固结作用时间在 $t_{单}$ 范围以内时，钢管桩与水泥环之间的摩擦力随着时间的变化规律可用式（2-2-1）表达：

$$\tau = 0.0152\ln t + 0.0072 \qquad (2\text{-}2\text{-}1)$$

当单桩作用下固结作用时间超过 $t_{单}$ 范围以内时，钢管桩与水泥环之间的摩擦力随着时间的变化规律可用式（2-2-2）表达：

$$\tau = 0.0035\ln t + 0.0303 \qquad (2\text{-}2\text{-}2)$$

当群桩作用下固结作用时间在 $t_{群}$ 范围以内时，钢管桩与水泥环之间的摩擦力随着时间的变化规律可用式（2-2-3）表达：

$$\tau = 0.0223\ln t + 0.0071 \qquad (2\text{-}2\text{-}3)$$

当群桩作用下固结作用时间超过 $t_{群}$ 范围以内时，钢管桩与水泥环之间的摩擦力随着时间的变化规律可用式（2-2-4）表达：

$$\tau = 0.0033\ln t + 0.0409 \qquad (2\text{-}2\text{-}4)$$

式中 τ——桩与水泥环之间的单位面积摩擦力，MPa。

t——桩与水泥环之间的固结作用时间，h。

当作用时间大于 $t_{单}$ 或 $t_{群}$ 时，钢管桩与水泥环之间的摩擦力随时间的变化趋近于一稳定值。

（二）水泥环与海底土层胶结强度

在下导管固井过程中水泥环与地层之间固结强度的变化主要表现在48h以后，48h以后水泥浆与地层之间的胶结作用就成为主要考虑因素。所以水泥环与海底土之间的摩擦力计算，主要利用48h以后的拔桩数据来进行分析处理。

1. 单桩

C1桩第一次拔动后外露600mm，则水泥环与土壤接触的表面积为：

$$S = \pi d l = \pi \times 177.8 \times 9.4 \times 10^{-3} = 5.278 \text{m}^2 \qquad (2\text{-}2\text{-}5)$$

S1桩，固结97h的摩擦力为：

$$\tau = \frac{F}{S} = \frac{150000}{5.278} = 0.028420 \text{MPa} \qquad (2\text{-}2\text{-}6)$$

对于C4桩和C5桩，水泥环与土壤接触的表面积为：

$$S = \pi d l = \pi \times 177.8 \times 9.8 \times 10^{-3} = 5.471 \text{m}^2 \qquad (2\text{-}2\text{-}7)$$

C4桩，固结5d的摩擦力为：

$$\tau = \frac{F}{S} = \frac{233000}{5.471} = 0.42588 \text{MPa} \qquad (2\text{-}2\text{-}8)$$

C5桩，固结6d的摩擦力为：

$$\tau = \frac{F}{S} = \frac{248000}{5.471} = 0.045330 \text{MPa} \qquad (2\text{-}2\text{-}9)$$

2. 群桩

2#桩，固结72h的摩擦力为：

$$\tau = \frac{F}{S} = \frac{205000}{5.471} = 0.037470 \text{MPa} \qquad (2\text{-}2\text{-}10)$$

1#桩，固结96h的摩擦力为：

$$\tau = \frac{F}{S} = \frac{245000}{5.471} = 0.044782 \text{MPa} \tag{2-2-11}$$

将群桩中水泥与土壤、单桩中水泥与土壤之间的摩擦力绘制在一张图中，如图2-2-15所示。

水泥环与海底土之间的摩擦力随着时间的变化规律可用式（2-2-12）和式（2-2-13）表达。

对于单桩： $\tau = 0.0162\ln t + 0.0155$ （2-2-12）

对于群桩： $\tau = 0.0228\ln t + 0.0136$ （2-2-13）

式中 τ——海底土与水泥环之间的单位面积摩擦力，MPa。

t——海底土与水泥环之间的作用时间，d。

从图2-2-15可以看出：群桩中水泥与土壤的黏结强度大于单桩中水泥与土壤的黏结强度。

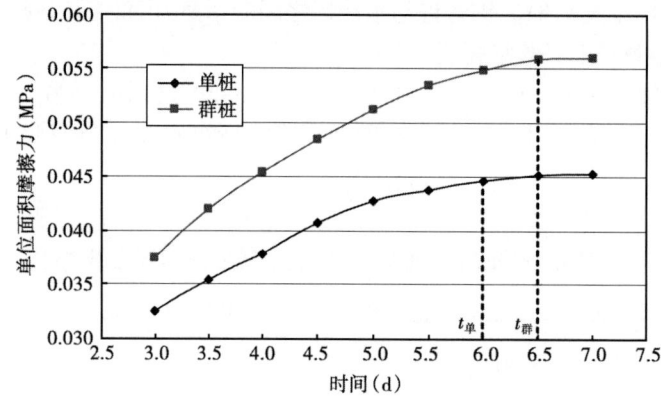

图2-2-15 水泥环与海底土壤之间摩擦力随时间变化关系图

上述数据可得出如下规律。

（1）水泥环与土壤、水泥环与钢管桩之间的胶结强度都随着养护龄期的延长而增长。

（2）钢管桩与土壤之间的黏结强度随着养护龄期的延长而增长，只不过胶结强度较小，且增长很缓慢。

（3）相互作用时间在两天以内时，水泥环与土壤之间的胶结强度大于水泥环与钢管桩之间的胶结强度。

（4）相互作用时间超过两天时，水泥环与土壤之间的胶结强度小于水泥环与钢管桩之间的胶结强度。

（5）钢管桩与水泥环之间的胶结强度要大于钢管桩与土壤之间的胶结强度。

（6）土壤与水泥环之间的侧向摩擦力远远大于土壤与钢管桩之间的侧向摩擦力。

（7）水泥环自身的强度随着养护时间的延长而逐渐增大。

利用试验结论，对直径为30in，下入深度为10m的隔水导管周围固水泥时的极限侧阻力进行计算，土质条件按试验场地条件。计算结果如下。

$$S = \pi dl = \pi \times 762 \times 9.8 \times 10^{-3} = 23.448 \text{m}^2 \qquad (2\text{-}2\text{-}14)$$

对于养护 24h

$$F = \tau \times S = 0.032637 \times 23.448 = 76.5 \text{tf} \qquad (2\text{-}2\text{-}15)$$

对于养护 48h

$$F = \tau \times S = 0.040731 \times 23.448 = 95.5 \text{tf} \qquad (2\text{-}2\text{-}16)$$

隔水导管桩 72h 的极限侧阻力就是水泥环的极限侧阻力,假设水泥厚度仍为 25mm,即:

$$S = \pi dl = \pi \times (762+50) \times 9.8 \times 10^{-3} = 24.987 \text{m}^2 \qquad (2\text{-}2\text{-}17)$$

$$F = \tau \times S = 0.048725 \times 24.987 = 121.7 \text{tf} \qquad (2\text{-}2\text{-}18)$$

与不固水泥的隔水导管的极限侧阻力做一比较:

$$S = \pi dl = \pi \times 762 \times 9.8 \times 10^{-3} = 23.448 \text{m}^2 \qquad (2\text{-}2\text{-}19)$$

对于养护 24h

$$F = \tau \times S = 0.003069 \times 23.448 = 7.2 \text{tf} \qquad (2\text{-}2\text{-}20)$$

对于养护 48h

$$F = \tau \times S = 0.005627 \times 23.448 = 13.2 \text{tf} \qquad (2\text{-}2\text{-}21)$$

对于养护 72h

$$F = \tau \times S = 0.006394 \times 24.987 = 16.0 \text{tf} \qquad (2\text{-}2\text{-}22)$$

对于养护 96h

$$F = \tau \times S = 0.006905 \times 24.987 = 17.3 \text{tf} \qquad (2\text{-}2\text{-}23)$$

把以上计算出的固水泥和不固水泥隔水导管桩的极限侧阻力绘制在同一图中做一比较,如图 2-2-16 所示。由图 2-2-16 可以看出,固水泥隔水导管桩的极限侧阻力远远大于不固水泥隔水导管桩的极限侧阻力。

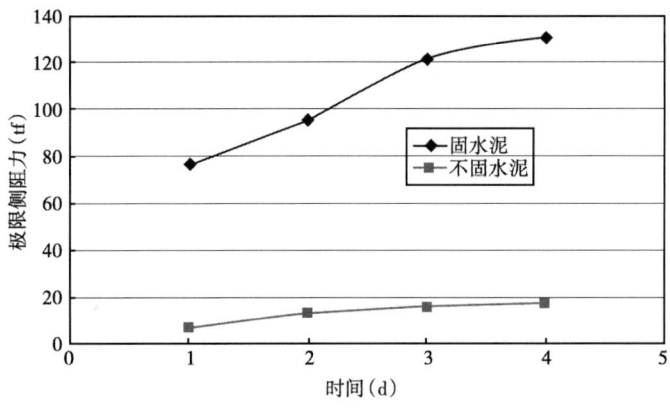

图 2-2-16 固水泥和不固水泥隔水导管桩的极限侧阻力对比图

第三节　喷射法下结构导管承载力变化规律

一、喷射法下结构导管与海底土性质匹配关系

不同的海底土质由于其特性参数的不同，下导管的过程中与导管的黏结力亦不同，那么在不同的土质中导管的下入深度也不同。另外，当海底浅层的地层强度比较高时，甚至出现岩层露头时，喷射下入结构导管施工方式可能存在下入困难，严重时结构导管入泥深度很难下到位，需要更换井场位置。

（一）喷射法下入导管与海底土相互作用

在喷射法下钻井结构导管过程中，下完导管后结构导管轴向承载力主要由侧向摩擦力和底部阻力组成。在随后的钻井过程中结构导管底部土层要被钻掉，在计算时可以忽略不计，所以结构导管承载力主要取决于侧向摩擦力，而侧向摩擦力在插桩时表现向上，而在拔桩时表现向下，且大小基本相等。

钻井导管与土之间的黏结力包括：（1）黏土与导管表面的胶着力；（2）黏土与导管表面的摩擦力；（3）导管表面不平而产生的机械咬合力。

黏土与导管经过长时间接触之后，黏土将会固结，导管在外力作用下，在导管与黏土的接触面上将产生剪应力，当超过导管与黏土之间的黏结强度（即抗剪强度）时，导管与黏土将发生相对滑移而使构件早期破坏。试验采用将导管从黏土中拉出，即求取导管从黏土界面拉脱时的剪切强度，如图2-3-1所示。

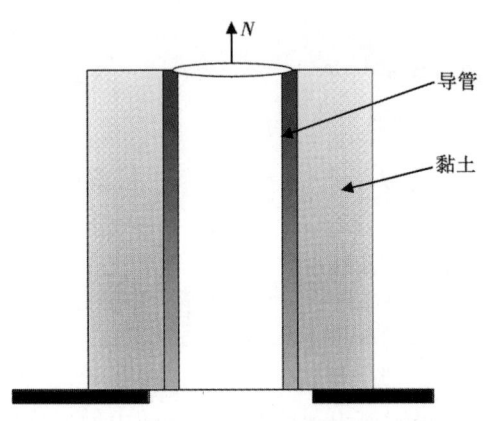

图 2-3-1　导管与海底土界面作用示意图

（二）砂性及黏性海底土喷射法下入方式适用性

喷射法钻井技术采用喷射方式将结构导管下入到位，利用水射流和管串的重力，边喷射开孔边下导管，同时在喷射管柱中下入动力钻具组合以提高安全性和作业效率。钻至预定井深后，静止管串，利用海底浅层土的黏附力和摩擦力稳固住导管，然后脱手送入工具并起出管内钻具，从而完成表层结构导管的喷射下入施工。

喷射法下结构导管，对于海底土的岩性没有特殊要求，只要保证结构导管在承受一定的载荷时能够不发生失稳现象。首先保证在轴向承载条件下不发生下陷，而在海流等横向载荷作用下不发生倾斜、倾覆等事故。

对于砂性土来说，由于砂性土的侧向摩擦力一般比较大，所以在同样下入深度条件下结构导管承载力比黏性土要大一些。为了保证下一井段的钻井安全，一般要求结构导管的管鞋最好放在黏性土里，这样在下一个井段的钻井过程中管鞋处的抗冲刷能力要强一些。如果管鞋位置避不开砂性土层，则要求结构导管的下入深度要比计算结果深一些，来避免在下一步钻井过程中由于管鞋处冲刷而造成承载力下降。

对于黏性土，由于黏性土的侧向摩擦力一般比砂性土小些，在同样下入深度条件下结构导管承载力比砂性土要小一些，所以如果在黏性土比较厚的海底，导管下入深度要深一些，

这样来保证导管有足够的承载力。

（三）喷射法下入方式使用范围

通过对国外文献资料调研及敏感性分析，得出适合喷射法下结构导管的海底土深度范围，如图 2-3-2 所示。当海底土抗剪强度小于 300kPa 时，采用喷射法施工方式比较适合。当海底土抗剪强度大于 300kPa 时，由于地层强度比较高，采用喷射法施工方式下入深度慢，可能存在结构导管下不到位事故。不同海底土深度与喷射下入方式关系如图 2-3-2 所示。

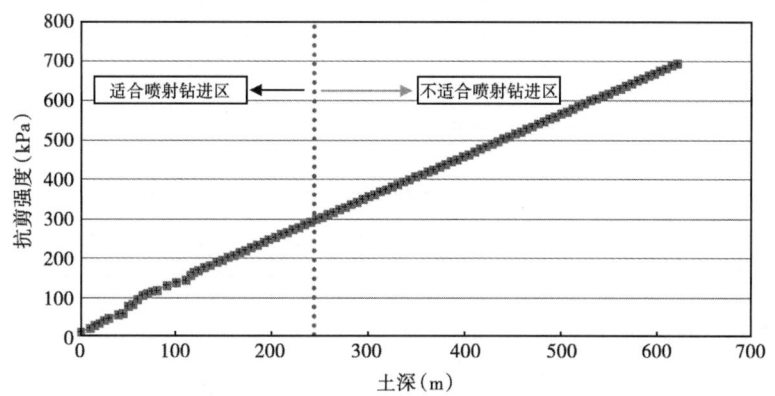

图 2-3-2 喷射法适应的海底土深度范围

二、喷射法下入后静止时间与海底土承载力关系

喷射法下入后是靠周围海底土的摩擦力保持稳定而保持结构导管不下沉的，海底土的回填和密实是要经过一定时间的，不同的海底土性质需要静止的时间是不同的。通过模拟试验和理论分析，建立不同水深和不同土质条件下喷射导管下入后的密实时间与海底土性质关系模型，推荐喷射导管下入后合理的等候时间，为海上作业时间选择提供科学依据。

（一）土质样品力学参数

为了获得试验场地土质力学性质情况，设计取 60 个土质样品，按要求每米取一个样本，土质样本如图 2-3-3 所示，力学参数见表 2-3-1。

（a）

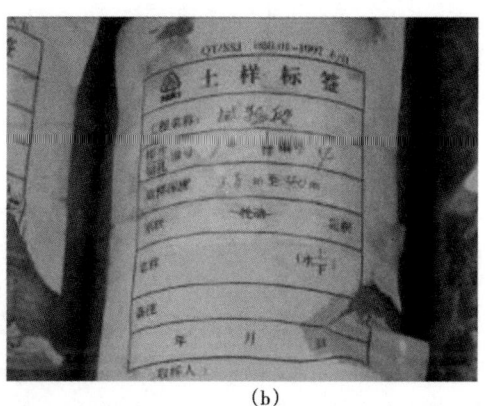
（b）

图 2-3-3 试验分析土样

表 2-3-1　试验土质力学参数

序号	取土位置（m）	含水量（%）	容重（kN/m³）	孔隙比 e	塑性指数 I_p	黏聚力 C（kPa）	内摩擦角 φ（°）	土质名称
1	0.80	25.5	19.2	0.758	6.2	15	24.1	粉土
2	1.80	66.7	15.9	1.899	24.3	4	1.4	淤泥
3	2.80	48.6	17.9	1.276	17.9	7	2.2	淤泥质黏土
4	3.80	33.7	19.1	0.905	13.6	8	5.8	粉质黏土
5	4.80	27.0	19.7	0.743	9.6	11	23.3	粉土
6	5.80	28.1	19.2	0.807	10.2	21	16.3	粉质黏土
7	6.80	22.6	20.3	0.628	8.1	20	29.1	粉土
8	7.80	26.4	19.1	0.794	10.2	17	6.2	粉质黏土
9	8.80	29.6	19.2	0.831	10.6	15	4.5	粉质黏土
10	9.80	25.3	19.7	0.710	7.6	14	30.4	粉土

（二）承载力与静候时间关系

1. 实验数据处理

在模拟试验中，导管的静止时间选择了 6 个节点，分别为 2h、4h、6h、12h、24h、48h，每个静止时间后拔出的导管均为 6 根。在导管到达静止时间拔出时，记录导管上拔过程中所受到的最大侧摩擦力。

为了真实地反映出喷射法下导管工艺过程中侧向摩擦力与静止时间的关系，对试验数据采取如下处理方式：将误差较大的数据点剔除，同时将在同一静止时间上的数据点平均化。因而可以得到图 2-3-4~图 2-3-6 的关系。

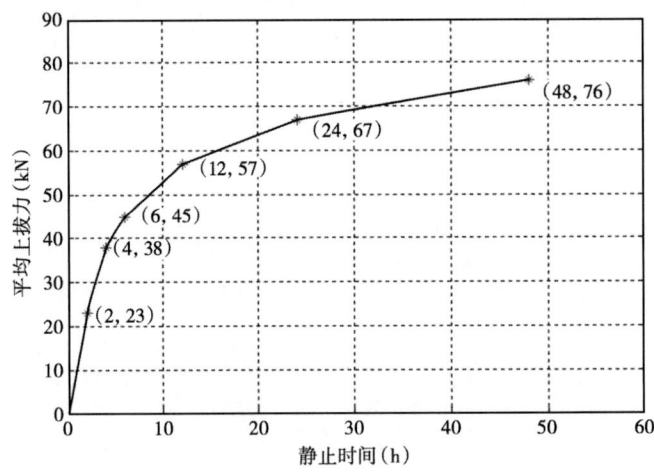

图 2-3-4　9⅝in 导管上拔力与静止时间关系

从图 2-3-4、图 2-3-5 和图 2-3-6 中，可以直观地看到试验记录的两种尺寸导管上拔力与时间的位置分布关系，同时也可以观察到上拔力与时间满足对数关系，因而可以采用数学理论中最小二乘拟合的方法来近似逼近试验数据，得到上拔力与固结时间的近似函数。

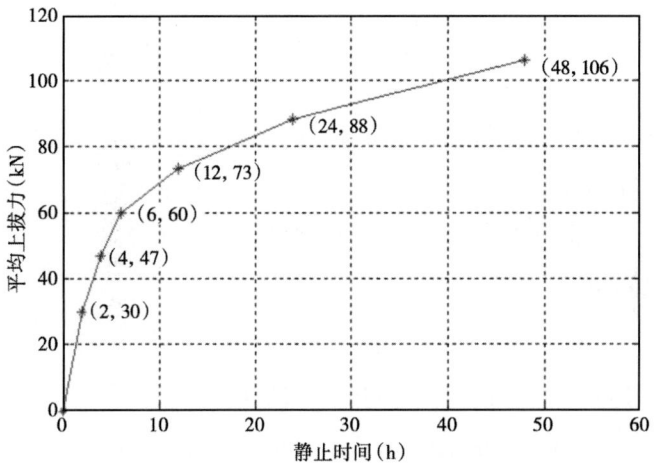

图 2-3-5　13³⁄₈in 导管上拔力与静止时间关系

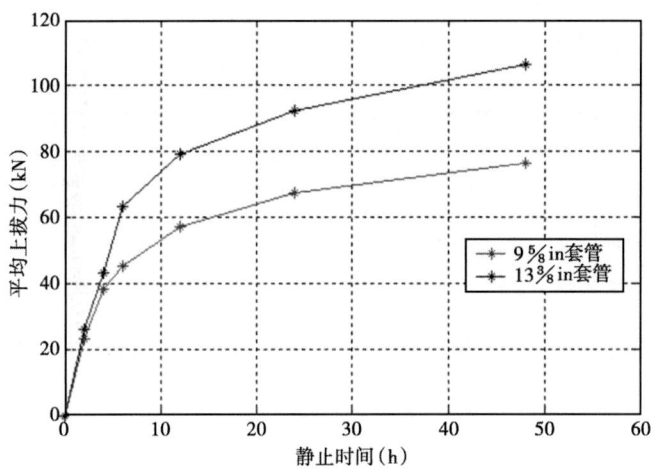

图 2-3-6　两种导管平均上拔力与静止时间关系对比图

采用最小二乘拟合的方法，其基本思想如下。

假设有一组数据 x_i，y_i，$i=1, 2, \cdots, N$，且已知这组数据满足某一函数原型 $\hat{y}(x) = f(\boldsymbol{a}, x)$，其中 $\boldsymbol{a}$ 为待定系数向量，则最小二乘曲线拟合的目标就是求出这一组待定系数的值，使得目标函数

$$J = \min_{\boldsymbol{a}} \sum_{i=1}^{N} [y_i - \hat{y}(x_i)]^2 = \min_{\boldsymbol{a}} \sum_{i=1}^{N} [y_i - f(\boldsymbol{a}, x_i)]^2$$

为最小。在数学工具 MATLAB 的最优化工具箱中提供了 lsqcurvefit( ) 函数，可以解决最小二乘曲线拟合问题。其具体形式为：

$$[\text{x}, \text{resnorm}] = \text{lsqcurvefit}(@\text{myfun}, \text{x0}, \text{xdata}, \text{ydata}) \qquad (2\text{-}3\text{-}1)$$

式中　x0——初始向量，可取任意值。

下面求解上拔力与静止时间之间的数学函数关系式。在图 2-3-4、图 2-3-5 中点的分

布近似于对数函数曲线的形式,因而不妨设此函数原型为:

$$\hat{y}(t) = f(\boldsymbol{a},\ t) = a_1 \ln(t + a_2) + a_3 \tag{2-3-2}$$

函数关系式中有3个待定系数,可以通过试验数据来近似求得。

根据试验测得的上拔力与静止时间关系数据,通过编程求解,可以得到原始数据点的最小二乘曲线拟合的近似解,如下:

$$a_1 = 17.3871,\ a_2 = 0.5252,\ a_3 = 10.7341 \tag{2-3-3}$$

其中曲线拟合的误差为:

$$\sigma_1 = \sqrt{res_1} = 5.4291 \tag{2-3-4}$$

由此可以得到9⅝in导管上拔力与时间的近似函数关系:

$$N_1 = 17.3871\ln(t + 0.5252) + 10.7341 \tag{2-3-5}$$

式中 N_1——9⅝in套管在喷射法下的上拔力,kN;
t——导管上拔时间,h。

拟合图形如图2-3-7所示。

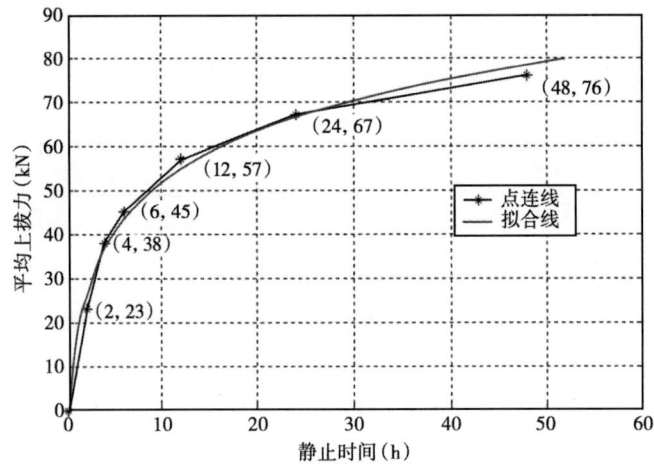

图2-3-7 9⅝in导管上拔力与静止时间关系图

同理,采用同样的拟合方法可以得到13⅜in套管上拔力与时间的近似函数中参数值:

$$a'_1 = 24.7950,\ a'_2 = 0.6621,\ a'_3 = 9.5673 \tag{2-3-6}$$

曲线拟合的误差为:

$$\sigma_2 = \sqrt{res_2} = 5.3594 \tag{2-3-7}$$

其对应的函数解析式为:

$$N_2 = 24.7950\ln(t + 0.6621) + 9.5673 \tag{2-3-8}$$

式中 N_2——13⅜in导管在喷射法下的上拔力,kN;
t——导管上拔时间,h。

其拟合图形如图 2-3-8 所示。

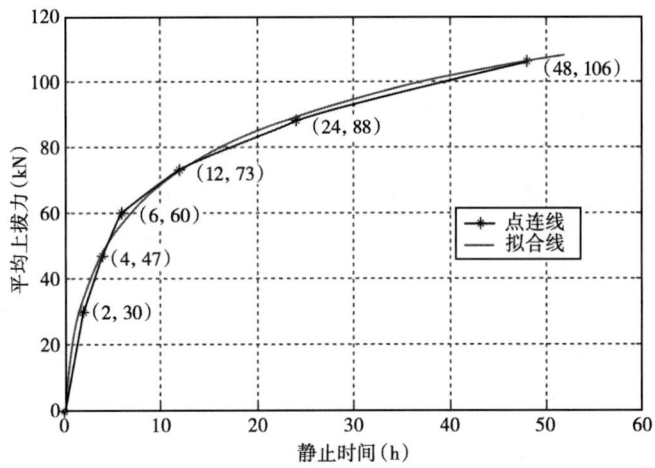

图 2-3-8　13$\frac{3}{8}$in 导管上拔力与静止时间关系图

两种尺寸导管上拔力与静止时间近似拟合曲线对比关系如图 2-3-9 所示。

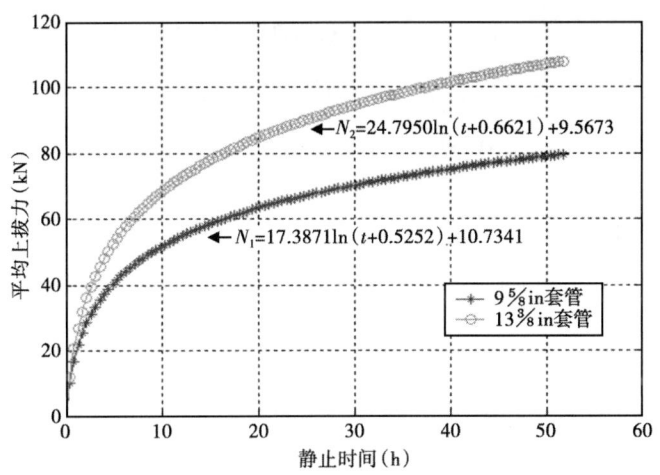

图 2-3-9　两种尺寸导管平均上拔力与静止时间拟合曲线对比

2. 平均黏结强度计算

根据公式 $\tau = \dfrac{N}{S}$，当求得作用在导管上的上拔力 N 和导管的入泥面积 S 后，即可求得导管平均黏结强度 τ 值。下面计算两种尺寸导管的入泥面积 S，其公式为：

$$S = \pi d l \tag{2-3-9}$$

式中　d——导管外径，m；

l——导管入泥长度，m。

类似上面的处理，舍去数据波动较大的点，将在同一静止时间上的数据点平均化，则可得点线图及两种尺寸导管平均黏结强度对比图，如图 2-3-10 所示。

29

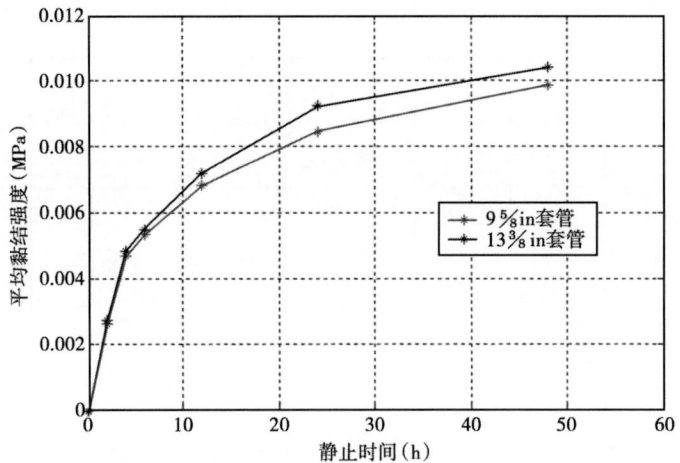

图 2-3-10 两种导管平均黏结强度与静止时间关系对比

采用最小二乘法进行拟合，函数原型仍取为对数形式，则模型参数与误差为：

$$b_1 = 0.0016, \ b_2 = 0.0110, \ b_3 = 0.0033 \tag{2-3-10}$$

$$\sigma_3 = \sqrt{res_3} = 9.4621 \times 10^{-4} \tag{2-3-11}$$

由此可以得到 9⅝in 导管平均黏结强度与时间的近似函数关系：

$$\tau_1 = 0.0016\ln(t + 0.0110) + 0.0033 \tag{2-3-12}$$

式中　τ_1——9⅝in 导管平均黏结强度，MPa；

t——导管静止时间，h。

同理，也可以得到 13⅜in 导管平均黏结强度与时间的近似函数中参数值与误差：

$$b'_1 = 0.0015, \ b'_2 = 0.0090, \ b'_3 = 0.0044 \tag{2-3-13}$$

$$\sigma_4 = \sqrt{res_4} = 8.9042 \times 10^{-4} \tag{2-3-14}$$

其对应的函数解析式为：

$$\tau_2 = 0.0026\ln(t + 0.0090) + 0.0023 \tag{2-3-15}$$

式中　τ_2——13⅜in 导管平均黏结强度，MPa；

t——导管固结时间，h。

两种尺寸套管平均黏结强度与静止时间拟合曲线对比图如图 2-3-11 所示。

3. 模型校验

试验采用的是直径为 9⅝in 和 13⅜in 的导管来模拟海上直径为 36in 深水结构导管，即模型与实物几何尺寸相似比分别为 1:3.74 和 1:2.69。为了便于计算，不妨取 36in 深水结构导管入泥长度为 70m，则有：

$$d_{36} = 0.9144\text{m}, \ l = 70\text{m} \tag{2-3-16}$$

$$S_{36} = \pi d_{36} l = \pi \times 0.9144 \times 70 = 201.087\text{m}^2 \tag{2-3-17}$$

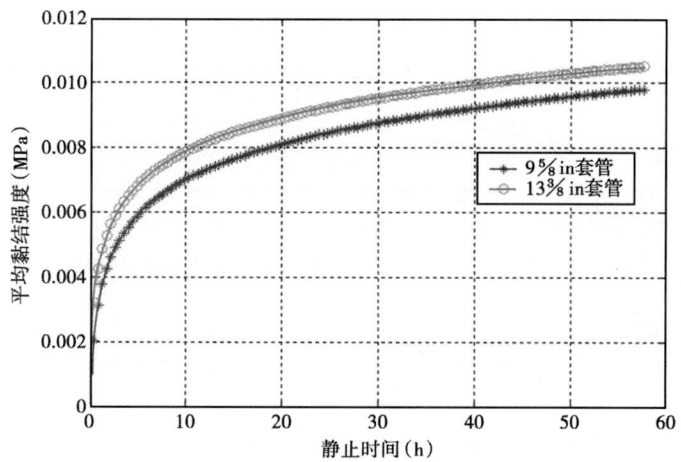

图2-3-11 两种尺寸导管平均黏结强度与静止时间拟合曲线对比图

对于深水海底浅层土壤而言，其强度降低，因而不妨取误差系数为1.1，采用13⅜in导管平均黏结强度拟合函数来进行计算，则在实际施工作业中36in深水表层导管入泥70m时受到的侧摩擦阻力大小约为：

$$F = \mu \tau_2 S_{36} = 1.1 \times [0.0026\ln(t+0.0090)+0.0023] \times 10^6 \times 201.087$$
$$= 575.1\ln(t+0.0090)+508.8 \quad (2\text{-}3\text{-}18)$$

式中　F——36in表层导管在施工过程中所受到的侧摩擦力近似计算值，kN；
　　　t——表层导管胶结时间，h。

实际工程中喷射法下36in结构导管时所受到的侧摩擦力与静止时间近似函数如图2-3-12所示。

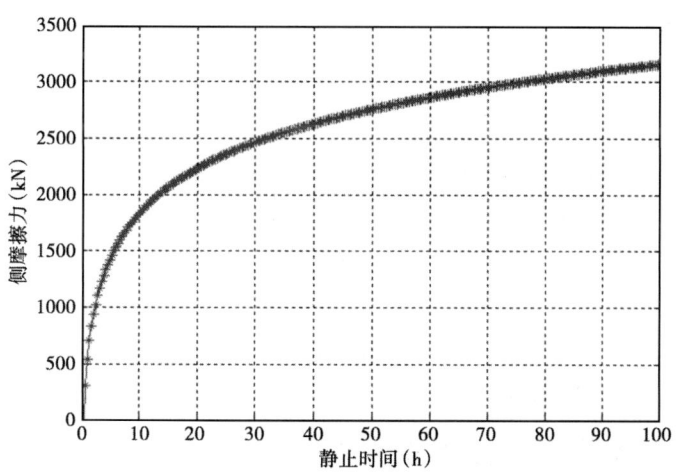

图2-3-12 喷射法下入36in导管所受到的侧摩擦力与静止时间近似函数关系图

4. 试验结果现场应用

将试验计算出的侧摩擦力与固结时间计算模型还原到实际工程中，可得不同水深处二者的关系，具体如图2-3-13、图2-3-14所示。

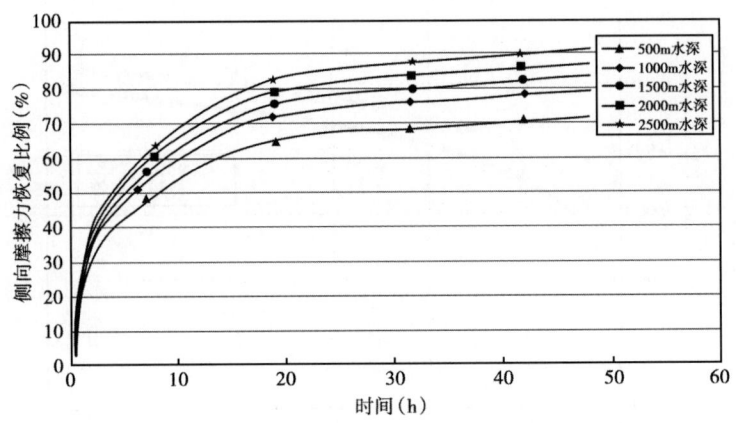

图2-3-13 不同水深处侧摩擦力与固结时间关系图（黏性土）

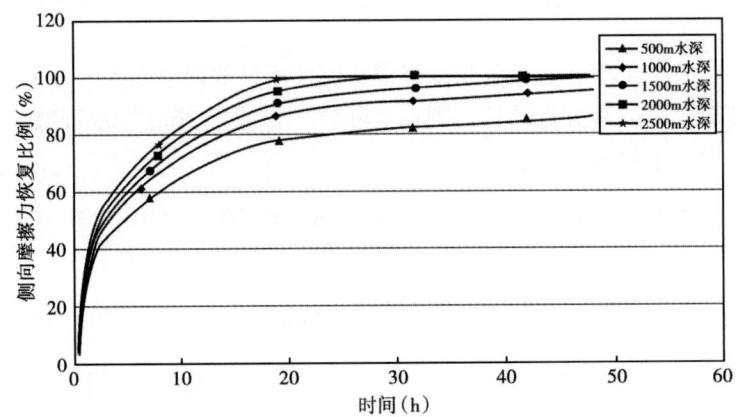

图2-3-14 不同水深处侧摩擦力与固结时间关系图（砂性土）

通过对上述数据回归反演，可得出不同水深条件下黏性土和砂性土的导管侧向摩擦力系数与固结时间关系模型如下：

$$f_{侧向摩擦力系数} = a \ln(t_{固结时间}) + b \quad (2-3-19)$$

式中 a，b——与水深和土质性质有关的系数。

从上面推得的侧摩擦力与静止时间近似函数关系式（2-3-19）及图2-3-12可以看出，当36in表层导管下入静止2h后，侧摩擦力达到了70~80t；当表层导管静止48h后，侧摩擦力达到了270t左右；当表层导管静止96h后，侧摩擦力达到了320t左右。这些数值与施工现场数据吻合较好，说明根据试验数据所建立的理论侧向摩擦力计算模型基本符合生产实践，因而在施工过程中可以借鉴引用。

三、喷射水力作用与海底土数值模拟

（一）旋转和滑动条件下喷射过程中井眼周围土体应力场和位移场

根据旋转和滑动喷射钻进施工特点，利用数值模拟方法研究了旋转和滑动喷射钻进过程中表层导管周围土体应力场和位移场的变化规律，研究了旋转和滑动钻进过程中射流速度对表层导管下入速度的影响关系，为表层导管钻进速度和排量优化提供了科学依据。

数值模拟采用的数值分析软件为FLAC3D，FLAC3D采用ANSI C++语言编写。FLAC3D是二维的有限差分程序FLAC2D的扩展，能够进行土质、岩石和其他材料的三维结构受力特性模拟和塑性流动分析，能调整三维网格中的多面体单元来拟合实际的结构。单元材料可采用线性或非线性本构模型，在外力作用下，当材料发生屈服流动后，网格能够相应发生变形和移动（大变形模式）。FLAC3D采用的显式拉格朗日算法和混合—离散分区技术能够非常准确地模拟材料的塑性破坏和流动。由于无须形成刚度矩阵，基于较小内存空间就能够求解大范围的三维问题。

FLAC3D还包含了模拟区域地下水流动、孔隙水压力的扩散以及多孔隙固体和在孔隙内黏性流动流体的相互耦合。流体被认为服从各向同性的达西定律。流体和孔隙固体中的颗粒是可变形的，将稳态流处理为紊态流就可以模拟非稳态流。同时能够考虑固定的孔隙压力和恒定流的边界条件，也能模拟水源和深井。流体模型可以与结构的力学分析独立进行。FLAC3D是面向石油及采矿工程、土木工程、交通、水利、环境工程的通用软件系统，能够模拟连续介质大变形、孔隙流体、大变形条件下的流固耦合、动力学分析等复杂工程条件。

1. 数值模拟分析模型及初始条件

模拟条件：模拟对象是水深1500m的水下矩形土体（20m×10m×80m），网格中土体深度为80m，喷射导管下入深度为70m，由于对称性，取土体的一半作为研究对象，喷射压力为1~10MPa，表层导管尺寸选为36in。

根据井眼周围土体单元的受力特点，模拟过程中建立了矩形模型网格，受力情况分别是井眼周围的土体与导管之间形成的侧向摩擦力σ_x、σ_y以及喷射压力σ_z。

为了对井眼周围的土体应力场和位移场的动态变化进行分析，得出更好的结论，模拟过程中考虑了旋转及滑动两种条件，假定土层为均质砂土、均质黏土以及砂土与黏土互层，用FLAC3D软件分别模拟了这3种情况下土体的应力场、位移场及孔隙压力。

2. 建立土体和表层导管单元网格和网格划分

喷射钻井过程中，井眼周围的土体会产生大位移、大应变，甚至大转动，土体中的应变与位移梯度不呈线性关系。因此，应该采用大应变理论来分析喷射钻进问题。根据土体的实际受力状态及结构的对称性，可看作轴对称问题来建立有限元模型。

模型主要包括几何模型和材料的本构模型，这二者的选择对整个计算十分重要，也是建模的关键，整个有限元模型主要考虑了3种土质类型，它们有相同的厚度。如图2-3-15、图2-3-16所示，图中网格划分为土体网格和结构导管网格两部分。采用FLAC3D对土体进

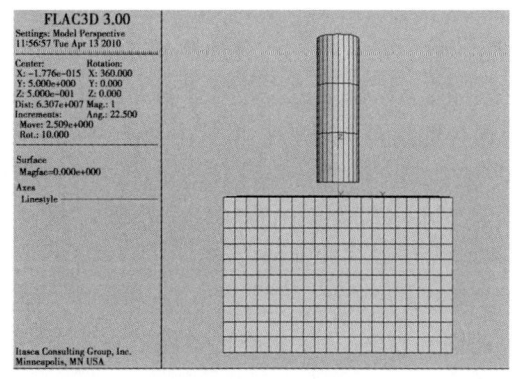

图2-3-15　土体和结构导管单元网格（z方向）

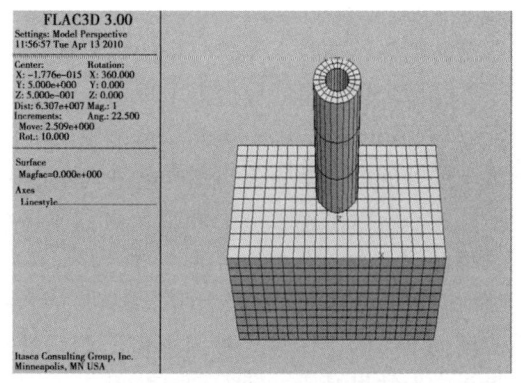

图2-3-16　土体和结构导管单元网格（xoy平面）

行了高效智能网格划分,根据局部受力特点对模型部分单元进行了细化。

3. 旋转条件下喷射钻进过程中井眼周围土体应力场和位移场

模拟条件:网格中土体深度为80m,喷射点距土体上表层深度为70m。由于对称性,取土体的一半作为研究对象,喷射压力为10MPa,这相当于井眼的液柱压力大于周围土中的孔隙压力。模型两端土边界施加横向水平约束(U_x)和纵向水平约束(U_y),底部土边界施加竖向约束(U_z)。表2-3-2为土层的物理力学性质指标。

表2-3-2 土层的物理力学性质指标

材料	密度 ρ (kg/m³)	体积模量 K (MPa)	剪切模量 G (MPa)	黏聚力 C (kPa)	内摩擦角 φ (°)
砂土	1500	33.00	7.00	0	30
黏土	1500	6.66	1.42	8	20

1)土体的应力场

图2-3-17~图2-3-22为井眼周围土体径向应力随径向距离和深度变化的分布规律图,从图中可以明显看出,井眼周围土体径向应力的变化趋势是一致的,随着距井眼中心距离的增加,井眼周围土体径向应力逐渐减小;随深度的增加,井眼周围土体径向应力逐渐增加。

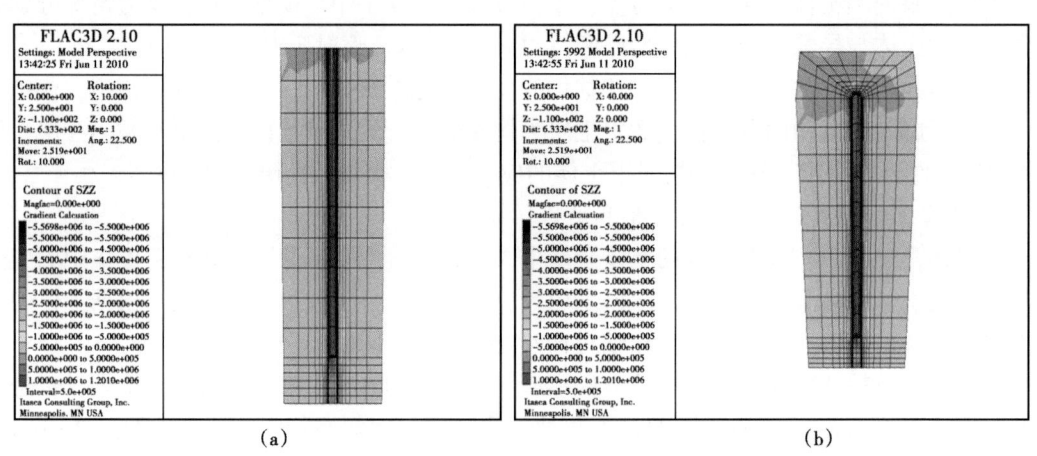

图2-3-17 砂土应力场(z方向)

旋转喷射钻进时土体应力场的主要规律为:旋转喷射结束后的土体水平应力场 σ_x 在喷嘴下方区域出现严重的应力集中现象,土中应力在喷嘴土层以上主要是压应力,土体竖向应力场 σ_y 的分布规律与 σ_x 类似,此范围外等值线则与地面基本平行;剪应力场 τ_{xy} 在喷嘴以下的土层处的应力集中表明该处已进入塑性破坏状态。对于喷嘴下端区域的土体,由于是大变形区域,所以出现了应力峰值,再向下区域,对于水平应力则出现了应力递降现象。总之,喷射后土中应力主轴由垂直向转为水平向,离喷嘴越近,转轴效应越强。这一事实反映了喷射时周围土体在射流作用下,近钻头处的土体被破碎成颗粒,随钻井液带出井眼,而离钻头稍远下部的土体是先被向下挤压而后被挤向四周。表2-3-3为旋转条件下土体应力场中最大应力结果对比:砂土<互层<黏土。

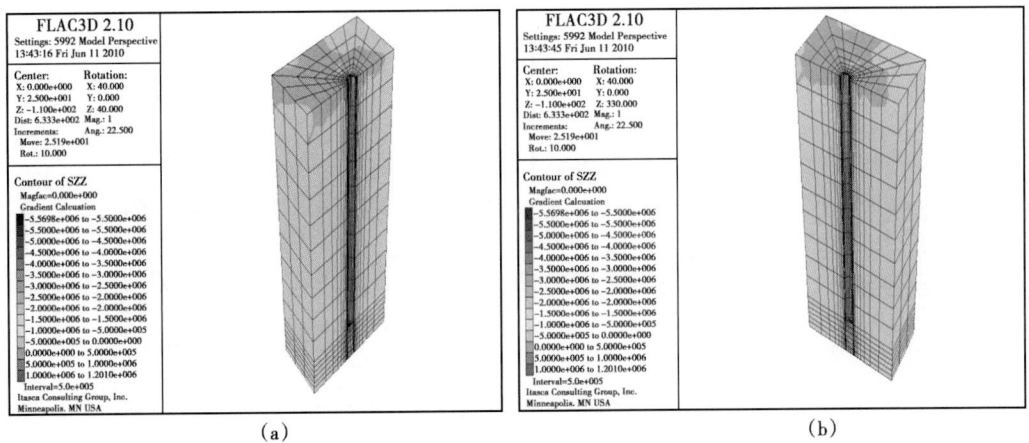

图 2-3-18　砂土应力场（yoz 平面）

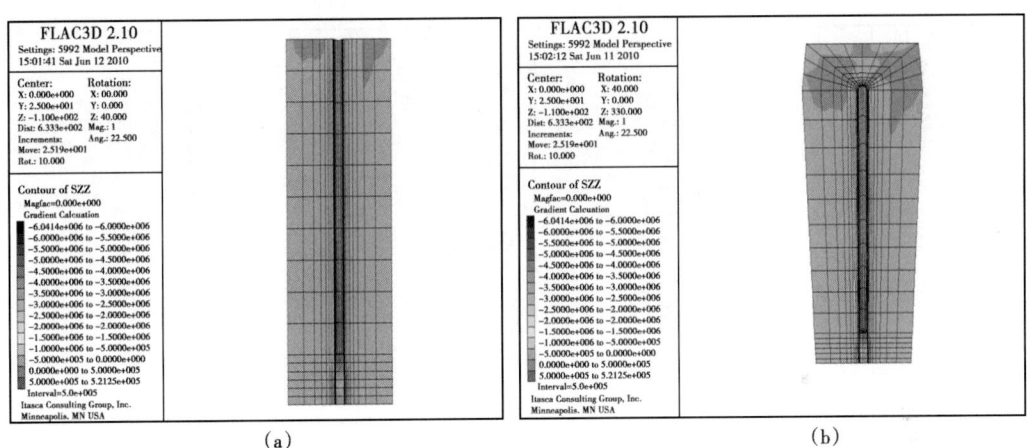

图 2-3-19　黏土应力场（z 方向）

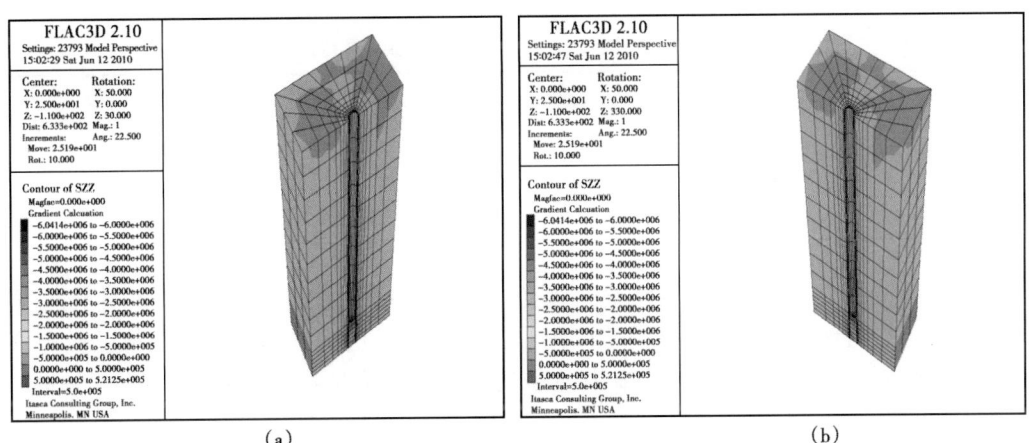

图 2-3-20　黏土应力场（yoz 平面）

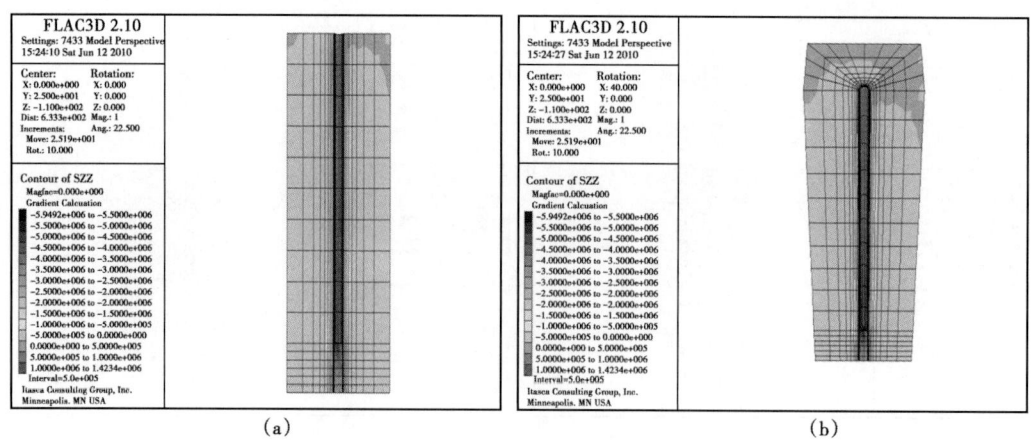

图 2-3-21　互层应力场（z 方向）

上部为砂土层，下部为黏土层，砂土层为 0~35m，黏土层为 35~80m

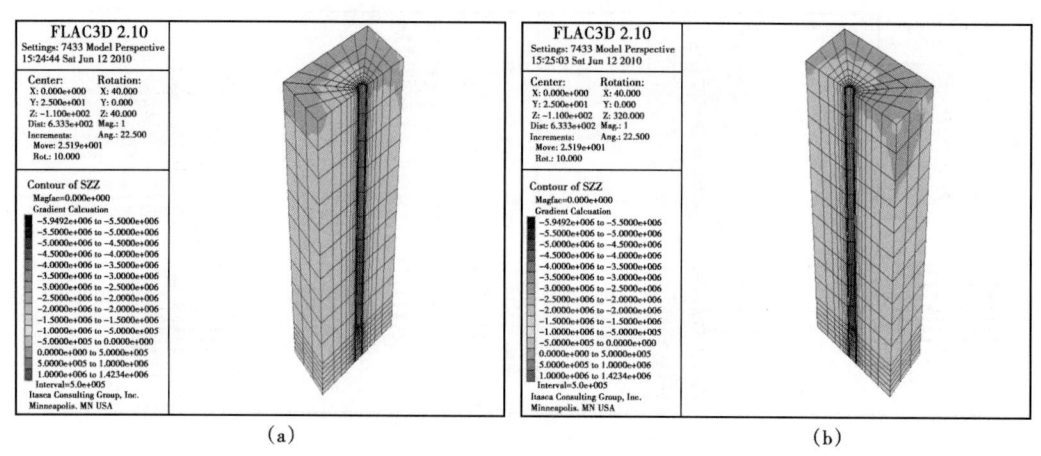

图 2-3-22　互层应力场（yoz 平面）

上部为砂土层，下部为黏土层，砂土层为 0~35m，黏土层为 35~80m

表 2-3-3　旋转条件下土体应力场结果对比

材料	最大值（MPa）
砂土	5.5698
黏土	6.0414
互层	5.9492

剪应力是造成土体破坏的主要因素，剪应力的应力分布沿径向和轴向延伸，同样在这3种土体情况下均出现了应力集中区。当喷射钻进时土体的应力峰值都超过土体的抗剪强度时，土体发生多点破坏，这样土体的破坏区域比较大，容易发生较大变形，有利于钻进的继续进行。

2）土体的位移场

图 2-3-23~图 2-3-28 为井眼周围土体径向位移随径向距离和深度变化的分布规律图。从图中可以明显看出，随着距钻头中心距离的增加，井眼周围土体径向位移逐渐减小；随深

度的增加，井眼周围土体径向位移逐渐减小，但是变化幅度很小，轴向位移也逐渐减小，同时在靠近喷嘴下方的土体均有位移集中现象。表2-3-4为旋转条件下土体位移场中最大位移结果对比：砂土<互层<黏土。

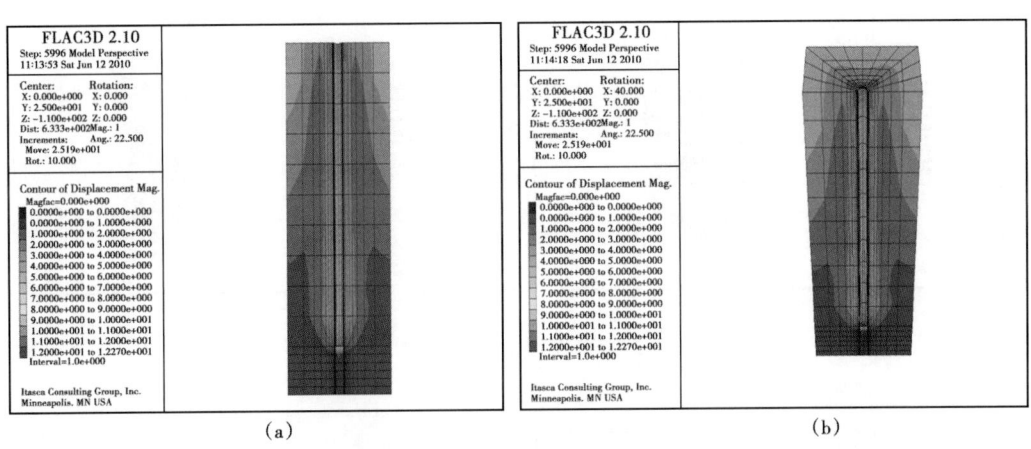

图2-3-23　砂土位移场（z方向）

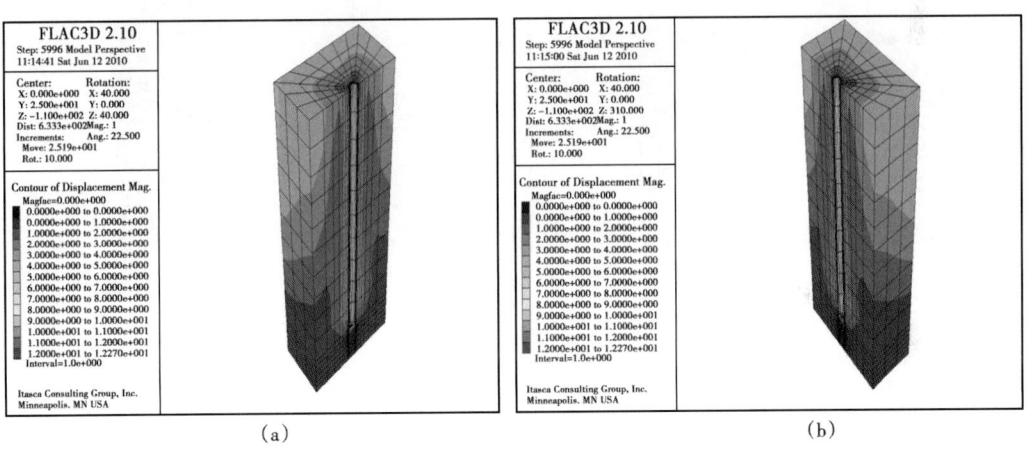

图2-3-24　砂土位移场（yoz平面）

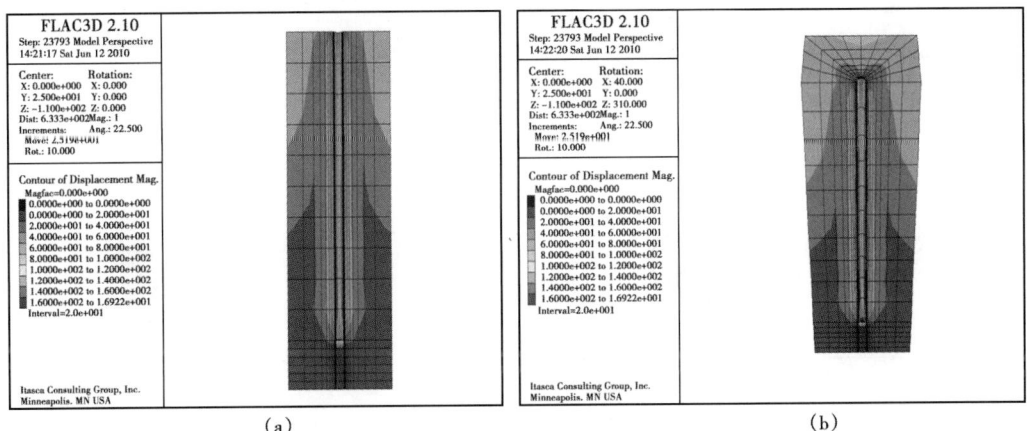

图2-3-25　黏土位移场（z方向）

37

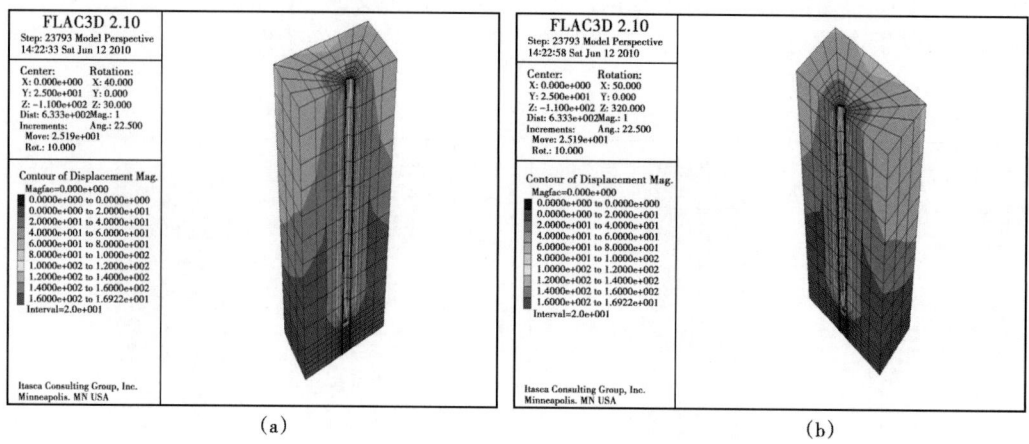

图 2-3-26 黏土位移场（yoz 平面）

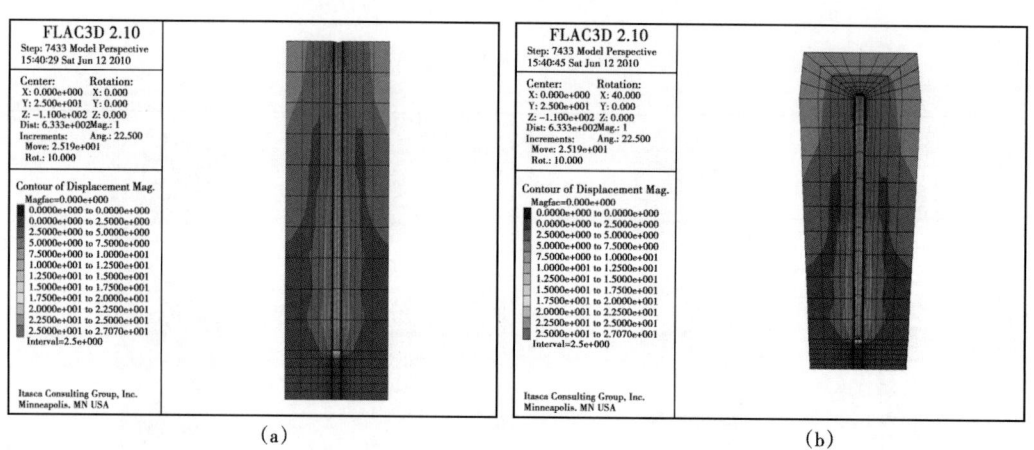

图 2-3-27 互层位移场（z 方向）

上部为砂土层，下部为黏土层，砂土层为 0~35m，黏土层为 35~80m

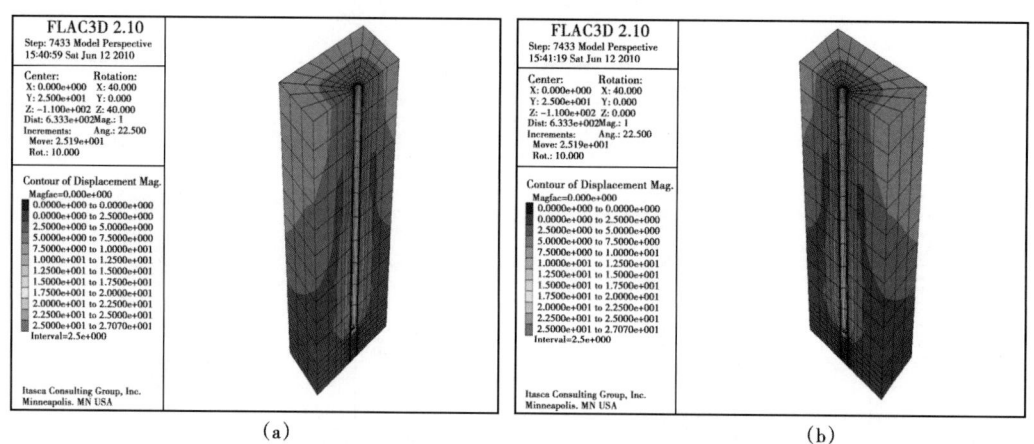

图 2-3-28 互层位移场（yoz 平面）

上部为砂土层，下部为黏土层，砂土层为 0~35m，黏土层为 35~80m

表 2-3-4　旋转条件下土体位移场结果对比

材料	最大值（m）
砂土	0.6759
黏土	1.0432
互层	0.9896

从位移场和应力场整体上分析来看，只要旋转条件下的喷嘴结构的喷射角度设计合理，使喷射钻进的应力集中区既能连成一片，又不产生应力浪费，那么在射流冲击作用下整个喷嘴下端部位的土体几乎同时发生破坏，从而大大提高钻进速度。

4. 滑动条件下喷射钻进过程中井眼周围土体应力场和位移场

模拟条件：网格中土体深度为80m，喷射点距土体上表层深度为70m。由于对称性，取土体的一半作为研究对象，喷射压力为10MPa。表2-3-5为土层的物理力学性质指标。

表 2-3-5　土层的物理力学性质指标

材料	密度 $\rho(kg/m^3)$	体积模量 K（MPa）	剪切模量 G（MPa）	黏聚力 $C(kPa)$	内摩擦角 $\varphi(°)$
砂土	1500	33.00	7.00	0	30
黏土	1500	6.66	1.42	8	20

1）土体的应力场

图2-3-29~图2-3-34分别为滑动条件下的砂土层、黏土层和砂土与黏土互层的应力分布云图。从图中可以看出，在靠近喷嘴下方的土体均有应力集中现象，当应力达到一定程度时，土体发生破坏，产生较大变形，并伴随塑性流动。从整体上分析来看，只要滑动条件下的喷嘴结构设计合理，使喷射钻进的应力集中区既能连成一片，又不产生应力浪费，那么在射流冲击作用下整个喷嘴下端部位的土体几乎同时发生破坏，从而大大提高钻进速度。

剪应力是造成土体破坏的主要因素，剪应力的应力分布沿径向和轴向延伸，同样在这3种土体情况下均出现了应力集中区。喷射钻进时，土体的应力峰值都超过土体的抗剪强度时，土体发生多点破坏，这样土体的破坏区域比较大，容易发生较大变形，有利于钻进的继续进行。

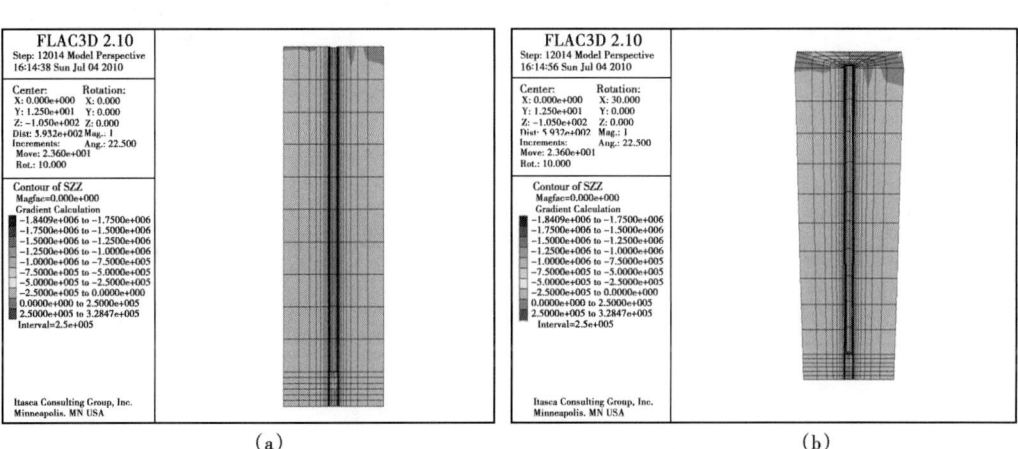

图 2-3-29　砂土应力场（z方向）

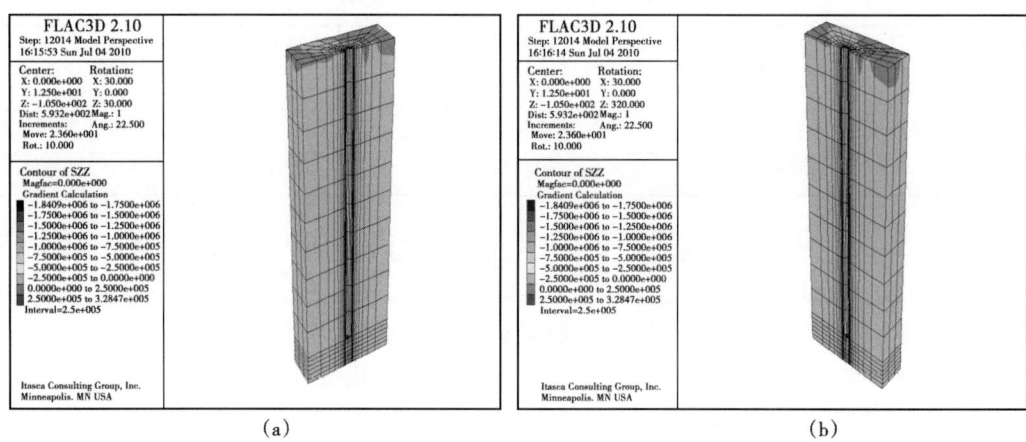

图 2-3-30　砂土应力场（yoz 平面）

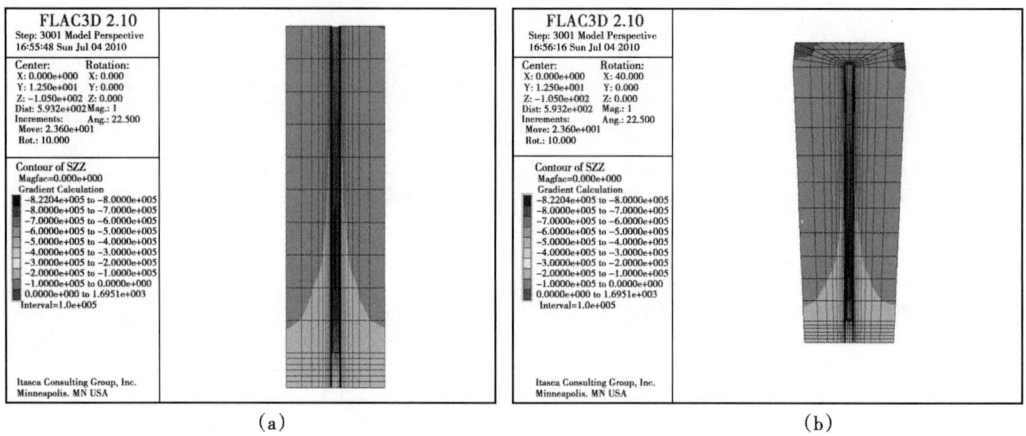

图 2-3-31　黏土应力场（z 方向）

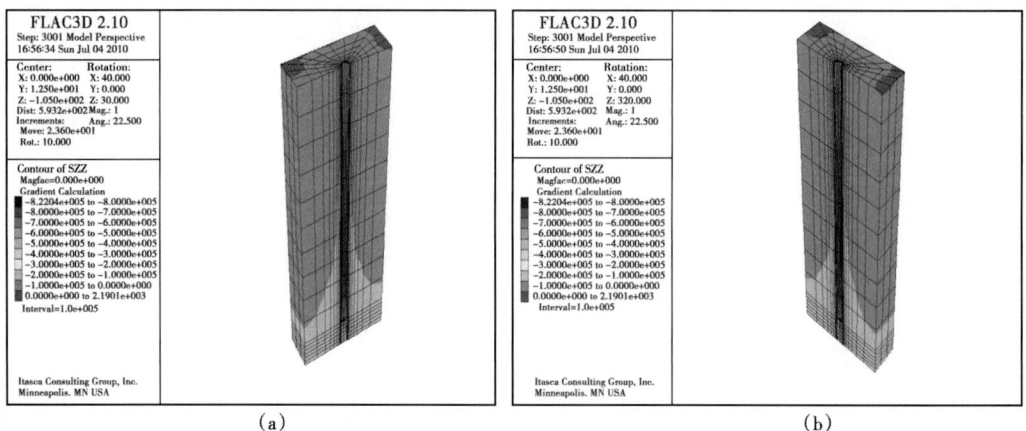

图 2-3-32　黏土应力场（yoz 平面）

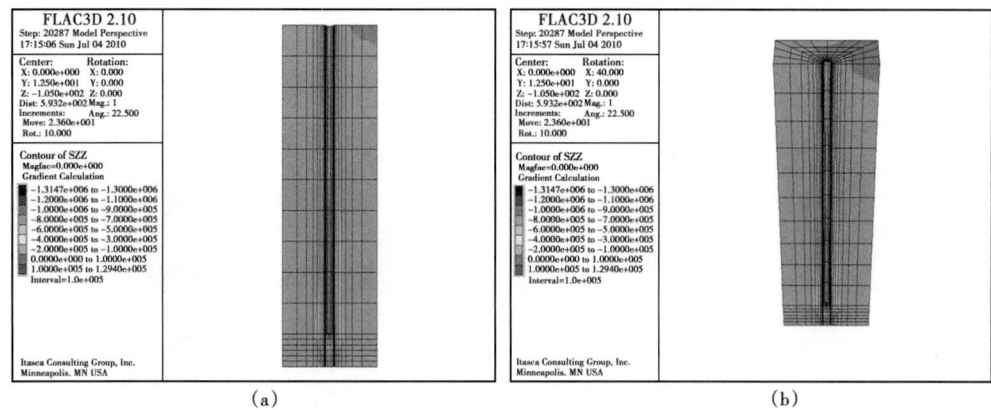

图 2-3-33　互层应力场（z 方向）

上部为砂土层，下部为黏土层，砂土层为 0~35m，黏土层为 35~80m

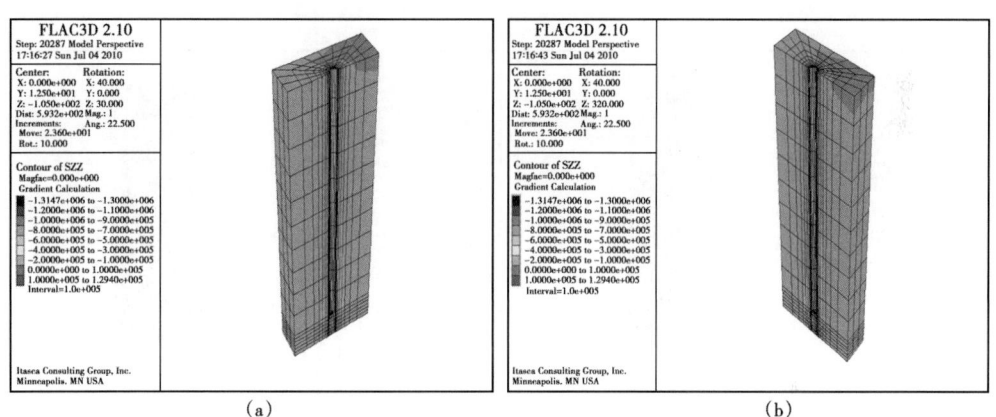

图 2-3-34　互层应力场（yoz 平面）

上部为砂土层，下部为黏土层，砂土层为 0~35m，黏土层为 35~80m

2）土体的位移场

图 2-3-35~图 2-3-40 为径向和轴向位移分布云图，喷射时喷嘴附近的土体径向位移较大，远离喷嘴的土体径向位移较小，在喷嘴附近径向位移出现峰值。因此，在钻具及喷嘴

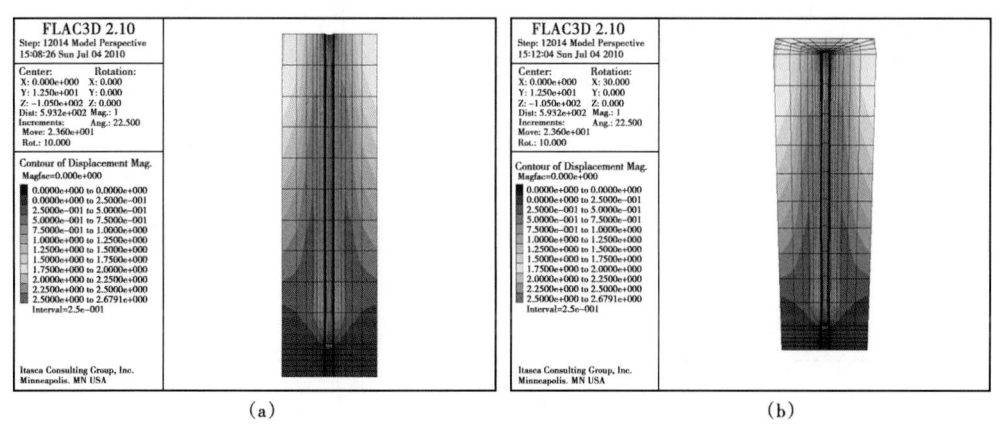

图 2-3-35　砂土位移场（z 方向）

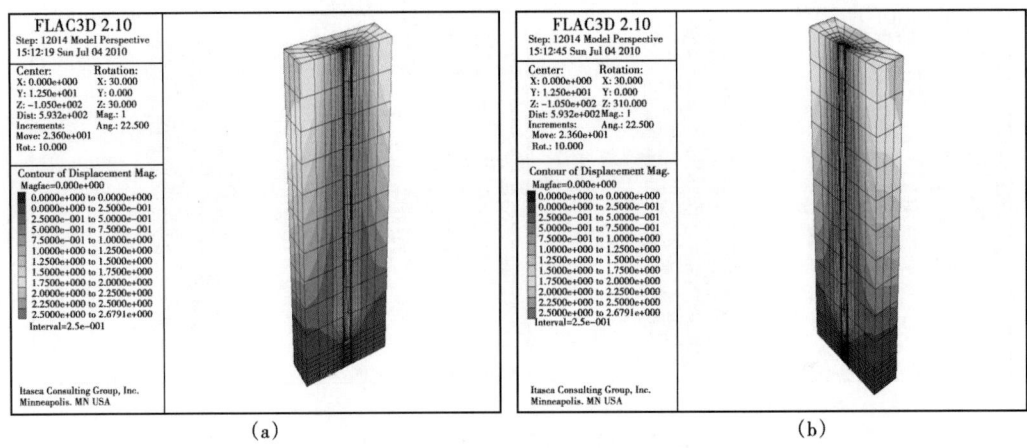

图 2-3-36 砂土位移场（yoz 平面）

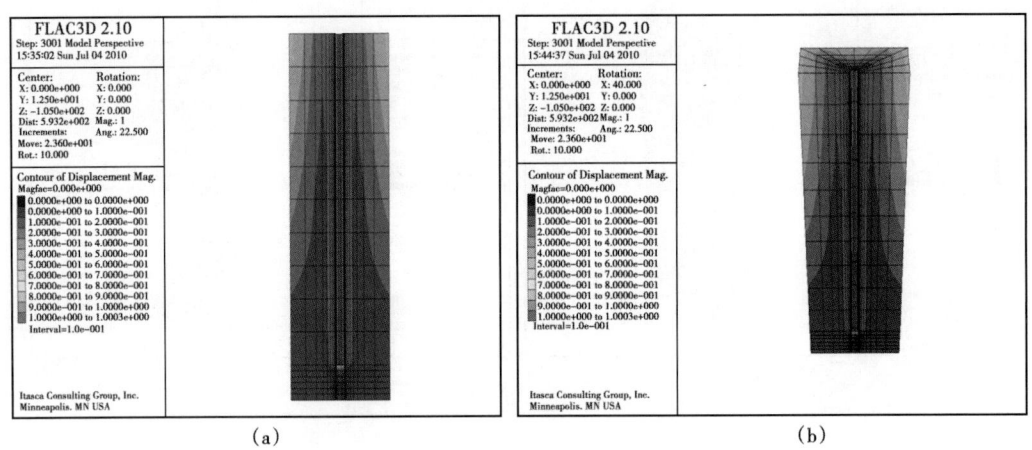

图 2-3-37 黏土位移场（z 方向）

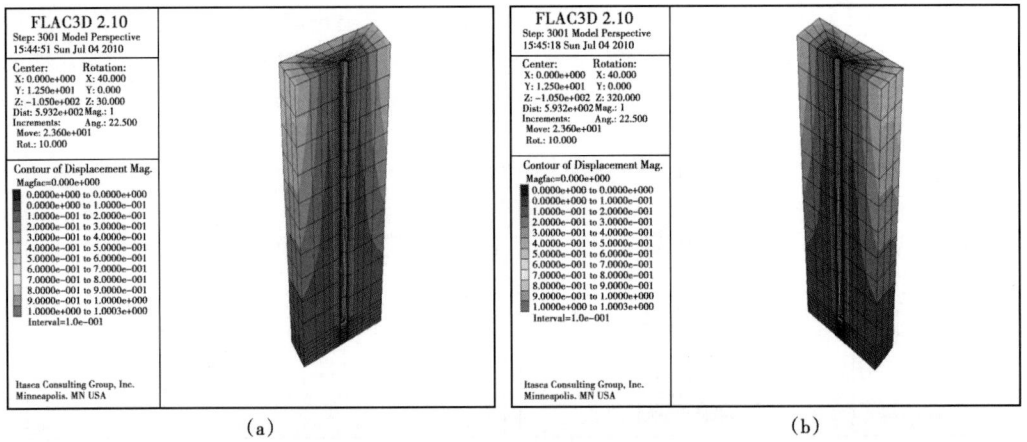

图 2-3-38 黏土位移场（yoz 平面）

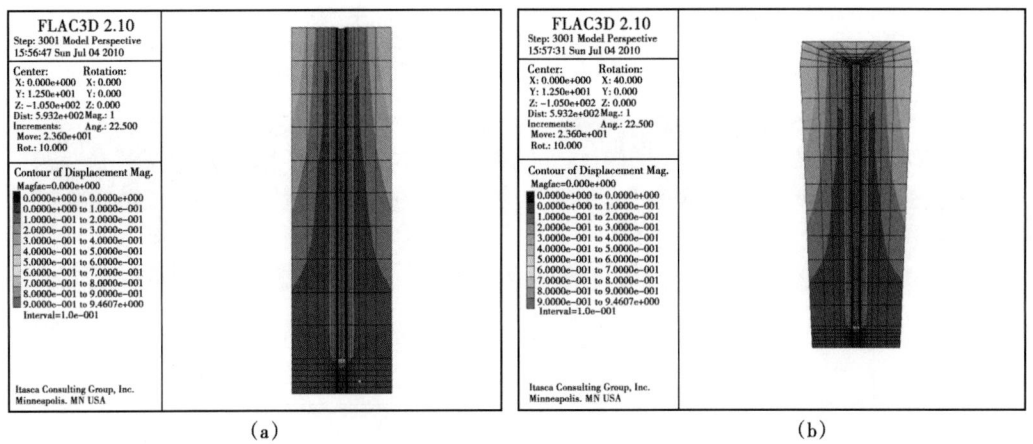

图 2-3-39 互层位移场（z 方向）

上部为砂土层，下部为黏土层，砂土层为 0~35m，黏土层为 35~80m

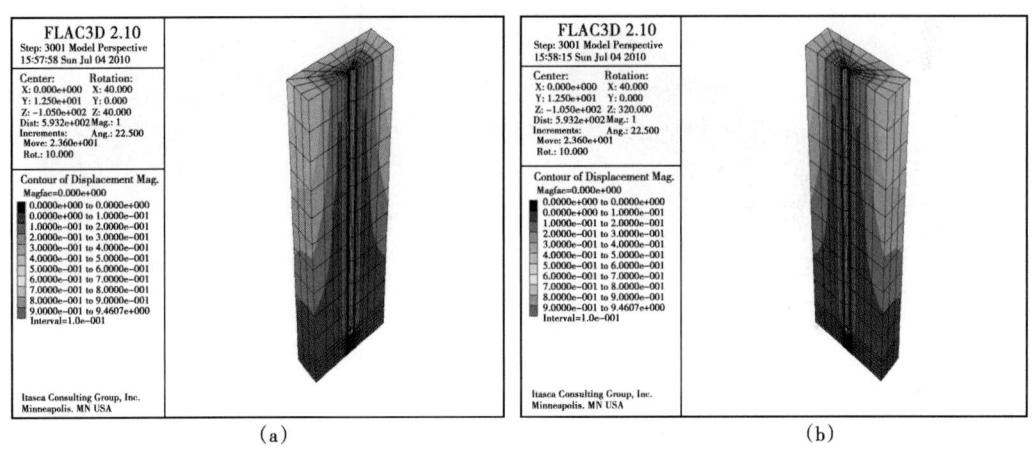

图 2-3-40 互层位移场（yoz 平面）

上部为砂土层，下部为黏土层，砂土层为 0~35m，黏土层为 35~80m

附近挤土效应比较明显，随着距喷嘴水平距离的增加，挤土效应逐渐减弱。土体轴向位移分布云图在喷嘴底端出现了位移峰值。在同一时刻，轴向最大位移值大于径向位移最大值。这意味着在滑动条件下，射流冲击条件下的冲击功主要为轴向压缩土体，而径向的挤压作用相对较小。

由图 2-3-35~图 2-3-40 可以看出径向位移和轴向位移的变化趋势：距喷嘴越远，径向和轴向位移越小，而在土体位移接近零时，此处的径向位移值非常小，可以认为该处为射流挤密效应的影响界限，此处向下的土体不受钻进过程的影响。

(二) 喷射过程中土体的孔隙压力场

模拟条件：水深 1500m，网格中土体深度为 20m，喷射导管下入土深度为 10m。由于对称性，取土体的一半作为研究对象，旋转喷射压力为 10MPa。由于对称性，取土体的一半作为研究对象。图 2-3-41~图 2-3-46 为喷射过程中土体的孔隙压力场变化情况。

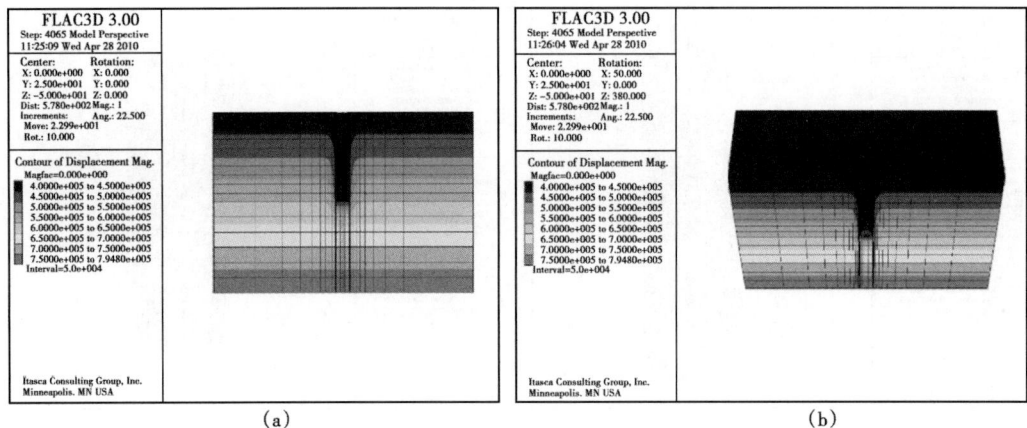

(a)   (b)

图 2-3-41　砂土的孔隙压力场（z 方向）

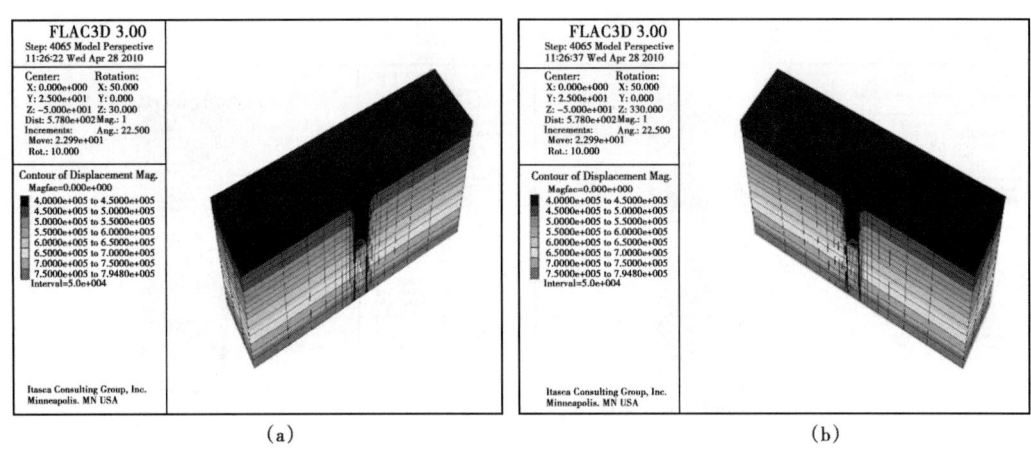

(a)   (b)

图 2-3-42　砂土的孔隙压力场（yoz 平面）

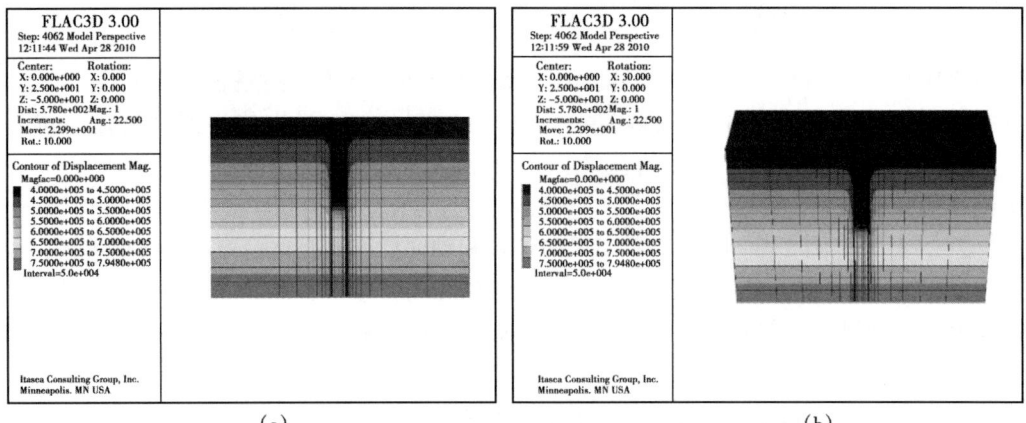

(a)   (b)

图 2-3-43　黏土的孔隙压力场（z 方向）

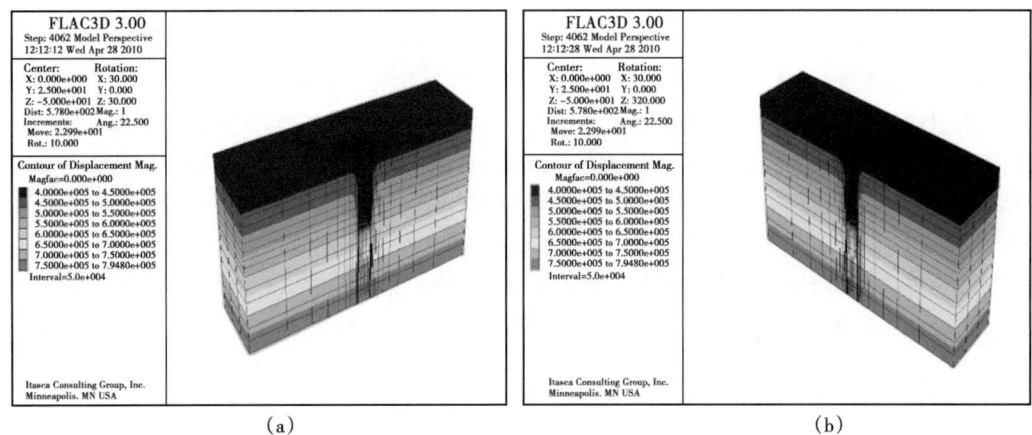

(a)　　　　　　　　　　　　　(b)

图 2-3-44　黏土的孔隙压力场（yoz 平面）

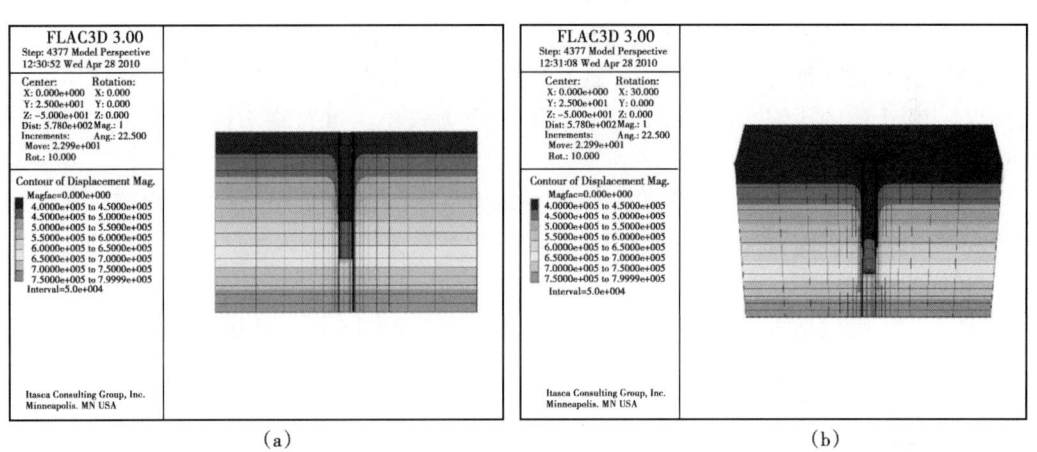

(a)　　　　　　　　　　　　　(b)

图 2-3-45　互层位移场（z 方向）

上部为砂土层，下部为黏土层，砂土层为 0~15m，黏土层为 15~40m

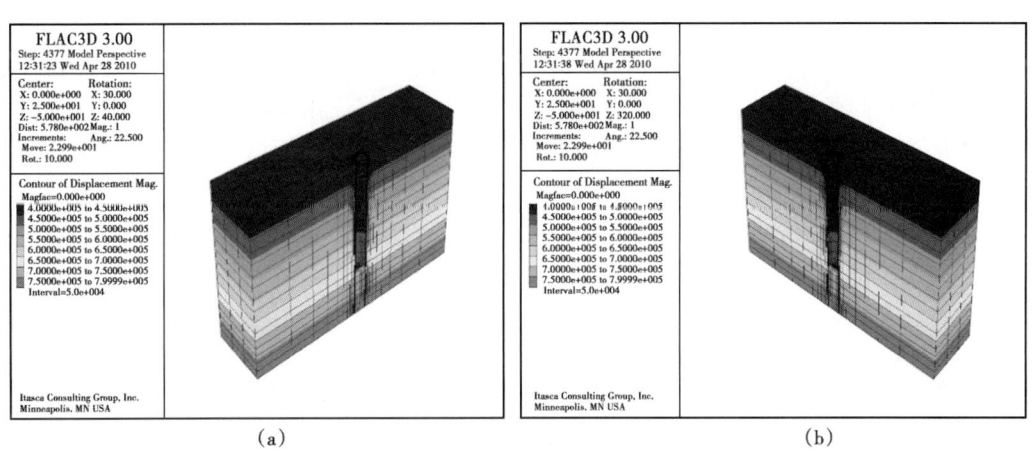

(a)　　　　　　　　　　　　　(b)

图 2-3-46　互层位移场（yoz 平面）

上部为砂土层，下部为黏土层，砂土层为 0~15m，黏土层为 15~40m

旋转条件下，喷射钻进过程中井眼周围的孔隙水压力距离井眼中轴线越近，则变化越大，越远则变化越小。当井筒中流体液柱的压力大于井眼周围土体中流体的孔隙压力时，井眼周围的土体受旋转射流挤压后，向压力较小的方向膨胀。上覆压力较小的浅层土向上隆起，其体积增大，应力释放比原状土更为松散，因而结构导管与其周围土体的摩阻力较小。随着深度的增加，上覆土压力也越来越大，最后足以抵御结构导管挤压土体产生的上顶力，其导管周围的摩阻力也相应增大。由于旋转喷射流体的打入，井眼周围的土体受到急速的挤压，在井眼周围产生很高的超孔隙压力。喷射钻进过程中，井眼周围土体形成4个区。A区紧靠结构导管，受到的挤压力也最大，瞬时形成极高的超孔隙压力使土体产生许多水平或竖向裂缝，同时土骨架受到激烈的挤压，土体结构完全破坏。随着静止时间的增长，土体发生固结，超孔隙压力逐渐消散，此区土体的抗剪强度逐渐恢复，达到甚至超过其原始强度。对于软黏土，经上述固结后将与结构导管牢固地黏结在一起。B区在A区的外面，受喷射和导管挤压的严重影响，土体发生较大的位移和塑性变形及较高的超孔隙压力，此区的范围较大，是主要的分析对象。B区与A区的交界处形成一强度软弱面。有关观察表明，此软弱面往往是导管破坏时的剪切滑动面，其面积大于管身的侧面积，所以导管的极限摩擦力取决于B区逐渐增长着的抗剪强度。B区的外侧是弹性压缩区C区，它受到喷射及导管挤压一定程度的影响，但土体的压缩变形是弹性的，超孔隙压力较小，可忽略不计。D区为非扰动区，属现场原状土。

当井筒中流体液柱的压力大于井眼周围土体中流体的孔隙压力时，土体出现了明显的侧向膨胀，以至于在压缩条件下，变形后土体的体积总是大于原始体积。土体受到的孔隙压力越高，破坏的前兆越明显。

旋转条件下喷射钻进过程中如果井眼液柱压力小于周围土体的孔隙水压力时，周围土体中的流体向井眼流动，这说明井眼周围土体受拉。土体距离井眼中轴线越近处的孔隙水压力变化越大，越远处变化越小。土体周围产生的孔隙水压力一般随着深度的增加而增大，在均质土中，几乎呈线性关系。当井眼周围土体中流体的孔隙压力大于井筒中流体液柱的压力时，井眼周围的土体受旋转射流挤压后，向压力较小的方向缩径。

水力压裂理论认为，当土体单元中的水压力等于作用于此单元的外压力时，土体处于临界状态；当水压力超过临界值，土体出现裂缝。根据水力压裂理论，当地层中产生的超孔隙水压力大于或等于初始应力与扩张应力增量之和，井眼周围的土体将出现拉应力；而当拉应力超过土体的抗拉强度时，土体将产生开裂。当距井眼中心轴的距离（在塑性区范围）一定时，土体产生的超孔压随着有效上覆压力（或深度）的增加而增大；而当深度一定时，超孔隙压力随着距井眼中心轴的距离的增大呈对数衰减。

（三）数值模拟分析结果总结

在旋转与滑动条件下，喷射钻进过程中井眼周围土体应力场和位移场数值模拟对比分析如下。

1. 共同点

1）导管桩效应

根据有限元模拟仿真结果，无论是在旋转条件下，还是在滑动条件下，当利用高压射流冲击土层时，由于土体具有很大的塑性，钻头附近土体应力较大，产生较大的位移，而且主要是轴向位移，因而该处竖直方向的土体强度得到了大幅度的提高。应力波在向四周传递的过程中逐渐呈辐射状衰减。这样，就形成了一个以喷嘴及钻头底部为中心的近似等值应力球。随着高压射流冲击土层的不断进行，冲击力会在土层中产生应力重分布，且这个应力的消散需要一定的时间。由于射流的高频冲击，冲击间隔时间还来不及使这个应力消散就又在原来的基础上叠加了一个应力值。因此，冲击变硬的土体体积将随着射流的高频冲击而变得越来越大，即会在钻头底部附近形成一个不断加大的冲击"硬坨"。随着钻进的不断进行，以钻头底部为中心的"硬坨"的体积不断增大，并最终交叉重叠，在钻头的底部形成一个更大的以钻头为中心的"硬坨"，此时冲击不单是作用在钻头上了，而是带动钻头下面的"硬坨"一起，形成了一个"大冲击钻头"。这样，单位面积上用于冲击钻进的冲击功就变小了，钻头进尺越来越慢，直至最终不进尺，即出现所谓的钻进过程中的"桩效应"。

2) 位移的变化规律

由于导管"桩效应"的存在，随着钻进深度的不断增加，在旋转和滑动条件下的喷射钻进速度不断降低。井眼附近土体轴向位移随入土深度的变化图形说明了这一点。随着钻进深度的不断增加，井眼周围的径向位移也越来越小。

3) 应力的传播

根据对旋转和滑动条件下的喷射钻进挤土机理的分析可知，在这两种条件下钻头局部区域都有应力集中区。轴向应力值沿轴向向下逐渐增加，应力逐渐增大。随着钻进深度的增加，钻头下方土体越来越密实，致使钻进速度越来越低。钻头底端两侧的径向应力均是局部增大，而底端下部出现了水平应力减小的应力泡，径向应力泡沿径向向外延伸，并逐渐衰减，该应力泡的出现使喷射钻进过程中进一步的冲击挤密钻进成为可能。而在钻头以下区域，径向应力迅速减小，表明在冲击力作用下，钻头附近的土体向两侧挤开。

2. 不同点

1) 应力的分布规律

滑动条件下喷射钻进过程中在钻头及喷嘴附近的土体出现了应力集中现象，而旋转条件下在每个动态钻进的土体端面上均有应力集中现象，且其轴向应力值均要大于在滑动条件下喷射钻进过程中土体的轴向应力值，这说明在旋转条件下喷射钻进对土体的破坏作用明显，土体的变形更大，更容易发生塑性流动，有利于钻进的进行。从径向应力对比图中可以看出，径向应力的分布趋势与轴向应力类似，旋转条件下井眼四周水平应力局部增大。与轴向应力不同，径向应力泡沿径向向外延伸，并逐渐衰减，表明在钻具旋转和射流冲击力作用下，井眼周围的土体向两侧挤开，所以在旋转条件下射流对土体的破坏面积大，对土体的径向扰动较大，因此径向力局部区域旋转条件下较滑动条件下的大，径向的挤土范围旋转条件下也比滑动条件下的大。从剪应力来看，旋转条件下钻进过程中钻头尖端附近的土体应力集中，且峰值较大，当该处的剪应力超过土体的抗剪强度时，此处土体先发生破坏，然后土体逐渐裂开，而滑动条件下喷射钻进的土体剪应力相差不大，土体在钻具滑动和射流冲击作用下被向下和向两侧挤开。因此对于旋转条件下钻进过程而言，土体总的破坏面积远远大于滑动条件下的钻进过程，因而钻进效率高。

2) 土体的位移

旋转条件下井眼附近土体的轴向位移沿整个井眼呈抛物线状分布，在钻头端点处位移出现峰值，而滑动条件下沿着路径方向的土体轴向位移几乎都相等。所以，旋转条件下喷射钻进速度快。

第三章 入泥深度设计方法

合理确定钻井隔水导管入泥深度及导管规格,对于保证海上钻完井及后续作业的安全实施、节省成本具有重大意义。本章内容将分别对锤入法、钻入法和喷射法下导管的最小入泥深度进行介绍,同时针对隔水导管在海洋环境载荷及钻完井载荷共同作用下的力学特性展开叙述。

第一节 海底浅层破裂压力

由于钻井隔水导管下入的地层一般是海底浅层土壤,常常是淤泥、黏土、粉砂及砂泥混层等海底浅层土质,成岩性差,所以这种地层的破裂强度与深层岩石的破裂压力有着很大的差别。

对海底浅层的破裂压力计算,从海底土的土质特性、工程性质等方面着手,可建立其破裂压力的计算模型。

一、海底土的强度计算模型

海底土的抗剪强度一般用摩尔—库仑公式表示为:

$$\tau = C + p\tan\varphi \tag{3-1-1}$$

式中 τ——海底土的强度,MPa;
p——施加在土体上的正应力,MPa;
C——海底土的内黏聚力,MPa;
φ——海底土的内摩擦角,(°)。

当海底土体受到的载荷大于它的强度时,海底土就会发生破坏,导致地层破裂。另外,有些人认为,海底表层的破裂压力与地层的抗剪强度、承载力等海底土壤的物理力学参数有关。

二、浅层土体破裂压力计算模型

当浅层地层所受载荷大于地层的最大抗剪强度时,地层发生破坏,导致地层破裂,引起钻井液漏失,所以地层的破裂压力取值应为最大的地层抗剪强度,即:

$$p_f = \tau_{max} \tag{3-1-2}$$

其中,p_f 计算如下:

$$p_f = C + p\tan\varphi \tag{3-1-3}$$

式中 p_f——地层的破裂压力,MPa。

施加在土体上的正应力 p 可由式(3-1-4)计算:

$$p = 10^{-3} \cdot g \cdot \left(\int_0^{H_{土深}} \rho_土(H)\mathrm{d}H + \rho_水 H_{水深}\right) \tag{3-1-4}$$

则，地层破裂压力梯度为：

$$\rho_f = \frac{10^3 p_f}{gH} = \frac{10^3 p_f}{g(H_\text{土} + H_\text{水深} + H_\text{井口海拔})} \quad (3\text{-}1\text{-}5)$$

式中 ρ_f——地层破裂压力梯度，g/cm³；

$H_\text{土}$——海底土的埋藏深度，m；

$H_\text{水深}$——海底土周围的海水深度，m；

$H_\text{井口海拔}$——钻井平台的井口海拔高度，m。

第二节 海底土极限承载力计算

在钻井隔水导管（结构导管）下入到海底土中，当海底土对导管的阻力等于或超过压导管载荷时，导管下入就会停止。地基土的性质、压导管载荷的大小和导管的尺寸是决定导管下入深度的关键因素。

如图 3-2-1 所示，地基土承载能力可按照式（3-2-1）计算：

$$q_0 = q_u + \gamma D \quad (3\text{-}2\text{-}1)$$

式中 q_0——决定导管插深的实际承载力，kPa；

q_u——地基土的理论承载力，kPa；

γ——导管排开土体的浮容重，kN/m³；

D——导管插深，m。

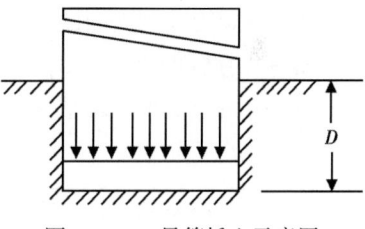

图 3-2-1 导管插入示意图

一、黏性土层的极限承载力计算

由 Skempton 模型可导出公式（3-2-2），导管承载力模型如图 3-2-2 所示。

$$Q_u = N_c S_u A + \gamma V \quad (3\text{-}2\text{-}2)$$

其中 $N_c = 6\left(1 + 0.2\dfrac{D_1}{m}\right) \leqslant 9 \quad (3\text{-}2\text{-}3)$

式中 Q_u——黏性土层的极限承载力，kgf；

N_c——承载系数，它是导管埋深和导管尺寸的函数；

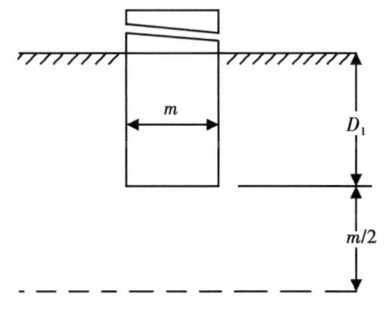

图 3-2-2 导管承载力计算简图

S_u——导管底部断面下导管半径范围内土壤的平均不排水抗剪强度，tf/m²；

D_1——计算断面至海底泥面的深度，m；

A——计算断面的面积，m²；

m——导管的直径，m；

V——导管排开土的体积，m³；

γ——导管排开土体的浮容重，kgf/m³。

一般的软黏土、黏土、粉砂质黏土及砂质黏土在计算其极限承载力时，均看作黏土，只考虑抗剪强度，不考虑内摩擦角。经过整理可得出：

$$Q_u = 6(1 + 0.2\frac{D_1}{m})S_u A + \gamma V \qquad (3-2-4)$$

式（3-2-4）的使用范围：$\frac{D_1}{m} < 2.5$；S_u 是一个常数；若导管计算断面下 $\frac{2}{3}D$ 内的土壤抗剪强度变化达 ±50% 时，此式不适用，可作为成层土来考虑。

二、砂性土层的极限承载力计算

对于黏土质砂、砂和砂砾等砂性物质，在计算极限承载力时一般只考虑内摩擦角，不考虑内黏聚力。由 Terzaghi 和 Peck 计算模型可得出：

$$Q_u = A[0.3\gamma_1 m N_r + \gamma_2 D(N_q - 1)] + \gamma V \qquad (3-2-5)$$

式中　N_q，N_r——承载力系数，为 φ 的函数，可从表 3-2-1 查得；

γ_1——导管计算断面下半径范围内的平均浮容重，kgf/m³；

γ_2——导管计算断面以上至海底泥面之间平均浮容重，kgf/m³；

A——导管计算断面的面积，m²；

m——导管的直径，m；

D——计算断面至海底泥面的深度，m。

表 3-2-1　承载力系数推荐值

修正的 Terzaghi 公式承载力系数（日本）				Terzaghi 和 Peck 公式承载力系数（API）			
φ (°)	N_c	N_r	N_q	φ (°)	N_c	N_r	N_q
0	5.3	0	1.0	0	5.14	0	1.00
5	5.3	0	1.4	5	6.40	0.45	1.56
10	5.3	0	1.9	10	8.33	1.22	2.74
15	6.5	1.2	2.9	15	10.57	2.65	3.94
20	7.9	2.0	3.9	20	14.81	5.38	6.39
25	9.9	3.3	5.6	25	20.71	10.87	10.66
28	11.4	4.4	7.1	30	30.14	22.40	18.40
32	20.9	16.6	14.1	35	46.11	48.02	33.29
36	42.2	30.5	31.6	40	75.31	109.40	64.19
40	95.7	114.0	81.2	45	133.87	271.74	134.87
45	172.3		173.3	50	266.87	762.84	319.05
50	347.1		414.7				

三、成层土的极限承载力计算

支承在成层土壤上的桩造成穿透事故，通常认为有两种原因：

（1）硬黏土层下（有限厚度）有很软弱的黏土层；

（2）砂层下（有限厚度）有软弱黏土层。

若硬层的厚度较薄，其承载能力低于压桩载荷时，桩就会穿透硬层进入软弱层，致使桩腿突然下降，插入速度超过操作控制能力，造成桩腿损坏，甚至造成事故。若硬层较厚，承载能力高于压桩载荷，安全系数大于或等于 1.5 时，要校核软弱层的承载能力是否大于桩在软土层顶面产生的应力。若满足这两个条件，也可不考虑软弱层的影响。导管可以看作一个简易的圆形桩，同样适用于这些条件。

校核可使用如下模型：

$$\sigma_H + \sigma_{CH} \leq R_i \tag{3-2-6}$$

其中

$$\sigma_H = \frac{m^2(\sigma - \sigma_c)}{\dfrac{\pi(m/2 + 2H\tan\theta)^2}{4}} \tag{3-2-7}$$

式中 σ_H——软层顶面的附加应力，kgf/m^2；
σ_c——导管底面处土的自重压力，kgf/m^2；
σ——导管底面压力，kgf/m^2；
σ_{CH}——导管底面以下深度 H 处土的自重压力；
m——导管的直径，m；
H——导管底面至软层顶面的距离，m；
R_i——软层顶面地基土的极限承载力，kgf/m^2；
θ——地基的压力扩散角，(°)。

当土层为砂砾、粗砂、中砂、老黏土时，取 $\theta=30°$；当导管底面至软层顶面以上的土层厚度小于或等于 1/4 导管直径时，可按 $\theta=0°$ 来计算。

（一）当硬黏土覆盖在软黏土层上时，地层极限承载力计算

如图 3-2-3 所示，当硬黏土覆盖在软黏土层上时，由 Brown 和 Meyerhof 提出公式（3-2-8）：

$$Q_u = 3S_{UT}A\frac{H'}{m} + 6S_{UB}A + \gamma V \tag{3-2-8}$$

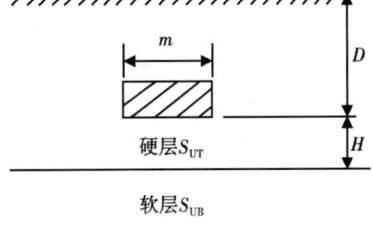

图 3-2-3 上硬下软黏土层的计算简图

式中 Q_u——地层的极限承载力，kgf；
m——导管的直径，m；
H'——硬土层厚度，m；
A——导管的横截面积，m^2；
S_{UT}——硬黏土层的不排水抗剪强度，kgf/m^2；
S_{UB}——软黏土层的不排水抗剪强度，kgf/m^2。

（二）当上层为砂层下层为软黏土层时，极限承载力计算

由 Hanna 和 Meyerhof 模型可得出公式（3-2-9）：

$$Q_u = \left[6S_u + \frac{2\gamma_1'H^2}{m}\left(1 + \frac{2D}{H}\right)K_s\tan\varphi\right]A + \gamma V \tag{3-2-9}$$

当导管插入到如图 3-2-4 所示的形式时，计算公式变为：

$$Q_u = \left[6S_u + \frac{2HK_s\tan\varphi}{m}(\gamma_1'H + 2\gamma_2'D)\right]A + \gamma V \tag{3-2-10}$$

式中　S_u——导管底部断面下导管半径范围内黏土的平均不排水抗剪强度，kgf/m^2；

　　　φ——砂性土的内摩擦角，(°)，是一个抗剪强度参数，可由土样作剪切试验求得破坏时的剪应力，然后根据库仑定律确定得到；

　　　D——导管入泥深度，m；

　　　m——导管的直径，m；

　　　H——导管有效面积下砂层的厚度，m；

　　　γ'_1——砂土的浮容重，kgf/m^3；

　　　γ'_2——导管计算断面以上至海底泥面之间平均浮容重，kgf/m^3；

　　　A——导管计算断面的面积，m^2；

　　　K_s——冲剪系数，是 S_u、δ/φ、q_1/q_2 的函数；

　　　δ——导管与砂性土的摩擦角，一般可取 $\delta=\varphi-5°$；

　　　q_1/q_2——黏土层和砂层基础承载力的比率，一般 $\dfrac{q_2}{q_1}=\dfrac{10S_u}{\gamma m N_r}$。

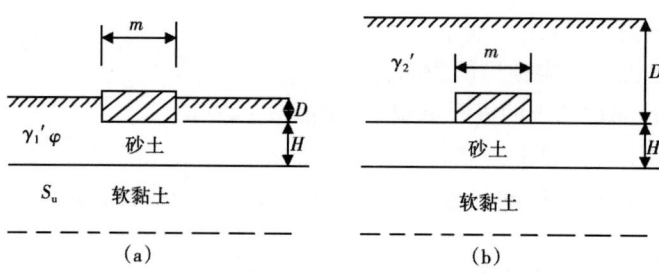

图 3-2-4　上为砂层下为黏土层的计算简图

（三）当黏性土覆盖在砂性土之间时，地层极限承载力计算

当黏性土覆盖在砂性土之间时，地层极限承载力计算，可按照式（3-2-11）进行：

$$Q_u = 6S_u A\left(1 + 0.2\dfrac{D'}{m+2H\tan\varphi}\right) \times \left(\dfrac{m+2H\tan\varphi}{m}\right) + \gamma V \quad (3-2-11)$$

式中　Q_u——地层的极限承载力，kgf；

　　　S_u——临界平均不排水剪切强度，kgf/m^2，由设计井位处井场调查钻井取心的土样经实验室作剪切试验而得；

　　　φ——砂性土的内摩擦角，(°)，是一个抗剪强度参数，可由土样作剪切试验求得破坏时的剪应力，然后根据库仑定律确定得到；

　　　H——导管有效面积下砂层的厚度，m；

　　　D'——黏土层至海底泥面的厚度，m。

（四）用应力扩散传递法计算地层极限承载力

上硬下软的成层土承载力还可以用应力扩散传递法进行计算。图3-2-5是应力以1:3的斜率扩散的，在软层表面形成一个假想的基础，其承载力为：

$$Q_f = A_f S_{UB} N_{cf} \quad (3-2-12)$$

而实际基础的承载力为：

$$Q = A S_{UT} N_m \quad (3-2-13)$$

在平衡条件下，两式应相等，即：

$$A_f S_{UB} N_{cf} = A S_{UT} N_m \tag{3-2-14}$$

$$N_m = \frac{A_f}{A} \cdot \frac{S_{UB}}{S_{UT}} N_{cf} \leq N_c \tag{3-2-15}$$

$$N_m = 6 \frac{S_{UB}}{S_{UT}} \left(1 + \frac{2}{3} \frac{H}{m}\right)^2 \left[1 + 0.2 \left(\frac{H+D}{m + \frac{2}{3}H}\right)\right] \leq 6\left(1 + 0.2 \frac{D}{m}\right) \tag{3-2-16}$$

式中 S_{UT}——硬层土不排水抗剪强度，tf/m²；
S_{UB}——软层土不排水抗剪强度，tf/m²；
N_m——实际基础的综合承载力系数；
A——实际基础的断面积，m²；
A_f——假想基础的断面积，m²。

m、m'、H 和 D 如图 3-2-5 所示。其中：

$$\frac{A_f}{A} = \left[1 + \frac{2}{3} \cdot \frac{H}{m}\right]^2 \tag{3-2-17}$$

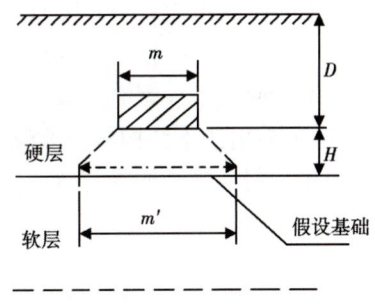

N_{cf} 为假想基础的承载力系数，其计算如下：

$$N_{cf} = 6\left[1 + 0.2\left(\frac{H+D}{m + \frac{2}{3}H}\right)\right] \tag{3-2-18}$$

图 3-2-5 应力扩散传递法计算简图

经归纳整理，得最后的计算公式为：

$$Q_u = Q_m + \gamma V = 6 \frac{S_{UB}}{S_{UT}} \left(1 + \frac{2}{3} \cdot \frac{H}{m}\right)^2 \left[1 + 0.2\left(\frac{H+D}{m + \frac{2}{3}H}\right)\right] \times S_{UT} \cdot A + \gamma A$$

$$\tag{3-2-19}$$

至于应力扩散斜率的选择，可视硬土层的性质和强度值的大小而定，也可用 1:2 或 1:4。据美国 McClelland 公司的经验，使用 1:2 和 1:3 比较多。

（五）导管插到两土层交界处的情况

在实际工作中往往会碰到导管下到两种土层的交界处，如图 3-2-6 所示的情况。其计算方法可根据上、下层土的性质分别计算各自的极限承载力然后相加：

$$q_u A = q_{u1}(A - A_2) + q_{u2} A_2 \tag{3-2-20}$$

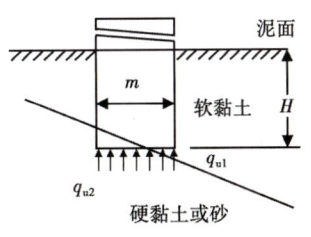

图 3-2-6 土层交界面上的计算简图

式中 A——导管的横截面积，m²；
A_2——在两交界面上的导管桩截面积，m²；
q_{u1}，q_{u2}——用 Skempton 公式计算的上、下层的极限承载力，tf/m²。

若下面硬层为砂性土，应用 Terzaghi 和 Peck 公式计算：

$$q_{u2} = 0.3\gamma m N_r + \gamma'_1 D N_q \tag{3-2-21}$$

式中　N_r，N_q——承载力系数，根据 φ 值大小在表 3-2-1 中可查到。

四、隔水导管极限承载力计算模型

（一）锤入法和钻入法下隔水导管承载力模型

当采用锤入法或钻入法下隔水导管，其轴向极限承载力由公式（3-2-22）确定：

$$Q = Q_f + Q_p = f \cdot A_s + q \cdot A_p \tag{3-2-22}$$

式中　Q——隔水导管轴向极限承载力，kN；
　　　Q_f——隔水导管侧向摩擦阻力，kN；
　　　Q_p——隔水导管端部阻力，kN；
　　　f——隔水导管侧向单位面积摩擦力，kPa；
　　　A_s——隔水导管侧向表面积，m²；
　　　q——隔水导管端部单位面积极限阻力，kPa；
　　　A_p——隔水导管端部截面积，m²。

（二）喷射法下结构导管承载力模型

采用喷射法下结构导管时，轴向极限承载力由公式（3-2-23）确定：

$$Q = \pi \cdot D \cdot \sum_{i=1}^{n} l_i f \tag{3-2-23}$$

式中　Q——结构导管轴向极限承载力，kN；
　　　π——圆周率，取 3.1416；
　　　D——结构导管直径，m；
　　　n——结构导管入泥范围内土的层数；
　　　l_i——第 i 层土中结构导管长度，m；
　　　f——第 i 层土结构导管侧向单位面积摩擦力。

（三）侧向摩阻力和端部承载力计算

1. 黏性土中侧向摩阻力和端部承载力

对于黏性土的管桩，沿桩长上任一点的桩侧摩阻力 f 可按式（3-2-24）计算：

$$f = S_u \cdot \alpha \tag{3-2-24}$$

式中　S_u——计算点土的不排水抗剪强度，kPa；
　　　α——黏着系数。

α 按下述条件确定：
当 $\psi \leq 1.0$，$\alpha = 0.5\psi^{-0.5}$；当 $\psi > 1.0$，$\alpha = 0.5\psi^{-0.25}$。
其中：

$$\psi = S_u / p_0 \tag{3-2-25}$$

式中　p_0——计算点的有效上覆土压力，kPa。

对于黏性土的管桩，沿桩长上任一点的单位桩端承载力 q 可按式（3-2-26）计算：

$$q = 9S_u \tag{3-2-26}$$

2. 非黏性土中侧向摩阻力和端部承载力

非黏性土中的管桩侧向摩阻力 f 可按式（3-2-27）计算：

$$f = K \cdot p_0 \tan\delta \tag{3-2-27}$$

式中　K——侧压力系数，对于开口无土塞桩，取值为 0.8，对于形成土塞或端部封闭的桩，取值为 1.0；

　　　δ——桩土间有效摩擦角，(°)，按表 3-2-2 选取。

对于端部支撑在非黏性土中的桩，其单位桩端承载力 q 按式（3-2-28）计算：

$$q = p_0 N_q \tag{3-2-28}$$

式中　N_q——承载力系数，推荐值见表 3-2-2。

表 3-2-2　非黏性土的设计参数

密实程度	土类别	桩土间有效摩擦角 δ（°）	极限桩侧摩阻力 f（kPa）	承载力系数 N_q	极限桩端承载力 q（MPa）
极松	砂	15	47.8	8	1.9
松	砂质粉土				
中密	粉土				
松	砂	20	67.0	12	2.9
中密	砂质粉土				
密实	粉土				
中密	砂	25	81.3	20	4.8
密实	砂质粉土				
密实	砂	30	95.7	40	9.6
极密	砂质粉土				
密实	砂砾	35	114.8	50	12.0
极密	砂				

注：(1) 表中所列参数为推荐值，在能取得实验资料的情况下，宜采用实验值；
　　(2) "砂质粉土"的强度通常随含砂量的增加而增加，随含粉量的增加而降低。

第三节　锤入法和钻入法下隔水导管最小入泥深度

一、最小入泥深度应考虑的功能

对于采用锤入法和钻入法下入的钻井隔水导管，最小入泥深度应考虑两种功能(图 3-3-1)，且应取两种工况下计算所得的最大值。

(1) 作为钻井液循环通道时，隔水导管入泥深度应满足管鞋处的流体液柱压力小于该处的地层破裂压力；群桩条件下地层破裂压力应考虑群桩效应的影响。

(2) 作为井口持力结构时，隔水导管入泥深度应满足承载力的要求；群桩条件下应考虑群桩效应对土体力学性能的影响。

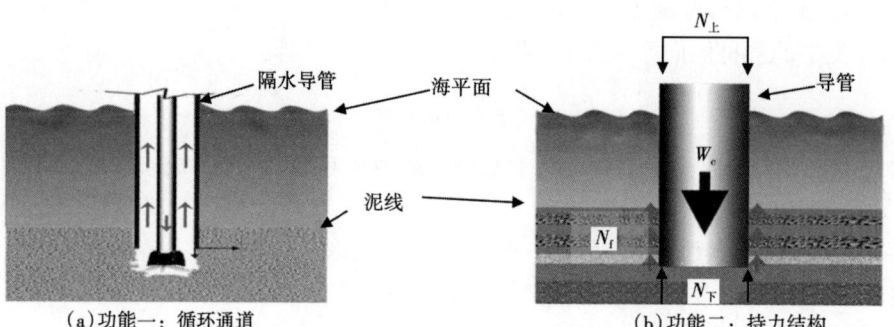

(a) 功能一：循环通道　　　　(b) 功能二：持力结构

图 3-3-1　钻井隔水导管最小入泥深度计算应考虑的功能

W_c—隔水导管自重，N；$N_上$—隔水导管顶部载荷，N；$N_下$—隔水导管底部受到的承载力，N；
N_f—隔水导管侧向受到的摩擦力，N

二、保证隔水导管承载力条件下，隔水导管最小入泥深度计算方法

钻井隔水导管轴向受力由 4 部分组成：上部井口载荷 $N_上$、底部承载力 $N_下$、自重 W_c 和侧向摩擦力 N_f。对隔水导管受力分析，在垂直方向上可得如下受力平衡方程（3-3-1）：

$$N_上 + W_c = N_下 + N_f \tag{3-3-1}$$

只有当 $N_上 + W_c \leq N_下 + N_f$ 时，隔水导管才能保持稳定，而不发生失稳下陷。本文考虑到隔水导管内钻井液流速较小，所以忽略了钻井液因向上流动给隔水导管产生一个向下的流动摩擦力。

由 $N_上 + W_c \leq N_下 + N_f$ 得出：

$$N_上 + W_{c\text{泥线以上}} + W_{c\text{浮泥线以下}} \leq N_下 + N_f \tag{3-3-2}$$

可以导出：

$$\begin{cases} N_上 + W_{c\text{泥线以上}} \leq N_下 + N_f - W_{c\text{浮泥线以下}} \\ N_上 + W_{c\text{泥线以上}} \leq A_{gp}N_{\text{承载}} + B_{gp}\pi DHf - SH\rho_{\text{钢材}}f_{\text{浮}} \\ N_上 + W_{c\text{泥线以上}} - A_{gp}N_{\text{承载}} \leq (B_{gp}\pi Df - S\rho_{\text{钢材}}f_{\text{浮}})H \\ H \geq \dfrac{N_上 + W_{c\text{泥线以上}} - A_{gp}N_{\text{承载}}}{B_{gp}\pi Df - S\rho_{\text{钢材}}f_{\text{浮}}} \end{cases} \tag{3-3-3}$$

从而，基于力学平衡关系得出了保证隔水导管承载力条件下的隔水导管最小入泥深度：

$$H_{\min} = \frac{N_上 - A_{gp}N_{\text{承载}} + W_{c\text{泥线以上}}}{B_{gp}\pi Df - S\rho_{\text{钢材}}f_{\text{浮}}} \tag{3-3-4}$$

式中　$N_上$——井口施加给隔水导管的轴向力，kN；

　　　W_c——隔水导管重量，kN；

　　　$N_下$——隔水导管底部受到向上的轴向力，kN；

　　　N_f——隔水导管侧向受到的摩擦力，kN；

$W_{c泥线以上}$——泥面以上隔水导管重量，kN；
$W_{c浮泥线以下}$——泥面以下隔水导管在钻井液中的浮重，kN；
D——隔水导管的外径，m；
S——隔水导管环形横截面积，m²；
$\rho_{钢材}$——导管钢材的密度，kg/m³；
$f_{浮}$——隔水导管在钻井液中的浮力系数；
f——侧向单位摩擦力，kPa；
H——隔水导管入泥深度，m；
A_{gp}——群桩对土黏聚力的影响系数；
B_{gp}——群桩对土内摩擦角的影响系数。

该模型首次考虑了隔水导管尺寸、重量、钻井作业载荷、土体性质及群桩效应等因素。

三、保证钻井液循环通道条件下，隔水导管最小入泥深度计算方法

隔水导管要作为钻井液循环的通道，它的入泥深度必须满足在设计的流体密度条件下，流体循环时不至于压破导管鞋处的地层，而造成井漏。从而最小入泥深度 h_{min} 必须满足在设计的流体密度 ρ_{mud} 条件下，流体循环时液柱压力应不大于导管鞋处的地层破裂压力 p_f，假设环空压耗为 $p_{耗}$，海底泥面到井口距离为 L，n 为安全系数，该工况下隔水导管的最小入泥深度 h_{min} 可表示为：

$$h_{min} = \frac{np_f - p_{耗}}{\rho_{mud}} - L \tag{3-3-5}$$

第四节 喷射法下结构导管最小入泥深度

一、喷射过程中结构导管载荷分析

对于表层导管喷射下入，若要建立合理的表层导管下入深度计算模型，就必须考虑表层导管载荷、表层导管尺寸、表层导管与海底土的胶结力、海底土性质等因素影响。

表层导管的轴向载荷是影响其下入深度的主要因素，其轴向载荷大致由5部分组成：管柱上提载荷、底部钻压、表层导管自重、钻柱自重和侧向摩擦力，如图3-4-1所示。

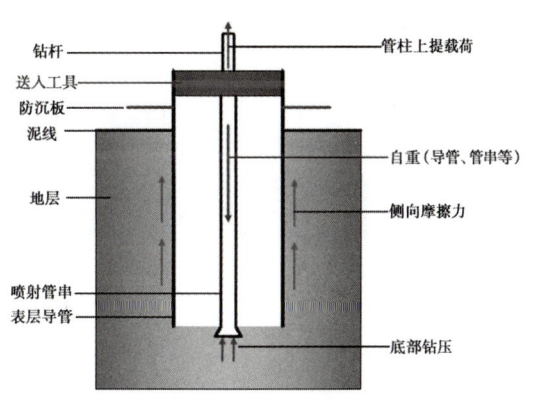

图3-4-1 喷射管柱结构示意图

二、结构导管入泥深度计算模型

由图3-4-1表层导管受力分析，在喷射下入过程中，在垂直方向上可得如下受力平衡方程：

$$N_上 + N_f + W_{钻压} = W_{导管} + W_{钻柱} \tag{3-4-1}$$

只有当 $N_f \geqslant W_{导管} + W_{钻柱}$ 时，结构导管才能保持稳定，而不发生失稳下陷。

式中 $N_{上}$——上提管柱的轴向载荷，kN；
　　　$W_{导管}$——结构导管在海水中的重量，kN；
　　　$W_{钻柱}$——钻柱在海水中的重量，kN；
　　　$W_{钻压}$——喷射过程中施加给海底土的压力，kN；
　　　N_f——结构导管侧向受到的摩擦力，kN。

在给定载荷条件下，结构导管入泥深度计算模型如下：

$$H \times \pi \times D \times f(t) - W \geq 0 \tag{3-4-2}$$

表层导管安全入泥深度计算模型为：

$$H_{\min} = \frac{W}{\pi \times D \times f(t)} \tag{3-4-3}$$

式中 W——给定的管柱载荷（包括表层导管自重），kN；
　　　D——表层导管外径，m；
　　　$H_{\min}$——表层导管安全入泥深度，m；
　　　H——表层导管入泥深度，m；
　　　$f(t)$——表层导管与海底土之间的摩擦力，它的大小取决于海底土与表层导管接触时间长短，kN/m^2。

从式（3-4-3）可以看出，表层导管的下入深度与表层导管上部所受的载荷、表层导管直径、表层导管壁厚、侧向摩擦力有关。由于表层导管的直径、壁厚一般是确定的，所以表层导管的入泥深度只与表层导管上部所受的载荷和侧向摩擦力有关。

第四章 强度和稳定性分析

第一节 海况作用下隔水导管强度和稳定性分析

一、力学模型

在进行钻井隔水导管强度校核和安全性分析时,可分别对泥线以上和泥线以下部分进行计算。泥线以上管体受力如图4-1-1所示,图中把各种载荷放在一个平面内,隐含假设这种载荷作用方式下导管的变形最大。

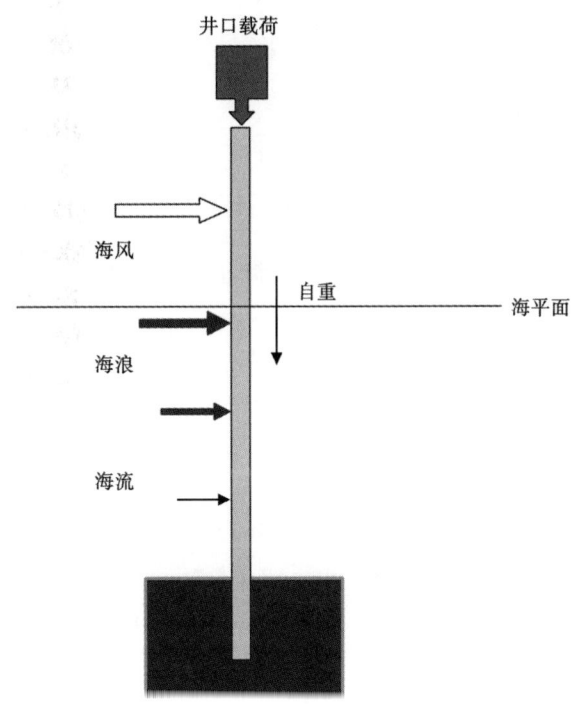

图4-1-1 海况条件下钻井隔水导管受力示意图

导管轴向载荷包括自重和坐挂井口的压力。其中轴向力为分布力,坐挂井口压力为集中力。轴向载荷由管体支撑,可能引起两方面变形,即轴向压缩和横向失稳。导管下端固定,上端为自由或铰支,如图4-1-2所示。

设导管变形弹性线方程近似选用只有一个集中力作用时的形式:

$$y = \delta \cdot \varphi = \delta \cdot [(\sin kx - kx) + kL(1 - \cos kx)] \quad (4-1-1)$$

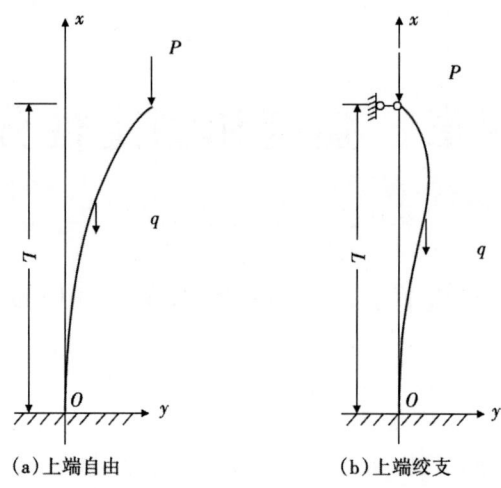

图 4-1-2 导管受力与变形模型

其中
$$k = \sqrt{\frac{P}{EI}} \quad (4-1-2)$$

式中 δ——导管轴线最大横向位移，m；
φ——位移函数；
L——导管自由段长度，m；
P——竖向集中力，kN。

应用虚功原理，计算临界载荷的勃布诺夫—伽辽金方程：

$$\int_0^L \left\{ EI\frac{d^3 y}{dx^3} + \left[P + q(L-x)\frac{dy}{dx} \right] \right\} \frac{d\varphi}{dx} dx = 0 \quad (4-1-3)$$

整理后得计算临界力的近似公式：

$$P_{cr2} = EI \left(\frac{\pi}{0.7L} \right)^2 - c_0 qL \quad (4-1-4)$$

式中 c_0——折算系数，是 K、L 的函数，对于隔水导管，可取 $c_0 = 0.337$。

对于两端铰支的压杆，受自重与集中载荷共同作用，等效载荷为集中载荷加上自重的 50%，即：

$$P_{cr3} = P + 0.5 p_0 l = EI \frac{\pi^2}{l^2} \quad (4-1-5)$$

二、海洋环境载荷理论模型

(一) 海风载荷

大风对海洋石油结构物的工作影响很大，风力随着季节及地区的不同而有所区别。我国东南沿海夏季受台风的威胁较大；北部沿海冬季受蒙古及西伯利亚寒流影响较大，风力最大可达 12 级，其风速为 33m/s，风压约为 1060Pa。例如：1978 年 9 月 25 日，我国南海二号半潜式钻井平台正在台风中心附近，当时平均风速达 50 节（约为 25.7m/s），而最大风速达 82 节（约为43.14m/s）。对于海洋石油结构物进行强度计算时，一般取风压不得小于800Pa。

1. 设计风速

在进行海洋石油结构物设计过程中使用的风速，应取决于长期的实测资料，在本质上风载荷是动态的，但一些结构对它的反应几乎为静态形式。比如对一个在比较浅的水域中的固定的钢结构导管架，相对于总的载荷来说，风力是很小的（一般低于10%）。持续风速用于计算整个平台的风载荷，而阵风风速则用于单个结构构件的设计。

风速和方向随空间和时间的不断变化而变化。在尺度上，对于典型的较大的海洋结构，在1h持续时间量级上的风的统计性质（如风速的平均值和标准差）在水平面内并不变化，但在高度方向上变化。在长持续时间内，存在具有较高的平均风速和较短的持续时间（阵风系数）。因此，只有限定风的高程和持续时间，风速才有意义。

一般情况下，参考值 $v(1h, z_R)$ 是在高程 z_R 为10m处的1h的平均风速。在高程 z 处 1h 的风速的平均垂向分布可以由式（4-1-6）近似确定：

$$v(1h, z) = v(1h, z_R)(z/z_R)^{0.125} \tag{4-1-6}$$

计算单个杆件最大的静风载时采用3s的阵风风速；对于水平方向上尺寸不超过50m结构的最大总风载荷的计算，宜采用5s的阵风风速；计算更大结构上的总静风载时宜采用1min持续风速计算上部结构总的静风载，此时，结构物在风激作用下可能产生动力响应，但并不需要做仔细的风动力分析；对风的动力响应可忽略的结构，宜采用1h的持续风速和最大的波浪力。

2. 风力表达式

由于空气在一定速度下运动时，作用在平面和曲面上的理论风压力是空气的动能函数，因此可用式（4-1-7）表示：

$$p_0 \propto \frac{1}{2} \cdot \frac{W}{g} \cdot v^2 \tag{4-1-7}$$

式中 W——风能，W；

g——重力加速度，约为9.8m/s²。

设承受风压的结构物投影面积为 A，则可将总风力 F 表示为：

$$F = KK_z p_0 A \tag{4-1-8}$$

式中 F——风载荷，N；

K——风载荷形状系数，对梁及构筑物侧壁取1.5，对圆柱体侧壁取0.5，对平台总投影面积取1.0；

K_z——海上风压高度变化系数，按规范取1.0；

A——受风面积，m²；

p_0——基本风压，Pa。

p_0 可以按式（4-1-9）计算：

$$p_0 = \alpha v_t^2 \tag{4-1-9}$$

式中 α——风压系数，取0.613N·s²/m⁴；

v_t——设计风速，m/s。

(二) 海流载荷

由于海流可近似看作一种稳定的平面流动，因此海流与圆柱形结构物的相互作用可用平面流与铅直圆柱载荷公式来表示。

1. 单位长度上的海流力

单位长度上的海流力可用式（4-1-10）表示：

$$f_c = \frac{1}{2} C_D \cdot \rho_w D v_{cmax}^2 \tag{4-1-10}$$

式中　f_c——圆柱形桩单位长度上的海流载荷，N；
　　　C_D——阻力系数；
　　　v_{cmax}——海流的最大可能速度，m/s；
　　　ρ_w——海水的密度，kg/m³；
　　　D——圆柱形桩直径，m。

2. 管柱上的总海流力

海流力是作用在海洋石油结构物上的一种流动阻力，这种阻力是由于运动的水所产生的定常流动阻力。根据水下结构物上的阻力是流体的动能函数的原理，按照稳定流动条件下的阻力的数学表达方法，可以写出海流力 F_c 为：

$$F_c = \frac{W}{2g} D \int_0^S C_D u^2 \mathrm{d}z \tag{4-1-11}$$

式中　F_c——海流力作用在圆柱形上的总力，N；
　　　W——水的密度，kg/m³；
　　　g——重力加速度，9.8m/s²；
　　　D——圆柱桩的直径，m；
　　　S——水面自海底以上的高度，m；
　　　C_D——阻力系数；
　　　u——海流速度，m/s；
　　　$\mathrm{d}z$——垂直方向的长度增量，m。

3. 海流速度随深度变化值的计算

为了计算海洋结构物水下部分所承受海流力的大小，需要知道海流流速随水深的变化规律。在无实测资料的情况下，对海平面以下，某深度的海流速度，可采用美国船舶检验局使用的公式（4-1-12）计算。

$$v_{ch} = v_m \left(\frac{h}{H} \right) + v_T \left(\frac{h}{H} \right)^{\frac{1}{7}} \tag{4-1-12}$$

式中　v_{ch}——距海底 h 处的海流速度，m/s；
　　　v_m——海面的风流速度，m/s；
　　　v_T——海面的潮流速度，m/s；
　　　H——水深，m；
　　　h——计算深度距海底的高度，m。

4. 阻力系数的合理确定

在计算海洋环境载荷时，会遇到确定阻力系数及惯性力系数的问题，而这两个系数的大小又直接关系到作用力的大小，因此必须合理确定。阻力系数 C_D 取决于下列一些因素。

1) 雷诺数

由流体力学可知，雷诺数 Re 应为：

$$Re = \frac{vD}{\gamma} \tag{4-1-13}$$

式中 γ——海水的运动黏度，一般取 $1\times10^6 \text{m}^2/\text{s}$。

当海流速度 v 数值不同时，计算出的雷诺数也不同，所对应的阻力系数也不同，由式（4-1-13）计算所得的雷诺数，可从表 4-1-1 查得阻力系数 C_D 的值。

表 4-1-1 雷诺数与阻力系数的对应关系

区间	雷诺数 Re	阻力系数 C_D
亚临界区	$Re<2\times10^5$	≈1.2
临界区	$2\times10^5<Re<5\times10^5$	≈0.3
超临界区	$5\times10^5<Re<5\times10^6$	≈0.3~0.6
极临界区	$Re>5\times10^6$	≈0.6~0.7

2) 相对粗糙度

相对粗糙度是指桩柱上不规则粗糙面沿径向的厚度与桩柱直径的比值，即 K/D。一般海上结构的相对粗糙度在 0.001~0.1 范围内。表面粗糙度增大了桩柱的直径，也使海流力增大，故考虑粗糙度这个因素的影响时，必须考虑它对阻力系数的影响，也要考虑它对桩柱直径的影响。一般当相对粗糙度使阻力系数增加 100% 时，它使直径 D 大约增加 20%。

（三）波浪载荷

1. 波浪力计算方法概述

作用在海洋结构物上的波浪力的计算是结构设计中最基本的任务，同时也是最困难的任务之一，所以一直以来都是海洋工程领域研究的重点。确定作用于海洋工程结构物上的波浪载荷，可以采用两种不同方法，设计波法与随机分析方法。

1) 设计波法

这是一种确定性方法，即用一个给定的周期和波高的波浪代表一定环境条件下出现的最大波。再根据一种恰当的波浪理论来描述波浪的响应特征，如波浪的剖面、水质点的速度和加速度等，利用一般流体力学的方法计算波浪力。设计波法是根据理想化的规则波来计算波浪力，它虽不能完全反映不规则波对海洋结构物的作用，但计算方法简便，使用方便，使用面广，常为海洋工程设计采用，也是海上平台规范中规定的波浪力的计算方法之一。

2) 随机分析方法或概率方法

这种方法是建立在海况的统计特征上的，它将实际海面上不规则的波浪视为是由许多具有随机相位的简单波叠加而成，各个简单波动的能量在相应的波频上的分布就构成一个海浪谱。用此方法可以在某一置信度内得到结构的最大应力、位移等特征响应结果。在对海洋结构物结构进行经济评价及寿命分析时常采用此种方法。

2. 不同尺度结构物的波浪力计算

波浪力计算中常根据结构物的尺度与波长的比值分成小尺度波浪力计算和大尺度波浪力计算。当比值 $D/L≤0.2$ 时，称为小尺度物体，其中 D 是物体的特征长度，对于圆柱体，D 为直径，L 是波长；当 $D/L>0.2$ 时，称为大尺度物体，它必须考虑物体的自由表面效应和相对尺度效应，被合起来称为绕射效应。

1) 当 $D/L>0.2$ 时的波浪力计算

目前采用两种方法进行分析。第一种方法，考虑绕射效应的理论分析，即绕射理论。它由马哥卡姆（Mac Camay）和富克（Fucks）等在1954年提出，认为结构的存在将改变结构附近的波浪场。第二种方法，采用弗汝德—克雷洛夫（Froude-Krylov）假定，利用入射波压力在结构表面受压面积上积分计算波浪力。

2) 当 $D/L≤0.2$ 时的波浪力计算

对于相对尺度较小的细长柱体的波浪力计算，在工程设计中仍广泛采用著名的 Morison 方程，如式（4-1-14）：

$$f_{wy} = \frac{1}{2}C_D\rho_w D\left(u - \frac{\partial y}{\partial t}\right)\left|\left(u - \frac{\partial y}{\partial t}\right)\right| + C_M \cdot \rho_w \frac{\pi D^2}{4}\left(\frac{\partial u}{\partial t} - \frac{\partial^2 y}{\partial t^2}\right) \quad (4-1-14)$$

式中 f_{wy}——垂直作用于管柱上的单位长度的波浪力，kN/m；

ρ_w——海水的密度，kg/m³；

D——管柱直径，m；

u——管柱轴线处水质点的水平方向速度，m/s；

C_D——阻力系数；

C_M——惯性力系数。

式（4-1-14）是 Morison 等人于1950年在模型试验的基础上经过大量计算提出的计算垂直于海底的刚性柱体上的波浪载荷公式。该理论假定柱体的存在对波浪运动无显著影响，认为波浪对柱体的作用主要是黏滞效应和附加质量效应。此公式主要把作用在垂直柱体上的力分成两项：一项是与流体加速度成正比的惯性力项，一项是与流体速度平方成正比的曳力项。

要用 Morison 方程计算相应的波浪力，关键在于选定一种适宜的波浪理论和相应的拖曳力系数和惯性力系数。要得到公式中流体质点的速度和加速度等量，可采用不同的波浪理论。目前主要有线性理论和非线性理论，线性波浪理论（Airy 波）是假定波浪振幅足够小，这样就可以基本忽略非线性项而得到速度势的近似解。非线性波浪理论主要有 Stokes 波理论、椭圆余弦波理论、驻波理论、流函数波理论等。

现有的波浪力计算大多采用线性波理论，其形式比较简单，使用方便。但线性波理论有其局限性，它只是在假设波幅足够小的条件下的非线性波浪运动问题的近似解，特别是在考虑海洋结构物的存在条件时，线性波浪理论常不适用。由于 Stokes 波浪理论可更准确地描述实际波浪的运动，目前对 Stokes 波浪理论的研究逐渐受到重视，ABS、DNV 等船级社的海洋平台入级规范也建议用 Stokes 三阶波理论或 Stokes 五阶波理论进行海洋结构物有关强度校核和结构设计。对于隔水管这种小尺寸构件，采用 Stokes 波浪理论计算还是很合理的。

运用 Morison 方程求解波浪力的另一个关键问题是如何针对具体问题确定惯性力系数 C_D 和曳力系数 C_M。多年来，大量研究表明，系数 C_D、C_M 与雷诺数 Re、K-C 数及表面粗糙度有关。因为水质点的速度和加速度与所选的波浪理论有关，所以选用的系数应与所选用的波浪理论一致。对于一般形状的结构物，为确定 C_D、C_M 必须进行广泛的试验和分析。为了使用方便，各国船级社和有关部门对 C_D、C_M 值的选取范围做出了建议，见表 4-1-2。

表 4-1-2 阻力、惯性系数

试验单位	C_D	C_M	备注
壳牌公司	0.4，0.5	1.2	波高大于 5m
	0.88	1.184~2.470	波高大于 3m
	0.578	平均取 1.628	波高大于 8m

（四）海冰载荷

我国海岸线长，有的地区如北部海域每年最低温度有时达到-18.3℃，在每年的 12 月至次年 3 月间常发生冰冻现象。因此在进行海洋石油结构物计算时还要考虑冰压力的作用。目前对冰载荷的研究方法可以分为试验和理论分析两种方法。

海洋结构物与海冰的相互作用及冰荷载研究关心的问题主要是作用在结构上的最大静冰力、动冰力形式以及海冰引起结构振动的机理。综合分析目前国际有关冰与直立结构挤压破坏的极值静冰力计算模型，在公式构成的形式上可分为两大类。

第一类公式形式为：

$$F = \alpha D h \sigma_c \tag{4-1-15}$$

式中 D——挤压面宽度，m；
$\quad\quad h$——冰厚，m；
$\quad\quad \sigma_c$——冰单轴抗压强度，kPa；
$\quad\quad \alpha$——影响冰力的各项因素的修正系数，它可能代表一个综合修正系数，也可能代表 n 个分项修正系数。

这一类公式是基于极限冰压力理论的公式，为线性形式，量纲明确。极限冰压力理论认为作用在结构上的冰压力不能大于使冰破坏的力，冰对结构作用力的最大值出现在冰破碎前的一瞬间，基于这一理论，冰的极限抗压强度和冰与结构物的挤压面积是冰压力的决定因素，然后再考虑其他次要因素作用，它们都包含在系数 σ 中。这一类型的冰力计算模型主要有：

（1）Korzhavin 公式：

$$F = I\left(\frac{v}{v_0}\right)^{-\frac{1}{3}} m K D h \sigma_c \tag{4-1-16}$$

式中 I——局部挤压系数，当冰厚大于挤压面宽度 15 倍时，取 $I = 2.5$；
$\quad\quad v_0$——参考冰速，取 $v_0 = 1.0$m/s；
$\quad\quad v$——实际冰速，m/s；
$\quad\quad m$——结构形状系数；
$\quad\quad K$——接触条件系数，对圆柱，取 0.4~0.7，高冰速时取最小值。

当不考虑冰速（或应变速率）对冰强度的影响，只计算冰强度的峰值时，式（4-1-16）变为：

$$F = mIKDh\sigma_c \tag{4-1-17}$$

(2) 美国 APIRP2N 公式：

$$F = IKDh\sigma_c \tag{4-1-18}$$

式中　I——嵌入系数，实为局部挤压系数，但也包括结构形状的影响；
　　　K——接触系数，也包括形状的影响。

(3) 美国 API2A 公式：

$$F = CDh\sigma_c \tag{4-1-19}$$

式中　C——综合影响系数，取决于结构形状、冰速等，取 0.3~0.7；
　　　σ_c——冰的单轴抗压强度，MPa。

(4) 加拿大标准协会 CSA 公式：

$$F = Dhp_c \tag{4-1-20}$$

式中　p_c——冰力的有效值，取 0.689~2.260MPa。

(5) 加拿大灯塔规范公式：

$$F = m'Dh\sigma_c \tag{4-1-21}$$

式中　m'——考虑形状、接触条件的综合条件，取 0.4~0.7；
　　　σ_c——冰的单轴抗压强度，取 1.38~1.72MPa。

(6) Afanasev 公式：

$$F = mIDh\sigma_c \tag{4-1-22}$$

其中

$$\begin{cases} I = \sqrt{1 + 5\dfrac{h}{D}}, & \text{当 } 1 < \dfrac{D}{h} \leq 6 \text{ 时} \\ I = 2.5, & \text{当 } \dfrac{D}{h} = 1 \text{ 时} \\ I = 4.17 - 1.67\dfrac{D}{h}, & \text{当 } 0.1 < \dfrac{D}{h} < 1 \text{ 时} \\ I = 4.0, & \text{当 } \dfrac{D}{h} = 0.1 \text{ 时} \end{cases} \tag{4-1-23}$$

(7) 中国固定平台计算公式：

$$F = mIKDh\sigma_c \tag{4-1-24}$$

式中　I——局部挤压系数，取 2.5；
　　　m——形状系数，圆柱取 0.9；
　　　K——接触条件系数，取 0.45。

第二类公式形式为：

$$F = \beta D^{0.5} h^r \beta \sigma_c \tag{4-1-25}$$

式中　β——修正系数。

这类公式是由现场观测或试验得到的经验公式，为非线性形式。经验公式虽然也认为冰压力是由多种因素确定，不过它是根据大量的数据拟合出各个指数项，对于特定的情况能得到很好的结果，适用性较窄。这类公式主要有：

（1）德国 Schwatz 公式。1976 年 Schwarz 根据在河流桥墩 60cm 直立柱上的现场测试及在美国 IOWA 的模型试验值基础上，提出了冰温 0℃时冰力公式：

$$F = 3.57 D^{0.5} h^{1.1} \sigma_c \tag{4-1-26}$$

其中，D，h 的单位为 cm；σ_c 的单位为 kN/cm²。1991 年，根据渤海辽东湾冰力现场测量结果，Schwarz 又提出了一个适合于渤海的冰力计算公式：

$$F = 30.5 D^{0.5} h^{1.1} \sigma_c \tag{4-1-27}$$

（2）日本 Hamayama 公式：

$$F = C D^{0.5} h \sigma_c \tag{4-1-28}$$

式中 C——系数，对圆形截面取 5.0，对矩形截面取 6.8。

第一类公式的特点是量纲协调，物理概念明确，而第二类公式的特点是量纲不协调，主要原因是由试验或实测数据拟合而成。这类公式通用性较差，离开试验或实测条件，公式难以适用。

三、隔水导管变形计算模型

（一）有限单元离散

把隔水导管沿轴向划分若干单元，把轴向力、海浪海流冲击力、海冰冲击、风力等因素作为外力移置到单元节点上。考虑到隔水管单元径向尺寸与轴向尺寸在同一数量级，因此作短梁单元处理。

对于短梁单元，轴向力和剪切变形的影响不容忽视。则单元的节点力 [图 4-1-3（a）] 和节点位移 [图 4-1-3（b）] 分别为：

$$\{F\}^e = \begin{Bmatrix} U_i \\ V_i \\ M_i \\ U_j \\ V_j \\ M_j \end{Bmatrix}, \quad \{\delta\}^e = \begin{Bmatrix} u_i \\ v_i \\ \phi_i \\ u_j \\ v_j \\ \phi_j \end{Bmatrix} \tag{4-1-29}$$

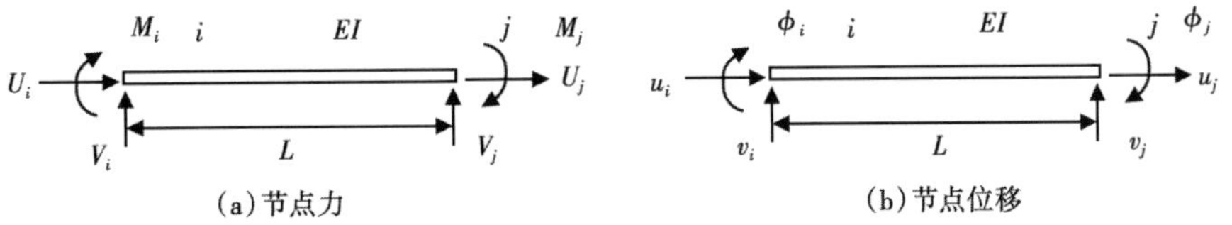

(a) 节点力　　　　　　　　　(b) 节点位移

图 4-1-3　梁单元节点力和节点位移

（二）单元刚度矩阵

对应以上节点力和节点位移的单元刚度矩阵为：

$$[k]^e = \begin{bmatrix} \dfrac{EA}{L} & 0 & 0 & -\dfrac{EA}{L} & 0 & 0 \\ 0 & \dfrac{12EI}{(1+b)L^3} & \dfrac{-6EI}{(1+b)L^2} & 0 & \dfrac{-12EI}{(1+b)L^3} & \dfrac{-6EI}{(1+b)L^2} \\ 0 & \dfrac{-6EI}{(1+b)L^2} & \dfrac{(4+b)EI}{(1+b)L} & 0 & \dfrac{6EI}{(1+b)L^2} & \dfrac{(2-b)EI}{(1+b)L} \\ -\dfrac{EA}{L} & 0 & 0 & \dfrac{EA}{L} & 0 & 0 \\ 0 & \dfrac{-12EI}{(1+b)L^3} & \dfrac{6EI}{(1+b)L^2} & 0 & \dfrac{12EI}{(1+b)L^3} & \dfrac{6EI}{(1+b)L^2} \\ 0 & \dfrac{-6EI}{(1+b)L^2} & \dfrac{(2-b)EI}{(1+b)L} & 0 & \dfrac{6EI}{(1+b)L^2} & \dfrac{(4+b)EI}{(1+b)L} \end{bmatrix} \quad (4\text{-}1\text{-}30)$$

$$b = \dfrac{12kEI}{GAL^2}$$

式中　G——材料的剪切模量，MPa；

　　　A——梁单元横截面面积，cm^2；

　　　k——考虑剪应力不均匀分布的系数，矩形截面 $k=1.2$，圆形截面 $k=10/9$。

当单元横向尺寸远小于单元长度时，可忽略 b。

单元刚度矩阵按常规方法集成，形成整体刚度矩阵。

(三) 等效节点力计算方法

等效节点力指原分布载荷按照虚功相等的原则移植到单元节点上的力，即：

$$\{Q\}^e = \int [N]^T \{q\} \mathrm{d}x \quad (4\text{-}1\text{-}31)$$

式中　$[N]$——位移形函数矩阵；

　　　$[q]$——分布载荷列阵。

1. 分布轴向力 $p(x)$

等效节点轴向力为：

$$\{Q\}^e = \begin{bmatrix} 1 & -1/l \\ 0 & 1/l \end{bmatrix} \begin{Bmatrix} p_0 \\ p_1 \end{Bmatrix} \quad (4\text{-}1\text{-}32)$$

其中 $p_0 = \int_0^l p(x)\mathrm{d}x$，$p_1 = \int_0^l p(x)x\mathrm{d}x$。

2. 分布横向力 $q(x)$

分布横向力等效计算方法示意图如图 4-1-4 所示。

$$\{Q\}^e = \begin{Bmatrix} \overline{Q}_{yi} \\ \overline{M}_{zi} \\ \overline{Q}_{yj} \\ \overline{M}_{zj} \end{Bmatrix} = \begin{bmatrix} 1 & 0 & -3/l^2 & 2/l^3 \\ 0 & 1 & -2/l & 1/l^2 \\ 0 & 0 & 3/l^2 & -2/l^3 \\ 0 & 0 & -1/l & 1/l^2 \end{bmatrix} \begin{Bmatrix} Q_0 \\ Q_1 \\ Q_2 \\ Q_3 \end{Bmatrix} \quad (4\text{-}1\text{-}33)$$

其中 $Q_0 = \int_0^l q(x)\mathrm{d}x$，$Q_1 = \int_0^l q(x)x\mathrm{d}x$，$Q_2 = \int_0^l q(x)x^2\mathrm{d}x$，$Q_3 = \int_0^l q(x)x^3\mathrm{d}x$。

若 $q(x) = q$，则 $[\overline{Q}_{yi} \quad \overline{M}_{zi} \quad \overline{Q}_{yj} \quad \overline{M}_{zj}]^\mathrm{T} = \left[\dfrac{ql}{2} \quad \dfrac{ql^2}{12} \quad \dfrac{ql}{2} \quad -\dfrac{ql^2}{12}\right]^\mathrm{T}$。

隔水管受到的集中载荷，如预拉力，直接放到节点上。

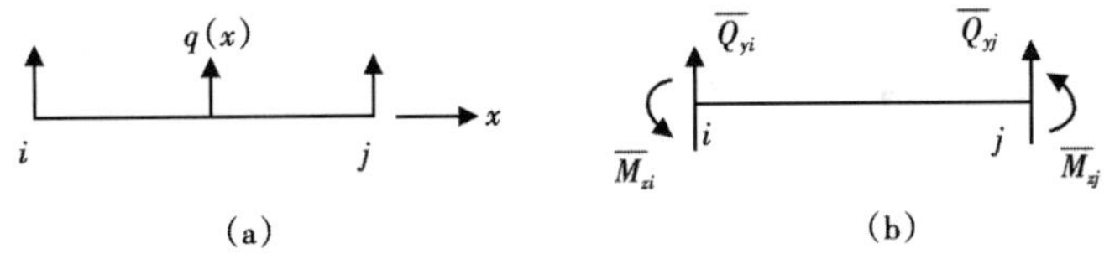

图 4-1-4　分布横向力等效计算方法

四、强度及稳定性校核

在进行隔水导管结构的静力分析之后，应对结构的强度和稳定性进行校核，以保证结构的安全，目前工程界采用许用应力法来校核。

（一）强度校核公式

按照中国船级社（CCS）《海上固定平台入级与建造规范》，许用应力按表 4-1-3 选取，其中 σ_s 为钢材屈服强度，单位为 MPa。

表 4-1-3　许用应力取值

应力种类	许用应力符号	许用应力值（MPa）
抗拉、抗压、抗弯	$[\sigma]$	$0.6\sigma_s$
抗剪	$[\tau]$	$0.4\sigma_s$

当圆管形构件的受力为轴向受拉或受压，并在两个平面内受弯，其轴向应力强度校核公式为：

$$\sigma = \frac{N}{A} \pm 0.9\sqrt{\frac{M_x^2 + M_y^2}{W}} \leqslant [\sigma] \qquad (4\text{-}1\text{-}34)$$

式中　σ——轴向应力，MPa；

N——计算截面的轴向力，N；

M_x、M_y——计算截面分别绕 X 及 Y 轴的弯矩，N·mm；

A——圆管的截面面积，mm^2；

W——圆管截面的剖面模数，mm^3；

$[\sigma]$——强度许用应力，取值为 $0.6\sigma_s$，MPa。

（二）稳定性校核公式

圆管形构件在轴向力和弯矩联合作用时，稳定性校核的公式为：

$$\sigma = \frac{N}{A} \pm 1.5\phi\frac{\sqrt{M_x^2 + M_y^2}}{W} \leqslant [\sigma_c] \qquad (4\text{-}1\text{-}35)$$

式中 σ——弯曲应力，MPa；

$[\sigma_c]$——稳定性许用应力，取值为 $\phi\sigma_s$；

ϕ——整体稳定系数。

对于圆管构件，ϕ 则由下述条件决定：

当 $\lambda_0 \leq \sqrt{2}$ 时；$\phi = \dfrac{1-0.025\lambda_0^2}{1.67+0.0265\lambda_0-0.044\lambda_0^3}$；当 $\lambda_0 > \sqrt{2}$ 时，$\phi = \dfrac{1}{1.92\lambda_0^2}$。

其中，

$$\lambda_0 = \frac{0.9l}{D}\sqrt{\frac{\sigma_s}{E}} \tag{4-1-36}$$

式中 l——圆管长度，定位节点中心间距离，mm；

D——圆管直径，mm；

E——弹性模量，MPa。

第二节 深水喷射结构导管水下井口稳定性分析

保证喷射导管强度及其稳定性对钻完井及生产过程中的安全作业具有重要的意义。若导管强度不够或稳定性较差，会导致井口失稳、钻井作业中断，延误作业时间，造成经济损失。对深水钻完井条件下喷射导管强度校核及其稳定性分析研究，一方面可以为维持井口稳定性提供一定的理论依据，另一方面可以指导喷射下导管的现场施工。

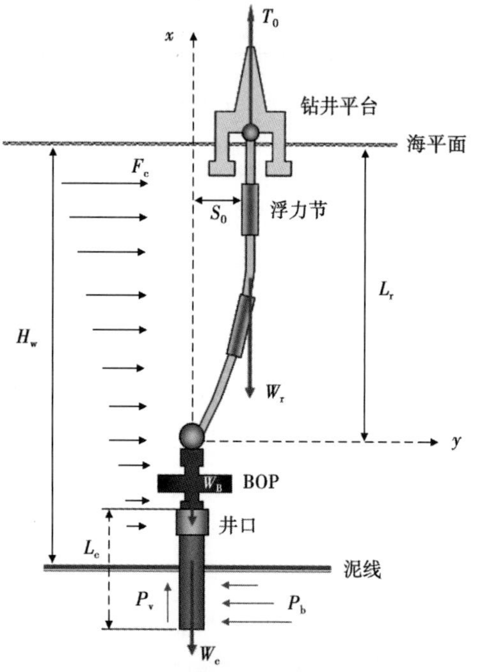

一、喷射导管受力模型

深水钻完井是通过浮式钻井平台或钻井船，采用水下井口的方式进行钻完井作业。通过隔水管连接水下井口装置与浮式钻井平台，隔水管底部一般用球形挠性接头与防喷器组相连，以减少浮动平台或船位移时，使防喷器组传递过大的弯矩。图 4-2-1 为深水钻井作业示意图。

通过对钻井作业及完井作业的过程分析，可以得出喷射导管的受力模型。泥线以上部分主要受到海流所产生的海流力，在挠性接头处传递了上部结构所产生的侧向力及弯矩。图 4-2-2 为喷射导管受力分析图。

图 4-2-1 深水钻完井作业示意图

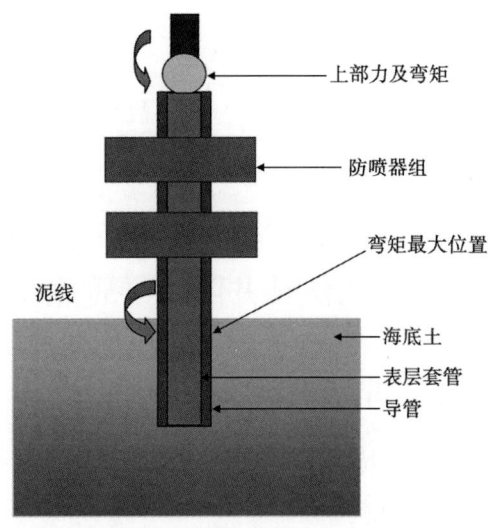

图 4-2-2 喷射导管受力分析图

二、喷射导管强度校核和稳定性分析

由于受上部载荷和防喷器载荷的影响,再加上海流的横向载荷影响,泥线处导管受到的弯矩比较大,所以必须对泥线处导管强度进行校核。由于泥线处轴向载荷主要由导管和表层套管共同承担,所以对泥线处导管强度校核应该分别对导管和表层套管进行校核。

(1) 轴向力。为了海上钻完井作业安全,要求泥线处导管所受的轴向力应小于它的许用力,即:

$$T_{nt} < T_{nkkg} \tag{4-2-1}$$

$$T_{nt} < T_{nbctg} \tag{4-2-2}$$

式中 T_{nkkg}——泥线处导管的许用力,kN;

T_{nbctg}——泥线处表层套管的许用力,kN;

T_{nt}——泥线处的轴向力,kN。

(2) 抗弯强度。为了海上钻完井作业安全,要求泥线处导管所受的抗弯强度应小于它的允许抗弯强度,即:

$$M_{nt} < M_{nkkg} \tag{4-2-3}$$

$$M_{nt} < M_{nbctg} \tag{4-2-4}$$

式中 M_{nt}——泥线处所受的抗弯强度,kN·m;

M_{nkkg}——导管的许用抗弯强度,kN·m;

M_{nbctg}——表层套管的许用抗弯强度,kN·m。

第五章 施工工艺与控制技术

第一节 锤入法钻井隔水导管施工控制

一、隔水导管锤入施工的贯入特性

锤入法下隔水导管，是指依靠隔水导管自重和桩锤的冲击力将隔水导管锤入地层的方法。一般而言，采用锤入法时应同时满足两个条件：一是土体不排水抗剪强度小于120kPa；二是隔水导管在不发生弯曲失稳时能够承受的最大轴向载荷大于锤击过程中产生的动载。

隔水导管的可锤入性主要取决于土质条件、导管配置、锤击能量、导管间距、施工方法等。可锤入性计算常采用两种方法：动力打桩法和波动方程法。

动力打桩法多采用 Hiley 公式。该公式是通过能量转换关系推导出来的，它将导管打入土中克服土阻力所需的能量，具体反映在锤击一次使导管打入土中的进深，即导管贯入度 S 上。该公式源于短小桩计算，对近海平台结构，由于视桩为刚体，假设土阻力集中在桩（管）底部，且参数为经验取值，因而受到限制。

波动方程法是现今用于打桩分析的主要方法。将锤—桩—地基土视为一个完整系统，并对各部分予以模拟；对导管在竖直方向取微分段 dz，时间间隔 dt，做动态传递分析，按差分法解算，并以此判定所用锤、桩的可打入性，预计导管所能克服的桩阻力及可入土深度，进而对锤、桩配套进行优化选择。

波动方程的理论与方法比较完善，但由于实际情况是受多种因素（如群管间距、桩管内土塞高度、施工过程并非连续作业）影响，如何考虑土壤参数的变化与选取是保证结果准确性的关键。现有的分析结果归属于较理想的状态，可用于控制性的预测。

由于隔水导管设置多样化，沿管分段多，加之井数增多的新条件致作业顺序复杂、群管效应较突出。当管径趋小，导管贯入变得困难，有修改减小导管预定入土深度的，有锤击数超标"拒锤"的，以及相邻井导管贯入差别大的，贯入作业占据较多工时等，一度成为工程难点。由于钻井隔水导管贯入海底土过程有别于大直径承载结构管桩的贯入，其水深环境又与近岸港口基础的水深环境不同，因此需要研究此类小直径钻井隔水导管在海上油气田勘探开发作业实施过程中的贯入技术。

丛式井口的隔水导管常常在平台施工时就与钢桩同期打入，其海上贯入作业同钢桩一样由桩管、桩锤、地层土因素决定，还受井口多、间距密的影响。除基于前述计算分析判断可打入性外，还要从施工程序与方法上完善技术，确保贯入的高效率。

（一）贯入机理及主要影响因素

1. 贯入机理

传统的工程桩基已趋规范化，基本原理研究也较成熟。隔水导管贯入实为小直径钢桩贯入施工问题，丛式井口受密集型群管影响，既有一般桩管通性，又有导管特殊个性。

如以往研究桩管贯入过程机理，要强调的是动强度、变阻力，涉及地基土的动力特性问题。桩管经受锤击周期性动载作用，管周土体应变与应力发生变化，黏性土重塑与扰动砂性土产生挤压，扰动区动载随贯入深度连续施加，桩侧及内部土的形状在变，贯入过程即是克服沿管累计的变动着的总阻力，包括桩管侧阻力与管端阻力。

在隔水导管经锤击打入过程中，周围土体的应变与应力状态发生变化：黏性土形成重塑扰动区，砂性土形成挤压扰动区，通常扰动区范围为桩径的 4~6 倍。锤击作用是周期性动荷载，且随着贯入深度的增大而增大，致使土体动强度变化。它是由变化的"动强度"决定导管的打入侧、端阻力，而使用状态桩的承载力取决于土壤静强度。导管打入是锤击力与动阻力的动态平衡过程，土的动阻力也因地基土的分层、导管的闭塞作用以及群桩效应变得更加复杂。

导管的锤击贯入过程也涉及海底浅层、中层土的动力特性，会因动荷载作用而使土的强度降低，打入阻力减小。当动荷载作用停止后，土体的孔压消散和结构恢复会使土的强度增高，故施工中的停滞会增大阻力，增加打入困难，降低工效。地基强度与阻力处于"变"的过程中，甚至会短暂失稳。以往在渤海渤西和辽北海域平台打桩施工时，皆发生过桩体自溜现象，近 30m 桩体不能自持。国内外文献都有打桩阻力比静阻力小的记载，或打桩中停滞若干时日后阻力会增大的量测记录。北海福蒂斯油田和日本阿贺冲油田平台桩的静综合承载力约为打入阻力的 1.5~2.0 倍，这在黏性土中尤其显著，预估重塑降低剪切强度是不排水剪切强度的 1 倍。此现象较突出地影响着打桩工效，因此近海工程规范中强调，打桩过程中要尽可能做到少间断；在打最后一两段桩时，必须 1 次打完。

对于桩管闭塞状态，实际资料显示隔水导管管径很小易堵塞，以外径 609mm 管为例，土芯率约 0.7，且管端面积小，端阻力仅占总阻力的 10%，按闭塞条件下估算贯入阻力较合适。

单个隔水导管的贯入，通常管径小于 600mm（或 800mm）时，导管容易形成闭塞。据渤中海域试桩资料得出的趋势是：入土越深，土塞相对高度越小。对更细的桩管更是如此，桩端阻力小于内阻力，如闭口钢桩，打桩总阻力即是沿管外侧阻力与桩端阻力之和。小直径的钢桩，还以外径 609mm 的隔水导管为例，管体环形截面积仅 0.25mm 时，若端部是黏土或砂层，规范上都列有桩单位端部支撑力 q 的推荐极限值，且桩越长，端阻力占总阻力的百分率越小；因此，对隔水导管的设计和施工，可考虑只计算闭塞状态的打入阻力，并以此来控制比较合理。

至于群管的打入影响，规范对静承载工况规定：当桩距小于 8 倍桩径时，就需估算群桩效应。而对贯入施工，定义界限桩距 D 为 3 倍桩径；当桩距小于此界限值时，后续桩就会发生难以沉桩的问题，而不只是沉桩阻力增大。

2. 主要影响因素

以下列举的主要影响因素在近海平台工程规范皆有提及。

1）桩锤选择与控制

采用打入法沉桩，应按设计程序对所选桩锤进行估计以满足作业方式要求。选择桩锤主要考虑锤型、能量、作业控制与工作状态。

2）导管配置优化

导管配置要与桩锤、地基土相适应，分段要少，管段宜长，尤其是最后一段尽可能长。讲究贯入连续性，与地基土性相适应。在打桩施工中应将管桩打入到合适的土层深度，尽量避免桩尖在砂土层停滞,减少接桩作业及由此引起的土强度恢复。桩管壁厚等参数选择应满足强度和刚度要求。

3) 土层特性考虑

渤海地层土自表入里多是黏性土、砂性土互层,表层淤泥承载力低,利用自重下沉,其下黏土、砂土及粉土动力反应有别,阻力变化致贯入比率趋势亦不同,此种贯入特性可在施工中应用。据统计,随着桩贯入深度增加,打击能量与击数将会急剧增加。

4) 作业顺序

丛式井口的导管纵横排列,下入作业要按计划的顺序进行,丛式井口群管作用受时间空间制约,当井数多于9口时,作业顺序影响较显著;要预计到后续桩的沉桩问题,特别是对砂土层的挤密,黏土层重塑强度的恢复。因多井多段和密集分布,工序繁复,接桩等停歇引起机械效率降低、桩—土系统工效低;锤击能量消散,过密间距致土性变化有正负影响。既要讲究单桩管连续贯入,又要考虑丛式井均匀规律性,力求总的历时最短。施工中要注意打桩有序,逐步外扩,将作业中不利因素的影响降至最低程度。

(二) **隔水导管打入法预测分析与评价**

渤海油气田除少数井口或回接井隔水导管由钻井船钻入法施工外,其余皆用桩锤打入法。根据安装程序,应对导管锤入施工作业各工序如吊装、置桩、锤击等分析校核,其中锤击可打入性分析则是重要环节。其主要内容一是估算贯入过程土壤阻力,二是判断锤—桩组合能克服的阻力及校核相应桩管打击应力,判断可以达到设计入土深度的依据即是推求的单位贯入进尺击数与拒锤临界值对比。

隔水导管可打入性,主要取决于土质条件、导管配置、锤击能效等及所运用的作业方式。海洋工程中波动方程法是现今运用的主要方法。运用程序将锤—桩—地基土视为一整个系统并对各部分予以模拟作动态传递分析,具体运算有操作程序、格式,土壤贯入阻力估算及桩锤参数选取皆有以往工程或观测资料做参照。区分不同土壤贯入阻力累计,算得上限与下限,选择轻、重锤型条件,由此获得预期贯入深度与锤击数的关系,即存在变化范围。预分析为导管设计做可打性评估,为施工做工程优化选择。

二、桩锤选择与控制

采用打入法隔水导管施工,应按设计程序对所选桩锤进行估计,以满足作业方式要求。选择桩锤主要考虑锤型、桩重、入泥深度、打桩区域的地质分布和桩尖各土层的标准贯入击数 N 值等因素。总之,选备锤的动能必须充分超过桩打入阻力。桩打入阻力包括桩尖阻力、侧面摩擦力和弹性工作量产生的能量损耗等,锤击传递的有效能量是桩贯入不可忽视的决定因素,桩锤有效能是选择桩锤必须考虑的。

打桩锤锤击能量的计算,因锤类型不同而不同,单作用锤常用额定锤击能表示,其大小等于锤头的重量 W 和锤头最大落距 H 的乘积。即:

$$E_r = WH \tag{5-1-1}$$

双作用锤一般用净打桩能量表示,其大小与锤头的质量 m 和撞击瞬间测得的速度 v 有关,一般用公式 (5-1-2) 表示:

$$E_r = \frac{1}{2mv^2} \tag{5-1-2}$$

打桩锤的工作效率根据功能原理计算：$\frac{1}{2}mv^2 = \eta HW$，因 $W = mg$，所以 $v = \sqrt{2gH\eta}$。

式中　W——锤芯重量，N；

　　　H——锤芯落距，m；

　　　g——重力加速度，m/s^2；

　　　η——效率系数，通常小于0.9。

效率系数 η 跟桩锤的类型、新旧、使用条件、保养润滑等因素有直接关系。

以往渤海打桩使用的V560蒸汽锤，锤击能量为430kJ，锤芯重力为278kN；后来引进IHC系列液压锤有S-90、S-200、S-280、S-500锤4种。液压锤效率高（95%~100%），在额定功率下传给桩的能量更大，且作业过程中可以调控并记录性能测量数据，如贯入击数与实耗功能等。新桩锤的工作状态比以往的老蒸汽锤要好。通过新锤系列和能量选控，某油田新平台1219mm桩的施打使用了S-280锤，效果更好，没有"拒锤"现象。贯入过程实质上是消耗与转变能量以实现桩的贯入进尺的过程。数据统计也说明，总耗能的统计往往比总击数累计更真实。选择桩锤一要判定其可打性，二要优化作业方式，讲究操作能量的选控，以求得理想的贯入指标和作业历时。锤型方面蒸汽锤、柴油锤和液压锤使用性能上是有区别的，发展趋向高级液压锤，其优点是尺度体积小，较传统蒸汽锤总重约轻30%，工效高10%，打击能量可以无级调整，并自动记录。额定能量视桩径、重量、入土深度阻力选择合宜的锤能和锤芯重。能量控制在于根据贯入阻力适时调整能量以发挥工效，并减少换锤次数。桩锤工作状态应良好且有备用，以免失真。

打桩作业中常使用桩拒锤点的执行数据标准。这是一个临界极限，且有针对条件。为了实现设计入土深度和承载力，也为了防止桩与锤发生损坏，常在施工合同中规定桩拒锤点值。通常所用的桩拒锤点值是，打桩在连续1.5m入土范围内，每0.3m不超过300击，或贯入0.3m不超过800击。当打桩中遇到较长时间停歇，或桩重超过4倍桩锤重，桩壁厚小于规范指导性壁厚时，要重新观察和修正桩拒锤点值，对所要使用的各种规格的桩锤都应规定相应的桩拒锤点值。

（一）筒式柴油锤控制技术

在已有的沉桩设备中，筒式柴油锤最经济，施工管理上也具有最成熟的方法，也是目前海上最主要的打桩设备。

筒式柴油打桩锤利用柴油燃放时释放的能量举升锤体，具有自带动力，使用方便、耗能低、生产效率高，能根据阻力的大小自动调节冲击力；缺点是噪声大、废气污染严重，在环境低温下启动困难、不能长时间工作，难以向超大型发展。筒式柴油锤以汽缸作为锤座，并直接用加长了的缸内壁导向，柱塞式锤头，可在汽缸中上下运动。打桩时，将锤座下部的桩帽压在桩顶上，用吊钩提升柱塞，然后脱钩往下冲击，压缩封闭在汽缸中的空气，并进行喷油、爆发、冲击、换气等工作过程。柴油锤的工作室靠压燃柴油来启动，因此必须保证汽缸内的封闭气体达到一定的压缩比。有时在软土层上打桩时，往往由于反作用力过小，压缩量不够而无法引燃起爆，这时就需要用吊钩多次吊起锤头脱钩冲击，才能启动。

筒式柴油锤打桩过程存在的主要问题：第一，过热问题，锤头在单桩过程中受燃烧压力产生阻化作用，使打桩力下降，有时需要停止打桩来等待打桩力的恢复；第二，有效能低，锤击传递的有效能量是使桩贯入的决定因素，柴油锤的有效能量远低于液压锤；第三，连续作业问题，这个问题由锤芯的反作用力决定，不受操作者控制。打到硬地层时，打桩力过大，打坏桩顶。在软地基时，锤芯不能连续作业，甚至可能发生溜桩等事故。

筒式柴油锤打桩分类见表 5-1-1 和表 5-1-2。

表 5-1-1 柴油锤第一规格

型号	冲击部分质量（kg）	桩锤总质量（kg）	桩锤全高（mm）	一次冲击最大能量（N/m）	最大跳起高度（m）
D8	800	2060	4700	24000	3
D16	1600	3560	4730	48000	3
D25	2500	5560	5260	75000	3
D30	3000	6060	5260	90000	3
D36	3600	8060	5285	108000	3
D46	4600	9060	5285	138000	3
D62	6200	12100	5910	186000	3
D80	8000	17100	6200	240000	3
D100	10000	20600	6358	300000	3

表 5-1-2 柴油锤第二规格

型号	冲击部分质量（kg）	桩锤总质量（kg）	桩锤全高（mm）	一次冲击最大能量（N/m）	最大跳起高度（m）
D1.4	140	260	2700	2490	1.78
D12	1200	2600	4000	30000	2.50
D18	1800	4200	4200	45000	2.50
D25	2500	6200	5000	62500	2.50
D32	3200	7000	5000	80000	2.50
D35	3500	8000	51000	87500	2.50
D40	4000	9500	53000	100000	2.50
D45	4500	10000	50000	112500	2.50
D50	5000	10500	53000	125000	2.50
D60	6000	15000	60000	150000	2.50
D72	7200	18000	60000	180000	2.50

（二）液压锤控制技术

液压打桩锤通过液压能驱动锤体升降，可以根据土质和桩材料选择合理冲击力，打桩过程可以获得冲击力和贯入度指标。液压打桩能适应各种气候下的作业，沉桩力作用时间长，有效贯入能量大，基本无废气污染，冲击噪声小。其主要缺点是结构复杂、价格高。

目前液压打桩锤主要有以下几种分类：液压缸双作用式、液压缸驱动自由落下式、液压缸和钢缆驱动自由落下式、单作用油缸自由落下方式以及冲击体直接驱动自由落下式。单作用式液压锤，通过液压将冲击体举升到一定高度后快速释放，冲击体以自由落体的方式冲击桩顶。双作用式液压锤，通过液压油将冲击体举升到一定高度后，液压油改变方向，推动冲击体以更高的动能冲击桩顶，使冲击体下落的加速度超过自由落体的加速度。

液压锤使桩下沉的有效能量所占比率大，液压锤打桩有效能量在76%以上，这是液压锤的最大优势，在打桩锤质量相似的情况下，液压锤在桩体上的有效能量远大于柴油锤。液压锤除了有优良的技术性能外，还能提供动态能量测试仪，它由速度传感器、计算机、显示屏和打印机组成。传感器测量液压锤芯打击时的末速度，计算器根据给定锤芯重量计算出打击能量，对于打桩过程中的信息，如打击次数、总入土深度、总打击能量，都能够通过屏幕显示、仪器记录并打印出来，管理很方便。

目前国内主要使用液压锤型号及规格见表5-1-3。

表5-1-3 国内主要液压锤型号及规格

锤型	总重(kN)	锤芯重量(kN)	最大打击能量(kN/m)	传递动能效率（%）		备注
				砼管桩	钢桩	
HHK-9A	130	90	108	89	97	单作用
MHF5-12	155	120	120	81	92	单作用
IHCSC150	175	109	140	81	93	双作用
NipponsHar yoNh100	225	100	141	74	73	双作用

（三）拒锤情况下隔水导管承载力分析

海洋平台隔水导管打入过程中产生拒锤现象主要有两方面的原因。第一个原因是当海上进行打桩施工作业时，经常会由于天气原因导致船只调度和连接隔水导管出现问题，从而造成桩不能连续贯入到设计深度，因此就出现了施工过程中的停锤现象。这种施工中停锤少则几个小时，多则几天，长时间的停打必然造成连续打桩时桩周一定范围内土体累积的超静孔隙水消散，土体强度恢复。为了避免后继打桩的困难，一般情况下会把停锤位置选择在黏性土层中，因为黏性土渗透性较砂土小，土体强度恢复得较慢，但是即使在黏性土中停锤，亦会造成继续打桩的困难，很可能出现拒锤现象。第二个原因就是群桩效应，通过土样土力学群桩试验得出的结论是，群桩后土的容重较单桩变化大，天然孔隙变小，内摩擦角变小、黏聚力变大。实际工程中如果两根桩的桩距小于桩的塑性区半径，则已沉桩的挤土效应将增大后沉桩的沉桩阻力，很可能让后续桩产生拒锤现象。

（四）打桩过程中土层有效应力变化

饱和土体内任一平面上所受到的总应力 σ 可以分为有效应力 σ' 和孔隙水压力 u 两部分，其关系为：

$$\sigma = \sigma' + u \tag{5-1-3}$$

土的变形与强度的变化都只取决于有效应力的变化。由式（5-1-3）可知土体的有效应力 σ' 与孔隙水压力此消彼长。在打桩间歇阶段，连续打桩产生的超静孔隙水压消散。根据土力学的有效应力原理，孔隙水压力的消散转化为有效应力的增长，使桩周土和桩尖土的强度大幅度增加，进而影响桩侧和桩端阻力的大小。打桩前地基土压力为静水压力，地基土强度为：

$$\tau_f = \sigma' \tan\phi = (\sigma - u_0)\tan\phi \tag{5-1-4}$$

式中 ϕ——砂性土体的内摩擦角，(°)；

u_0——土体初始孔隙压力，kPa。

打桩施工过程中地基土的应力为：

$$\sigma = \sigma' + u_0 + u \tag{5-1-5}$$

式中 u——超静孔隙水压力，kPa。

地基土的强度为：

$$\tau_f = \sigma' \tan\phi = (\sigma - u_0 - u)\tan\phi \tag{5-1-6}$$

由式（5-1-6）可知由于超静孔隙水压力的出现，地基土的强度有所降低。

打桩间歇后，土中的超静孔隙水压力部分转化为有效应力。

$$\sigma' = \sigma - u_0 + \beta_k u \tag{5-1-7}$$

地基强度为：

$$\tau_f = \sigma' \tan\phi = (\sigma - u_0 + \beta_k u)\tan\phi \tag{5-1-8}$$

式中 β_k——超静孔隙水压力转化为有效应力的比例，一般取值为 0.5~1.0。

由式（5-1-8）可知超静孔隙水压力的消散使地基土强度提高。

（五）打桩承载力分析模型

Smith 采用应力波理论进行打桩分析。该分析法建立在严密的物理力学模型及数学推导基础上，能较好地分析复杂因素影响的桩基性能问题。Smith 认为打桩时波的传递过程，可以用一维波动方程来描述。该方程为：

$$\frac{\partial^2 w}{\partial x^2} - \frac{1}{c^2}\frac{\partial^2 w}{\partial t^2} = 0 \tag{5-1-9}$$

式中 c——波的传播速度，$c = \sqrt{\dfrac{E}{\rho}}$。

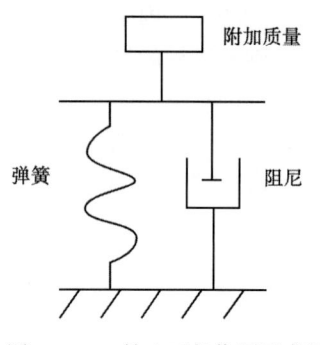

图 5-1-1 桩土互相作用示意图

桩—土相互作用可采取弹簧、阻尼器及附加质量来模拟，如图 5-1-1 所示。

桩土间相互作用力 W 为：

$$W = W_w + W_v + W_a \tag{5-1-10}$$

式中 W_w，W_v，W_a——分别表示因桩身位移、速度及加速度而产生的相互作用力。

在波动方程中引入桩间相互作用力 W，则：

$$\frac{\partial^2 w}{\partial x^2} - \frac{1}{c^2}\frac{\partial^2 w}{\partial t^2} = W \tag{5-1-11}$$

采用有限差分法求解式（5-1-11）就可以得到桩在一次锤击过程中的状态。

根据对拒锤原因的分析可以知道，后续打桩出现拒锤主要是由于土体强度的增强导致桩侧和桩端阻力提高所致。因此，确定土体强度的恢复程度是确定后续打桩施工的关键。由于受到多种因素的影响，很难通过常规的计算确定停锤一段时间后的土体强度。国内外学者提出可以根据打桩记录对打桩过程进行反分析，结合打桩过程中地基土强度公式的计算结果确定土阻力。这种方法收集打桩记录、地基土层情况和桩锤的使用特性。具体计算过程如下。

采用一维应力波动方程法进行连续打桩分析，模拟施工过程。将打桩分析的结果按照锤击数和贯入深度绘制曲线，与打桩记录进行对比。以打桩记录为依据适度调整土层的计算参数，直至计算结果与打桩记录能较好吻合，从而确定出合理的计算参数。应用打桩过程中土层有效应力变化公式计算打桩造成的桩周地基土中的超静孔隙水压力的大小，根据停锤时间估算土体强度提高的程度。通过不断修正地基土层的阻力值，模拟在实际贯入深度出现的拒锤现象，将此时的土体阻力作为停锤一段时间后的地基土的最终参数，可以依据最终确定的土阻力计算单桩承载力。

三、贯入度及锤击数预测

在进行前期研究及 ODP 方案设计时一般需要提供钻井隔水导管入泥深度数据，而在钻井施工过程中需要提供锤击数和贯入度的数据。在现场钻井隔水导管锤入施工过程中，一般根据海底土资料和打桩设备情况进行贯入度计算，计算在设计的隔水导管入泥深度条件下的锤击数和贯入度；根据海底土条件和隔水导管尺寸，进行打桩锤等施工机具设备类型优选，进一步提高施工效率。

贯入度是指以一定落距测量其每阵（10 击或 30 击）的沉落值，一般只关注桩送至持力层处的贯入度指标来分析持力层情况。桩按其受力分端承桩和摩擦桩两种类型，在施工过程中端承桩控制其贯入度，摩擦桩主要是控制其入土深度，但是对于非纯摩擦桩而言，即桩上的荷载由桩侧摩擦力和桩端阻力共同承受的摩擦桩来说，也常常提出最后贯入度的控制值。

影响桩的贯入度的因素很多，条件很复杂，在实际工程中很难通过计算的方法，将这些因素进行综合分析，确定一个合理的贯入度的控制值。工程上，采取单一桩的桩尖标高控制和最后贯入度控制方法来检验桩是否符合设计要求都存在一定的局限性，应根据海底土质状况和桩的工作特性来确定合理的停打标准。通常对于软土地基中的支撑摩擦桩和桩尖处土层为松砂的支撑摩擦桩或端承桩，可采取以桩尖标高控制为主、最后贯入度控制为辅的方法来制订停打标准；对于桩尖处于中密及密实砂土层、老黏土层及风化岩层时，应采取以最后贯入度控制为主、桩尖标高控制为辅的方法来制订停打标准。

（一）贯入度基本模型

桩在锤击作用下入土的难易程度反映了土对桩支撑力的大小。桩在一次锤击下的入土深度与土对桩的阻力之间存在函数关系，打桩公式就是以碰撞理论和能量守恒原理为依据反映这一关系的理论模型。式（5-1-12）表示桩锤打桩瞬间能量转换关系。

$$QH = Re + Qh + \alpha QH \quad (5\text{-}1\text{-}12)$$

式中 Q——桩锤冲击部分的重量，kN；

H——桩锤的落距，m；

e——贯入度，m；

R——对应贯入度时，桩的贯入阻力，kN；

h——桩锤的反弹高度，m；

α——能量消耗系数。

上述的能量转换模型表示锤击过程中，锤击能量转化为 3 个方面，Re 表示消耗于将桩沉入土中一段距离所做的功，称为有效功；Qh 表示消耗于土及桩材料弹性变形的功；αQH 表示消耗于桩和桩垫材料非弹性变形和土挤出以及打桩时克服的一切其他阻力的功。后两者是无效功。α 值影响因素很复杂，变化范围在 0~1 之间，与桩的材料、打桩方式、土的性质都有很大关系。

（二）标准贯入度确定

在工程现场，严格按照沉桩贯入度控制桩体的入土深度，是下入桩质量控制的重要保证。"桩基规范"中规定，当桩尖标高处为中密及密实砂土层、黏土层及风化岩层时，应以贯入度控制为主。但规范中并没有给出不同打桩锤沉桩时贯入度与桩的极限承载力关系，因而一律以同样大小的贯入度为沉桩标准是不合理的，其后果就有可能打坏沉桩，造成事故。为了避免事故，第三航务工程勘察设计院根据试桩资料进行了统计分析，提出了公式(5-1-13)：

$$P = \frac{2WH}{0.0373 + 0.512S} \tag{5-1-13}$$

式中　P——桩的动极限承载力，kN；
　　　WH——锤的锤击能量，kJ；
　　　S——桩的最后贯入度，mm。

（三）贯入度计算方法

1. 格尔谢凡诺公式

目前最常使用的公式为格尔谢凡诺公式，该公式在使用过程中能够考虑到的因素较多。

$$R_a = 1/m[-nA/2 + \sqrt{(nA/2)^2 + nAQH/e \cdot (Q + K^2q)/Q + q}] \tag{5-1-14}$$

式中　R_a——桩的垂直容许承载力，N；
　　　e——打桩最后阶段平均每一锤的贯入度，cm；
　　　n——根据桩的材料和桩垫所定的系数，见表5-1-4；
　　　A——桩的横截面积，cm²；
　　　Q——锤重或者冲击部分的重量，N；
　　　q——桩重，包括送桩、桩冒及桩锤非冲击部分的重量，N；
　　　m——安全系数，临时建筑物取1.5，永久建筑取2.0；
　　　K——恢复系数；
　　　H——锤下落高度，cm。

表5-1-4　根据桩材料和桩垫所定系数 n

桩的材料	桩垫情况	n（N/cm²）
木桩	有桩垫	80
木桩	无桩垫	100
钢筋混凝土桩	有橡木垫加麻袋垫层	100
钢筋混凝土桩	橡木垫	150
钢桩	无桩垫	500

落锤和单动气缸的锤下落高度 H 值，应根据落锤时的情况，按实际数据值乘以下列系数：对于有脱钩装置的自由落锤重，系数取1.0；对于钢丝绳吊锤，如落下时不离绳，则系数取0.8；对于单动气锤，系数取0.9。

用柴油机打桩时，H 值按式（5-1-15）计算。

$$H = 100(W/Q) \tag{5-1-15}$$

式中　W——一次冲击能量，J，见表5-1-5。

表 5-1-5 一次冲击能量

柴油打桩锤类型	冲击部分重量（N）	最后贯入度下的一次冲击能量（J）			
		0mm	1mm	3mm	5mm
1200型	12000	7930	8170	8560	9150
1800型	18000	11800	12130	12730	13440

采用格氏公式应符合下列条件：

（1）$mR_a/A = 700\text{N/cm}^2$，$R_a$ 为设计载荷；

（2）使用落锤及单动气缸时，$h = 0.04H$，h 为锤击时锤的反跳高度；

（3）$e \geqslant 2\text{mm}$。

2. 海利公式

海利公式主要适用于双动气锤：

$$R_a = (\eta/m) \times \{0.9W/[e + (c/2)]\} \qquad (5\text{-}1\text{-}16)$$

式中　W——一次冲击能量，J；

　　　η——锤击效率，%。

当 $Q = q\varepsilon$，且桩尖处于可打入土状态时，$\eta = \dfrac{Q+q\varepsilon^2}{Q+q}$；

当 $Q < q\varepsilon$，且桩尖处于可打入土状态时，$\eta = \dfrac{Q+q\varepsilon^2}{Q+q} - \left(\dfrac{Q-q\varepsilon}{Q+q}\right)^2$。

式中　Q——锤重或者冲击部分的重量，N。

如桩尖打到岩石上时，则 q 应乘以系数 0.5。ε 是系数，取值见表 5-1-6。

C 是桩、桩帽和土弹性压缩变形值之和，$C = C_1 + C_2 + C_3$。其值可以现场实测，无资料时可以参照表 5-1-7、表 5-1-8、表 5-1-9 的数值。

表 5-1-6　系数 ε 的取值

项目	ε
钢桩，无桩帽；钢筋混凝土桩，无桩帽，但桩头有桩垫	0.5
钢筋混凝土桩，有桩帽、桩垫和垫层；木桩	0.4

表 5-1-7　桩受压时弹性变形值 C_1

桩的材料	弹性模量（N/cm²）	打桩时木桩或钢筋混凝土桩的材料应力（N/cm²）			
		350	700	1050	1400
		打桩时，钢桩的材料应力（N/cm²）			
		5000	10000	15000	20000
		桩受压时弹性变形值（cm）			
木桩	1000000	0.0351	0.0710	0.1110	0.1410
钢筋混凝土	2100000	0.0171	0.0351	0.0510	0.0710
钢桩	21000000	0.0261	0.0510	0.0741	0.1100

表 5-1-8　桩帽受压时弹性变形值 C_2

桩帽类型	打桩时桩帽的材料应力（N/cm²）			
	350	700	1050	1400
	桩帽受压时弹性变形值（cm）			
钢筋混凝土桩上 10cm 厚弹性桩垫	0.18	0.35	0.53	0.70
木质桩帽	0.13	0.25	0.38	0.50
钢桩帽	0.10	0.20	0.30	0.40
钢桩、无桩帽	0	0	0	0

表 5-1-9　土的弹性变形值 C_3

桩型	桩的材料应力（N/cm²）			
	350	700	1050	1400
	土的弹性变形值（cm）			
有固定截面的桩	0~0.25	0.25~0.50	0.50~0.75	0.12~0.50

桩打入后，经过一段间歇，其承载力往往会发生变化，变化的情况随着土质条件的不同而不同。因此，在应用打桩公式时，应采取经过间歇后复打的贯入度才符合桩的实际工作情况。间歇时间一般在黏土中不少于 7d，在软土中不少于 14d，在砂土中可以适当缩短。

3. 美国基础工程手册推荐公式

$$R_a = \frac{W}{e + 0.25\frac{q}{Q}} \tag{5-1-17}$$

符号意义同前，q/Q 数值不得小于 1.0；e 取打入最后 15cm 的平均贯入度，若遇阻力突然增高的土质，可取最后 5 击的平均贯入度。

4. 波士顿建筑规范公式

$$R_a = \frac{1.7W}{e + 0.1\frac{q}{Q}} \tag{5-1-18}$$

公式（5-1-17）和式（5-1-18）均为英制单位，e 取最后 6in 的平均贯入度。

如果精确程度能够满足工程要求，简单公式与复杂公式同样可取，公式（5-1-14）~式（5-1-18）都出于同一思路，简单方便，但是考虑因素不同，特别是没有区别估算无用功消耗，即各项弹性的与非弹性的变形所消耗的功，经试算误差幅度较大。

5. 德国斯图加特大学公式（修正版）

$$R_a = \frac{0.5QH}{e + \frac{C}{2}} \cdot \frac{Q}{Q+q} \tag{5-1-19}$$

符号意义同前。

这个公式发展了日本建筑地基结构标准所使用的希莱公式，考虑了桩、桩帽、土的弹性变形所造成的能量损失与桩、桩锤本身质量所带来的惯性效应。因此，较合理地反映了打桩时的动态阻力。这里 e 取最后 10 击的平均贯入度。C 值宜实测确定，也可以用前面列出的表 5-1-7~表 5-1-9 计算。该式要求安全系数为 1.5~3.0。

通常打桩过程的锤击数是岩土层密实程度、力学强度以及土质状态在动载荷形式上的直接反映，打桩锤击数及贯入度与岩土力学性质有必然的联系，也就是说可以通过建立数学关系把单桩承载力与打桩锤击数及贯入度联系起来。德国斯图加特大学公式（修正版）是在总结大量工程实践经验，并与静载试验、规范公式计算结果对比分析后，根据动载公式归纳出来的，其估算结果要比规范公式计算结果更接近实际情况。地质情况往往是多变的，局部地段会存在相对软弱或强度较高的岩土。采用规范公式计算所采用的勘察报告提供的参数，通常是对整个场地的一个综合参数，往往难以反映出这些特殊情况。而采用打桩公式来估算承载力，引入锤击沉管灌注桩施工的总锤数及最后贯入度，既考虑了桩的实际侧阻力，也考虑了桩的端阻力，概念清楚，同时也反映了实际每根桩的侧阻力所占比率。

对于海上隔水导管采用锤入法施工时，以最常用的格尔谢凡诺公式为基础，从室内实验及深入现场记录锤入法施工数据等两方面着手，建立了适合于海上隔水导管施工贯入度计算模型，并形成了相应的计算软件。

（四）贯入度计算模型修正

以格尔谢凡诺方法为基础，建立打桩贯入度计算模型：

$$e = \delta \frac{nAQH}{KP_a(KP_a + nA)} \cdot \frac{Q + 0.2q}{Q + q} \tag{5-1-20}$$

式中 P_a——桩的容许承载力，kgf。

现结合现场施工数据进行采集，对公式（5-1-20）中的系数 δ 进行修正。为了对建立的贯入度计算模型进行完善修正，研究人员深入渤海 JZ 油田对锤入法下隔水导管施工过程进行了全程跟踪，记录了大量的现场数据（图 5-1-2~图 5-1-7）。结合现场的施工情况来看，本研究建立的模型与现场记录的数据吻合程度较高。同时，利用现场的记录结果，对本模型也进行了相关系数的确定，δ 一般取 0.85~1.00。

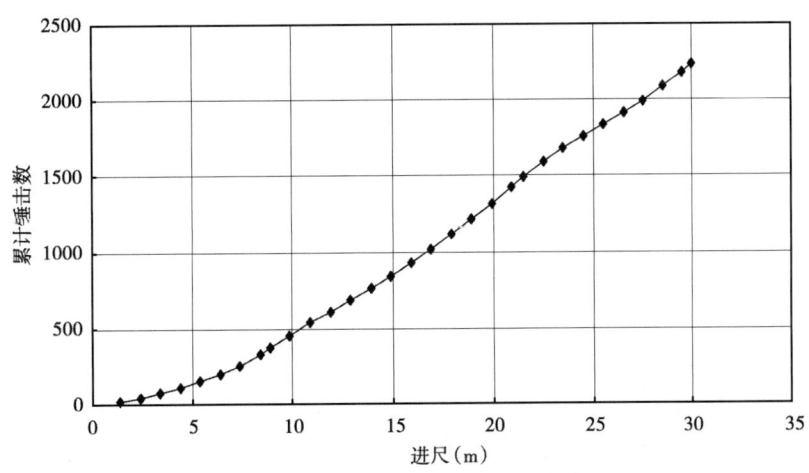

图 5-1-2 4#井隔水导管打桩深度与累计锤击数关系图

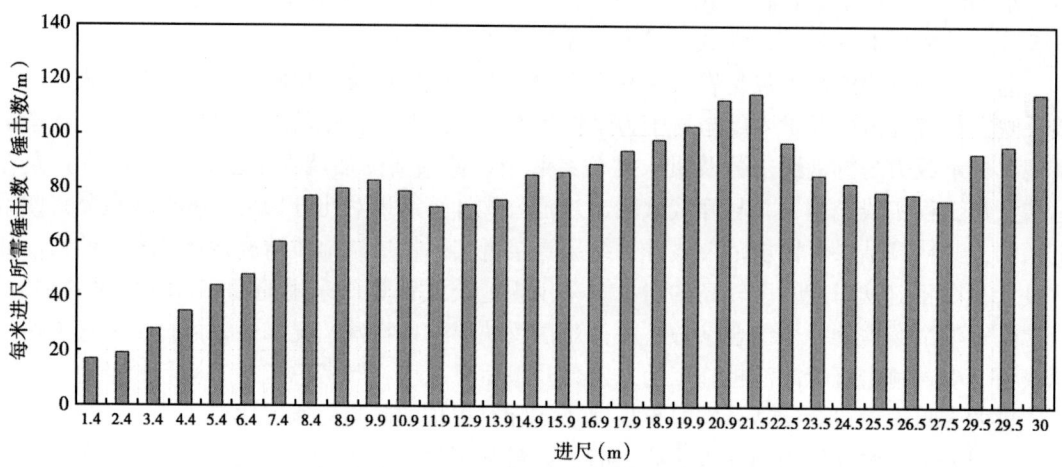

图 5-1-3　4#井隔水导管打桩深度与效率图

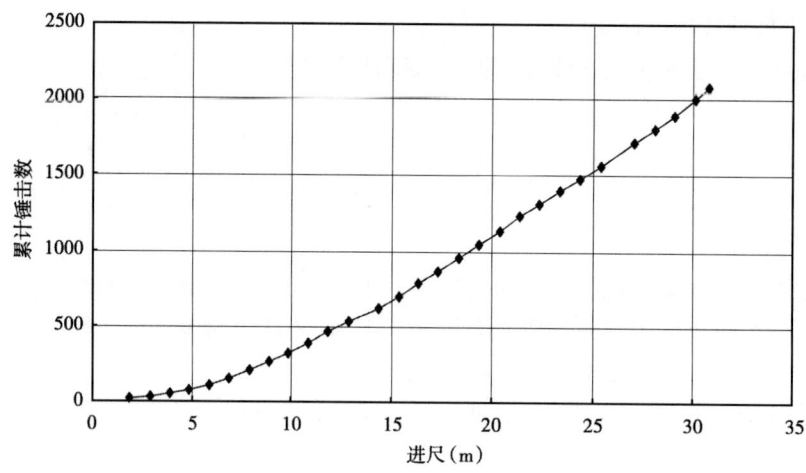

图 5-1-4　11#井隔水导管打桩深度与累计锤击数关系图

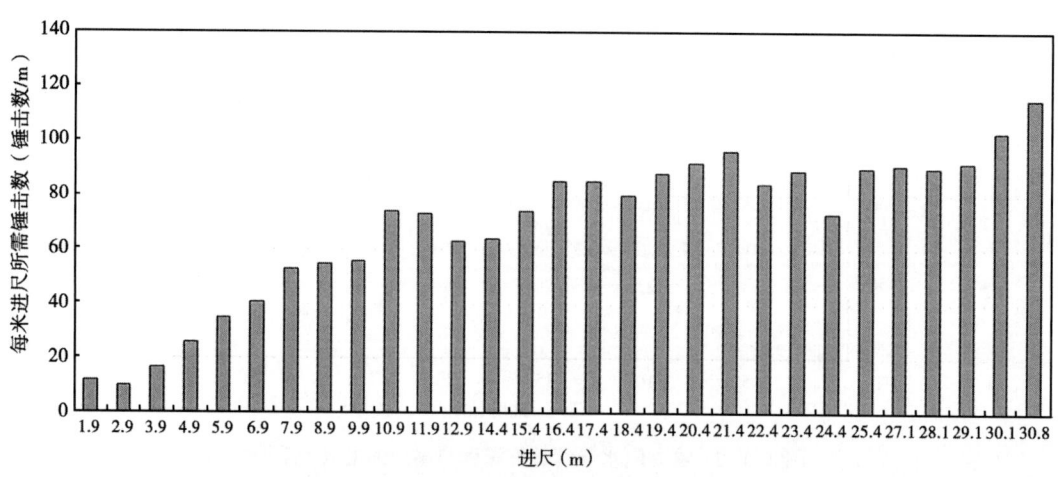

图 5-1-5　11#井隔水导管打桩深度与效率图

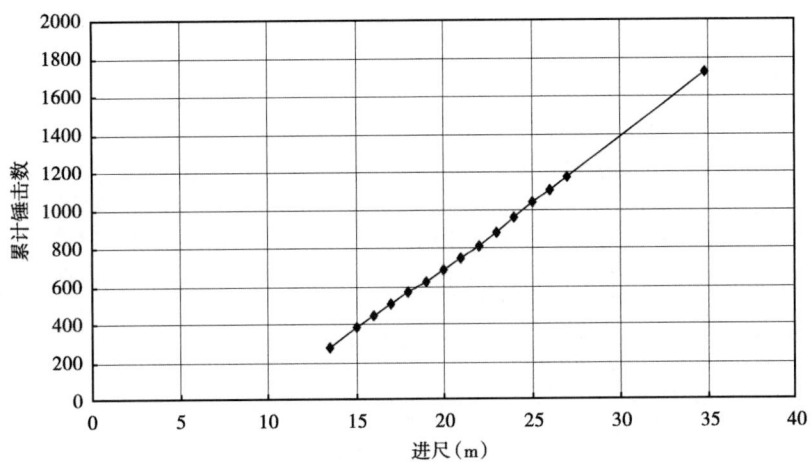

图 5-1-6　21#井隔水导管打桩深度与累计锤击数关系图

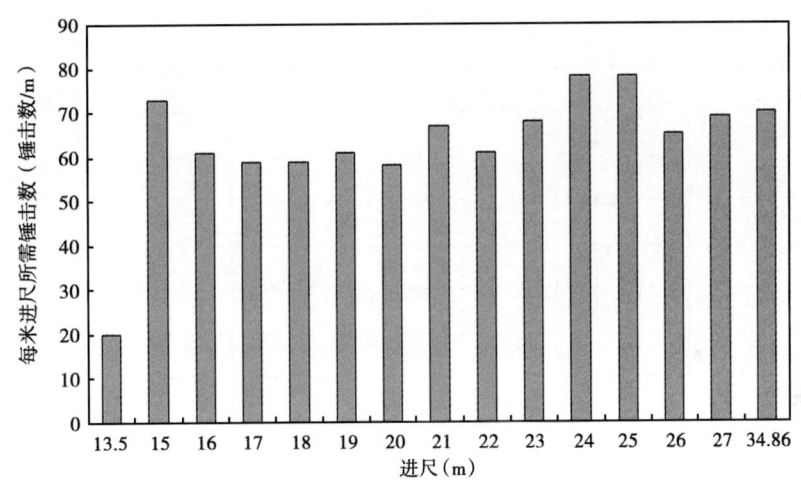

图 5-1-7　21#井隔水导管打桩深度与效率图

（五）打桩施工控制软件及现场应用

根据计算模型研制出钻井隔水导管打桩施工控制软件。该软件在 JZ 油田进行了现场测试和应用。图 5-1-8~图 5-1-10 是贯入度控制软件在 JZ 油田的应用情况。

通过对 JZ 南 A 平台隔水导管现场施工记录分析，本研究理论模型的预测精度达 90%以上，软件现场应用效果良好。

另外，利用该软件对 LF 油田 24in（壁厚为 1in）隔水导管打桩贯入度和相应的锤击数进行了计算，其结果如下。

1. 打桩锤型号 IHCS-90

最大能量：89.36KJ。锤芯重量：44.23kN。锤帽重量：44.23kN。

锤落距：2.02m。锤效：95%。桩端恢复系数：0.85。

计算结果见表 5-1-10。绘制曲线如图 5-1-11 和图 5-1-12 所示。

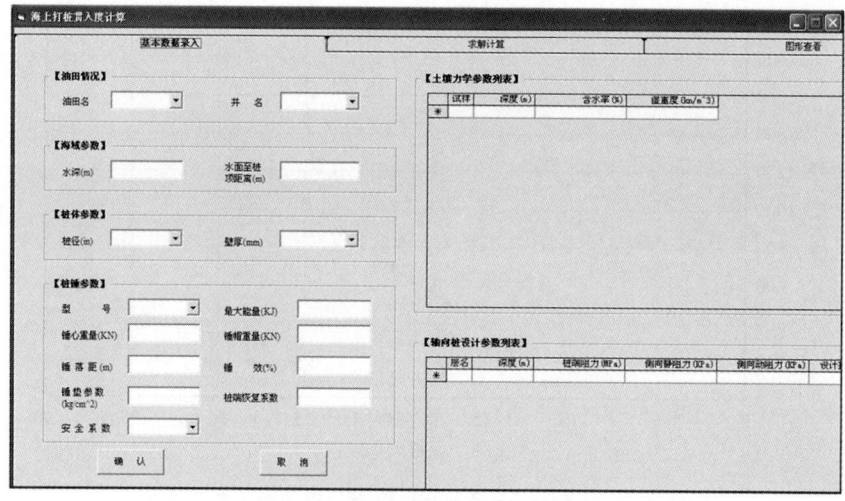

图 5-1-8 软件参数录入窗口（界面）

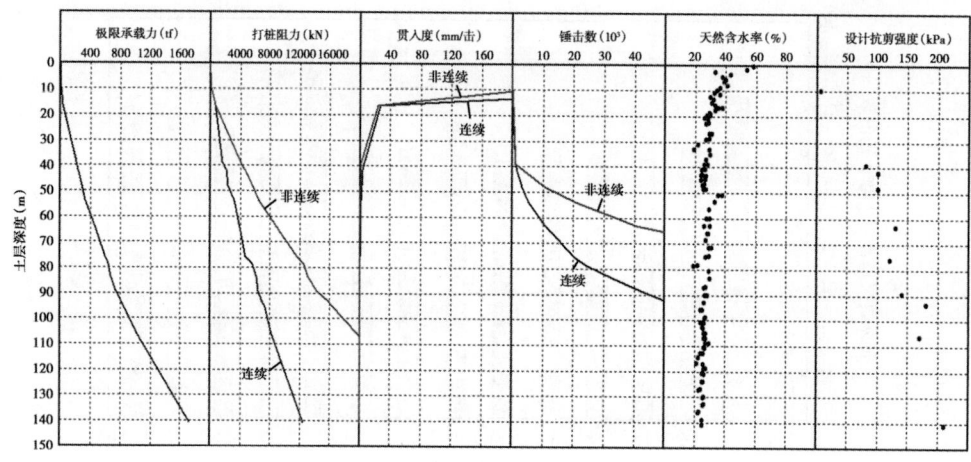

图 5-1-9 贯入度及锤击数计算结果

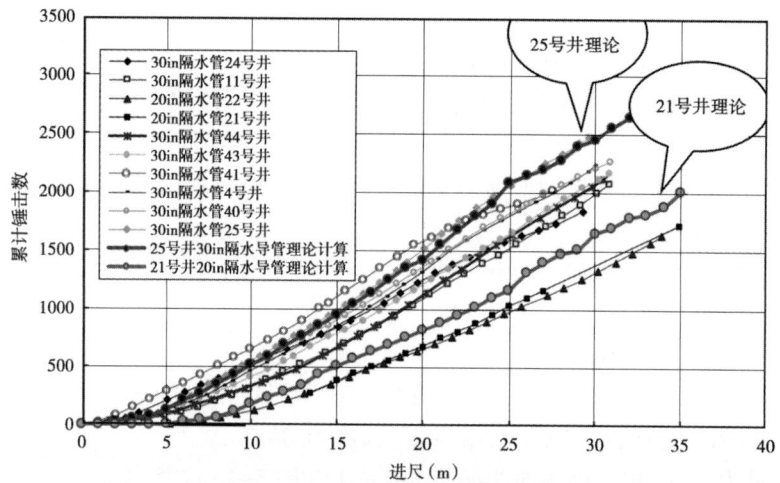

图 5-1-10 不同隔水导管锤击数预测结果

表 5-1-10 24in 隔水导管打桩计算结果（IHCS-90 锤）

土层编号	土质描述	土深（m）	极限承载力（tf）	打桩阻力1（kN）	打桩阻力2（kN）	贯入度1（mm/击）	贯入度2（mm/击）
0	无	0	0	0	0		
1	砂土	3.7	2.6923	52.7698	52.7698	1594.551000	451.930700
2	黏土	9.7	5.8055	65.5277	113.7872	714.709600	369.766400
3	砂土	16.3	33.2093	602.6424	650.9018	82.801670	44.696800
4	黏土	39.0	208.6950	1607.7413	4090.4230	19.683390	8.612559
5	砂土	42.0	233.5190	2094.2903	4576.9720	14.588030	5.763018
6	黏土	48.0	287.3865	2345.7694	5632.7756	11.552600	4.608331
7	砂土	54.0	331.4215	3208.8543	6495.8605	7.943209	2.272398
8	黏土	63.0	441.6242	3800.3946	8655.8336	5.291912	1.000064
9	黏土	75.7	590.3157	4671.7638	11570.1871	2.652216	1.000064
10	砂土	78.8	639.6569	5638.8511	12537.2744	1.454541	1.000064
11	砂土	83.7	667.0207	6175.1823	13073.6056	1.000064	1.000064
12	黏土	89.0	731.1000	6436.4547	14329.5593	1.000064	1.000064
13	黏土	93.4	809.3402	6908.2542	15863.0672	1.000064	1.000064
14	砂土	94.7	827.1919	7258.1478	16212.9608	1.000064	1.000064
15	黏土	106.0	1007.1099	8209.3626	19739.3546	1.000064	1.000064
16	黏土	140.8	1722.0093	12424.7180	33751.3828	1.000064	1.000064

注：（1）海底土极限承载力计算安全系数取 2.0；
（2）打桩阻力1指连续打桩无土塞情况下的土阻力（在黏土中，表面摩擦力取静表面摩擦力的 30%，粒状土中取静表面摩擦力的 100%）；
（3）打桩阻力2指停打后复打形成土塞情况下的土阻力（假设和静态桩承载力相同）；
（4）贯入度1、2分别与打桩阻力1、2情况相对应。

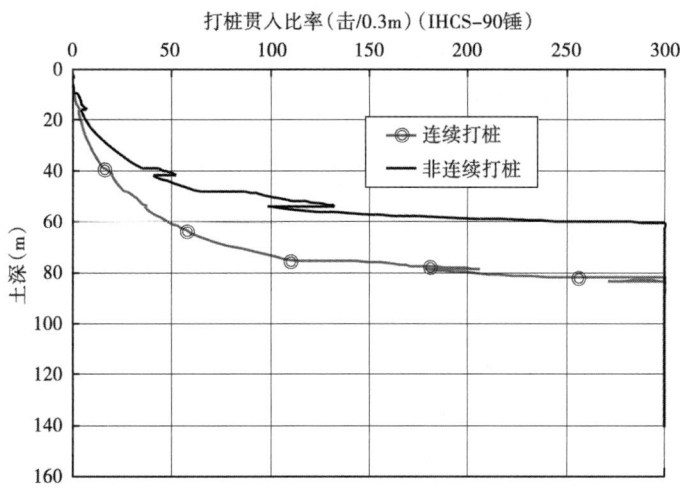

图 5-1-11 24in 隔水导管打桩贯入比率

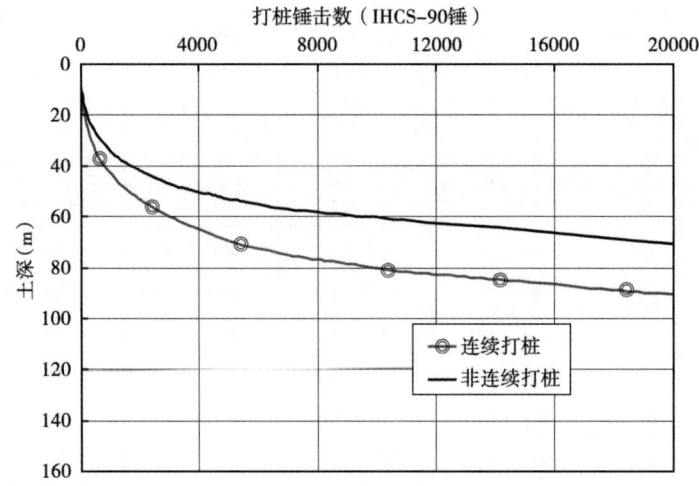

图 5-1-12 24in 隔水导管打桩锤击数

不考虑群桩效应：

（1）井口载荷为 125tf 时，24in 入泥深度为 66.56m。

对应的打桩锤击数预测值：连续打桩时为 4600 锤左右。

（2）井口载荷为 278tf 时，24in 入泥深度为 82.6m。

对应的打桩锤击数预测值：连续打桩时为 11000 锤左右。

（3）井口载荷为 195tf 时，24in 入泥深度为 72.8m。

对应的打桩锤击数预测值：连续打桩时为 6500 锤左右。

考虑群桩效应：

（1）井口载荷为 125tf 时，24in 入泥深度为 62.8m。

对应的打桩锤击数：连续打桩时为 3600 锤左右。

（2）井口载荷为 278tf 时，24in 入泥深度为 76.5m。

对应的打桩锤击数：连续打桩时为 7900 锤左右。

（3）井口载荷为 195tf 时，24in 入泥深度为 68.9m。

对应的打桩锤击数：连续打桩时为 5050 锤左右。

2. 打桩锤型号 D62（FRANKS）

最大能量：224.17kJ。锤芯重量：126.67kN。锤帽重量：49.94kN。锤落距：1.77m。锤效：95%。桩端恢复系数：0.85。

计算结果见表 5-1-11。绘制曲线如图 5-1-13 和图 5-1-14 所示。

表 5-1-11 24in 隔水导管打桩计算结果（D62 锤）

土层编号	土质描述	土深（m）	极限承载力（tf）	打桩阻力 1（kN）	打桩阻力 2（kN）	贯入度 1（mm/击）	贯入度 2（mm/击）
0	无	0	0	0	0		
1	砂土	3.7	2.6923	52.7698	52.7698	1613.520000	1234.134000
2	黏土	9.7	5.8055	65.5277	113.7872	998.310000	724.530000
3	砂土	16.3	33.2093	602.6424	650.9018	756.320000	534.320000

续表

土层编号	土质描述	土深(m)	极限承载力(tf)	打桩阻力1(kN)	打桩阻力2(kN)	贯入度1(mm/击)	贯入度2(mm/击)
4	黏土	39.0	208.6950	1607.7413	4090.4230	46.703170	22.980050
5	砂土	42.0	233.5190	2094.2903	4576.9720	37.257000	17.270250
6	黏土	48.0	287.3865	2345.7694	5632.7756	23.676590	13.619170
7	砂土	54.0	331.4215	3208.8543	6495.8605	15.873590	6.212012
8	黏土	63.0	441.6242	3800.3946	8655.8336	9.849101	3.086862
9	黏土	75.7	590.3157	4671.7638	11570.1871	5.291912	1.000064
10	砂土	78.8	639.6569	5638.8511	12537.2744	4.597811	1.000064
11	砂土	83.7	667.0207	6175.1823	13073.6056	1.808258	1.000064
12	黏土	89.0	731.1000	6436.4547	14329.5593	1.000064	1.000064
13	黏土	93.4	809.3402	6908.2542	15863.0672	1.000064	1.000064
14	砂土	94.7	827.1919	7258.1478	16212.9608	1.000064	1.000064
15	黏土	106.0	1007.1099	8209.3626	19739.3546	1.000064	1.000064

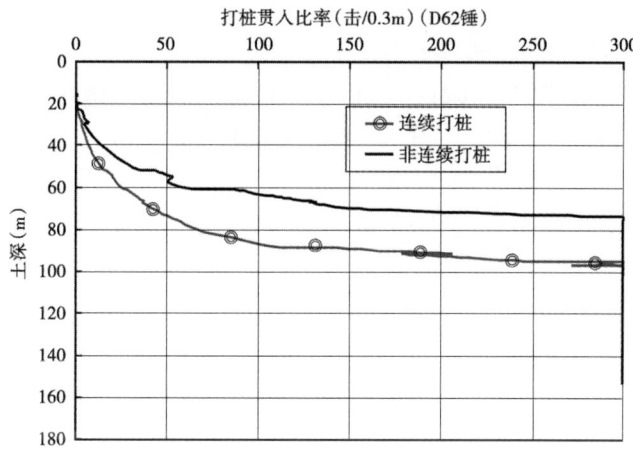

图 5-1-13 24in 隔水导管打桩贯入比率

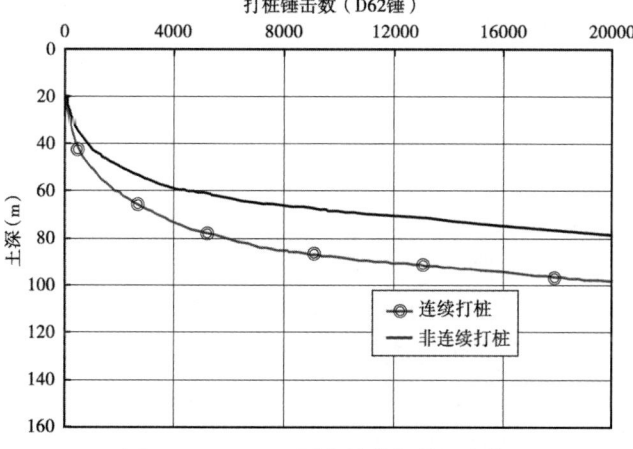

图 5-1-14 24in 隔水导管打桩锤击数

不考虑群桩效应：

（1）井口载荷为 125tf 时，24in 入泥深度为 66.56m。

对应的打桩锤击数预测值：连续打桩时为 3700 锤左右。

（2）井口载荷为 278tf 时，24in 入泥深度为 82.6m。

对应的打桩锤击数预测值：连续打桩时为 7800 锤左右。

（3）井口载荷为 195tf 时，24in 入泥深度为 72.8m。

对应的打桩锤击数预测值：连续打桩时为 5100 锤左右。

考虑群桩效应：

（1）井口载荷为 125tf 时，24in 入泥深度为 62.8m。

对应的打桩锤击数：连续打桩时为 3300 锤左右。

（2）井口载荷为 278tf 时，24in 入泥深度为 76.5m。

对应的打桩锤击数：连续打桩时为 6800 锤左右。

（3）井口载荷为 195tf 时，24in 入泥深度为 68.9m。

对应的打桩锤击数：连续打桩时为 5000 锤左右。

四、现场施工工艺流程

总体上，隔水导管锤入施工步骤如下。

（1）准备打桩设备和工具。包括吊装设备、桩锤、扶正固定块、替打导管、切割机、接设备、索具、水平仪、探伤设备、吊卡、卡瓦和锤套等。

（2）导管丈量、编号，每隔 50cm 做一标记。

（3）连接导管柱，下至泥面，确保导管处于垂直状态。

（4）安装打桩锤和锤套。

（5）将隔水导管放置泥面，保持钻井平台上打桩、工程船打桩的导管有足够长度，先用桩锤重量下压隔水管，隔水导管不贯入后，用较小的锤入力，防止导管贯入过快溜至转盘以下。

（6）锤入至设计深度，切割多余导管。

（一）移井架安装打桩锤

移井架或打桩设备至设计井槽，吊起打桩锤连接到加长平衡杆。将加长平衡杆悬挂于顶驱，连接控制管线到油泵和滑动装置上，连接举升装置到加长平衡杆，连接打桩锤吊索到加长平衡杆。提起 18m 的隔水导管吊索，连接到顶驱吊耳，并在吊索下端连接双槽吊卡。

（二）隔水导管下入

游车慢慢提升打桩锤，移开转盘补芯，安装隔水导管承座补芯和导管大钳。吊导管鞋单根到钻台大门，扣上吊卡，安装止动销；用游车缓慢提起并下入井内到上扣高度，坐卡瓦，安装安全卡瓦；打开吊卡准备吊下一根隔水导管。吊下一根隔水导管到钻台大门，扣上双槽吊卡，重复以上操作。用游车小心提起隔水导管单根到合适高度（高于前一根隔水导管内螺纹高度），清洗隔水导管外螺纹和内螺纹，缓慢下放并对入内螺纹内，用导管钳正转 1~2 圈，用手动大钳拉紧。上扣完毕后上紧止动螺栓，打开导管大钳，打开安全卡瓦，提出吊卡，下放管串到上扣高度，坐卡瓦，安装安全卡瓦。注意：在隔水导管入泥后接单根，上扣至规定扭距放松锚链时，出现过反弹。继续下入隔水导管至泥线；移井架，重复以上步骤完成所有隔水导管的下入安装工作。

(三)打桩前准备

潜水人员对水下两层导向槽上导向块,飞溅区两个接头用特殊防腐材料处理。用气动绞车提起锤入接头,缓慢对入隔水导管中,再缓慢下放打桩锤到锤入接头上部,用两根短吊索连接锤入接头和打桩锤。缓慢下放隔水导管,逐渐释放管串全部重量,隔水导管依靠管串自身重量自进。自进停止,缓慢下放锤入接头和打桩锤,并使锤入接头对入隔水导管中。

(四)打桩作业

D-80型打桩锤用于20in隔水导管的打入,D-100型用于30in隔水导管的打入(打桩锤的型号是根据打桩活塞的重量分类)。打桩机共有4个档位,开始时打桩力要小,防止溜桩。随着入泥深度增加,由一档直接进入四档增大锤入力至100%。继续锤入作业和接单根工作,直到隔水导管达到入泥深度要求或者需要补充柴油。理论上锤入作业中断时间要求最小,接单根时间大约20min,特别是隔水导管锤入泥线以下30m左右时。防止由于砂土层的作用而发生拒锤。

(五)打桩过程中可能出现的风险

(1)桩锤可能在桩头上跳动摇晃,如发生这种情况应停止作业,进行检修。

(2)打桩过程中,锤头与隔水导管头摩擦,锤头容易热胀出现断裂,应防止锤头水平钢板落入井口造成事故。

(六)隔水导管打桩示意图

图5-1-15为隔水导管海上施工过程部分示意图。图5-1-16是隔水导管连接示意图。

(a)隔水导管防腐层

(b)隔水导管螺纹连接

(c)隔水导管连接检测

(d)隔水导管连接上吊卡

(e)隔水导管与打桩锤连接

图5-1-15 隔水导管海上施工过程部分示意图

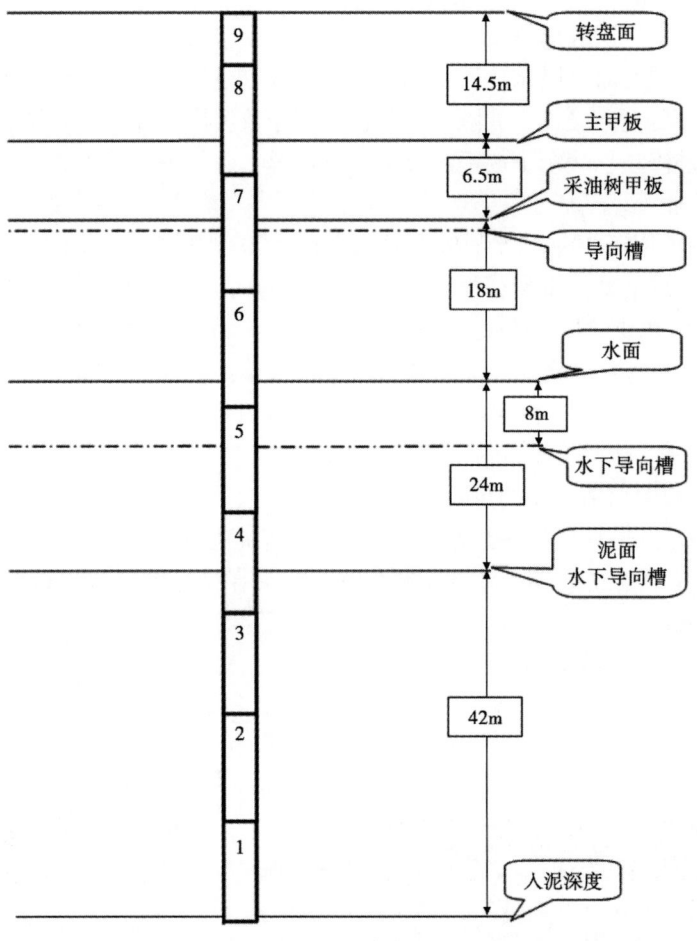

图 5-1-16 隔水导管连接示意图

(七) 施工作业注意事项

(1) 前 3 根导管控制锤入力,防止溜桩。锤入过程中,吊桩锤的吊索保持松弛,桩锤始终与导管上部接触。

(2) 为防止导管偏斜,导管架的扶正孔与隔水导管相匹配,通常直径差少于 50mm (2in);在转盘面安装一个扶正块补芯,防止隔水导管横向移动,保证隔水导管居中。

(3) 群桩效应会使海底土层性质发生压实变化,造成导管贯入困难。理论计算得知,井间距为 2.2m×2.2m 时,群桩效应较明显;井间距为 2m×2m 时,群桩效应较大;井间距小于 2m×2m 时,群桩效应很大;如井间距为 2m×1.8m 时,群桩效应使导管摩阻增加 20% 左右,应优化打桩顺序和入泥深度。

(4) 导管未到设计深度出现拒锤时,可用钻具钻出导管鞋以下 3m 左右,再恢复锤入导管作业,直到设计深度。

第二节 钻入法隔水导管施工技术

钻入法隔水导管施工技术主要采用平台钻机等钻井设备,用大于隔水导管直径的钻头在海底钻出一个井眼，然后把隔水导管下入井眼再进行固井的施工工艺。对于没有浅层气的情况，隔水导管施工程序如下。

一、浮式平台作业时的隔水导管施工程序

浮式平台钻入法下隔水导管施工工序如下。

（1）下入按设计要求组合好的36in井眼钻具。常用钻具组合为：26in钻头+带浮阀和测斜座的接头+36¼in固定臂扩眼器+9in钻铤2根+接头+8in钻铤7~10根+接头+5in加重钻杆15根；或9in钻铤下面直接接浮阀接头+36in钻头；如果海底较硬，直接接浮阀接头+17½in钻头，安装在9in钻铤下面，钻成井眼后再扩眼到36in。每个接头上扣时，一定要达到规定的上扣扭矩。

（2）用白色油漆涂在钻头及以上1~2m处。

（3）如已下临时导向基盘，则在36in扩眼器上方安装好导向臂或导向软绳（小于4根白棕绳，控制对角长3.65m，系钻柱在中心，两端用小卸扣系在基盘导向绳上），以便引导钻头进入基盘井孔。

（4）当钻头接近基盘或海床时，要打开升沉补偿器，减缓下放速度，并用水下电视或ROV监测钻头进入基盘井孔或接触海底的情况。证实36in钻头或扩眼器已进入基盘井孔或接触海底时，测量海底到转盘面的高度，然后计算实际的井眼的钻达深度。当根据设计决定导管入泥长度时，也要根据设计决定导管头在海床上的高度。导管头在海床上的高度规定为：

①对于最终将作为永久弃井处理的探井和评价井，其高度一般为1~2m，最好1.5m，便于较好地支撑水下防喷器组而又不会被淤泥埋住井口；

②对将可能套装生产基盘作为生产井的井，其高度一般为4~5m，便于将来套装生产基盘。

（5）回收导向臂。

（6）满足开钻要求才能开钻。

（7）钻井眼到达确定的深度，一般应采取的措施如下。

①开钻的第一单根钻完后，为避免接单根时把钻头提出井眼（转盘钻进时），应配好钻具长度，通过压载或卸载平台以调整吃水深度，直接用转盘钻进；或者第1~4m采用冲下去直到方补芯进入转盘的方法，但这要在软地层时才行。如平台具有顶部驱动装置，则不需考虑这个问题，但接立柱时，必须把井底循环干净，以免沉砂埋住钻具卡钻。

②钻压应不超过50kN，可能的情况下，尽量用小的钻压，主要靠冲和旋转钻下去。

③排量：开钻时用单泵小排量1500~1890L/min，钻第一单根后，逐渐加大排量到设计要求（尽可能大的排量）；一般情况下，排量为3800~4100L/min。

④转速：开钻时，用20~30r/min，到36in钻头或扩眼器进入井眼后，逐渐加大转速到设计要求；一般情况下，26in钻头带36in扩眼器的转速为70~90r/min，而用36in钻头时的转速为100r/min。注意：为防止接单根停转盘时钻柱接头倒扣，使用转盘刹带阻止转盘反转。

⑤每钻完一个单根或立柱，划眼一次。

⑥用海水钻进，根据井下情况控制机械钻速，一般在10~20m/h。每钻完一个单根或立柱，要循环几分钟，并根据地层岩性情况，泵入3974~4770L高黏钻井液清洗井眼，以防沉砂。

⑦如果海底浅层是疏松砂层，钻进时全部用高黏钻井液钻进，防止沉砂、井垮和埋住钻具。

⑧钻井眼到达要求深度的时间不宜太长，以免潮差变化影响井深的准确性。如果海床表层较硬，需钻很长时间，则可采用这样的方法：把计划的导管入泥长度加上口袋长度，在下钻过程中，就用白色油漆标在以钻头为起点的钻柱上；钻进时，用ROV或水下电视在海床处监视，当观察到白色标记到达海床时，说明井眼已钻达要求深度。

（8）钻达要求深度后，用海水循环一周，然后泵入5560L左右的高黏钻井液，再用1.5倍井眼容积的海水循环，把井眼清洗干净。如果海床浅层是疏松的砂层，不能用海水循环，而应根据情况用适量的高黏钻井液清洗井眼。

（9）泵入1.5倍井眼容积的高黏钻井液。

（10）投入测斜仪，起钻头到海床下方5~8m处，回收测斜仪。注意：一般井的井斜应控制在1°内；作业时间长的深井、复杂井和高温高压井，井斜应小于0.5°；如果井斜太大，经过采取措施仍达不到要求时，应移平台离开原井位10m以上重新开钻。

（11）如有必要，静候30~60min，下钻探沉砂。根据探测结果进行以下作业：假如沉砂很少，不影响下导管到位时，泵入15m³左右的高黏钻井液，然后进入下步作业；如果沉砂多，可能影响下导管到位时，用高黏钻井液划眼到井底，替入1.8倍井眼容积的高黏钻井液，然后起钻头到泥线以下5~8m处，重复第（11）作业步骤。若经这样处理后，沉砂仍很多，影响下导管到位，则应调整导管下入深度或适当加深井眼，增加口袋长度。

（12）起钻，不能用转盘卸扣，以免钻头旋转弄垮井壁和缠在导向绳上。

（13）按编好的顺序下入导管。

①浮鞋至其上方5m，涂上白色油漆，然后用黑色油漆按等距离作标记；用海水检查浮阀是否畅通。

②如已下临时基盘，在浮鞋上方2m处，安装导向臂或导向软绳，以引导导管进入井眼。

③下导管穿过坐放在活动门上的永久导向基盘（基盘是否搬开取决于使用的基盘类型）。

④下入导管时，要检查更换损坏的密封环，连接时一定要证实弹性锁环到位才打开吊卡。

⑤接导管头时，如没下临时导向基盘，要在导管头及下方2m内，涂上白油漆，并按等距离作标记。

⑥下内管柱（普通钻杆），其长度比导管短10~15m。

⑦接上送入工具。送入工具与导管头连接扭矩要适当。内管柱一定要上紧扣，以免将来倒不开（参照厂家使用说明）。

⑧用127mm加重钻杆送导管头坐入永久导向基盘内，并上紧卡盘或锁销。

⑨打开送入工具上的排气阀，下放导管头进入水面以下，接上方钻杆，开泵用海水充填导管，直到排气阀有海水喷出。然后关好排气阀。

⑩继续下入导管，在导管到达临时导向基盘或海底前，打开升沉补偿器，下入ROV观察，缓慢下入导管进入井眼。

⑪回收导向臂。

⑫继续下入导管，直到导管头端面离海底高度达设计要求；若已下临时导向基盘，应放一定的重量坐在临时导向基盘上。

注意：如果导管因某种原因而无法下入井眼，需要重钻新眼时，就要移平台离开旧井眼10m以上，按前述程序重新钻进。

（14）连接固井管线。

（15）用海水循环，控制泵压在5.52MPa（800lb/in²）以下，做好固井准备。

（16）固井前，用 ROV 或水下电视观察永久导向基盘的倾斜情况（应小于 1.0°）和舷向情况（应和平台舷向基本一致）。

（17）循环海水 5min 后，按照固井程序固井，控制泵压低于 5.52MPa。

（18）固井期间，防止导管上移。

①逐步地释放整个导管重量坐在临时导向基盘上。

②没下临时导向基盘时，或临时导向基盘沉在淤泥内，必须用 ROV 或水下电视观察，逐步地释放导管重量，保持导管头在海床上的高度在设计要求的范围内。

③观察水泥浆返出的情况。如果水泥浆返出，就应停止泵水泥浆，用海水顶替水泥浆至导管浮鞋以上 4~5m，防止替空。

（19）固井完成后，在固井泵房检查是否有回流。如有回流，应把回流量再加一倍，替入井内关井候凝；如无回流，进入下一步。

（20）如果已下入临时基盘，就倒开送入工具，上提 2m 开泵用海水冲洗内管柱；如果没下入临时导向基盘，或临时导向基盘沉在淤泥内，就提住导管候凝，直到水泥浆凝固后才倒开送入工具，上提 2m 用海水循环冲洗内管柱（候凝期间，要调整好升沉补偿器，保证导管静止不动）。

（21）回收送入工具。

（22）调整导向绳张力到要求值；用 ROV 或水下电视检查基盘，必要时下入冲洗接头冲洗水下井口。

（23）按设计要求安装隔水管和分流器系统。

如果地质部门不要求评价下段井眼，在固导管后，就不必下入隔水管和安装分流器系统；否则必须下入。其作业步骤如下。

①下入导管头液压连接器、隔水管和伸缩节。下入前，井口连接器要进行功能试验。

②安装隔水管张力绳系统时，用 ROV 或水下电视观察连接器在井口基盘上方的高度。

③打开升沉补偿器，坐放井口连接器在导管头上并锁紧。用水下电视或 ROV 观察连接情况。

④用补偿器过提 89kN 以检验是否锁紧。

⑤安装分流器系统，并用海水作功能试验，同时作密封试验到 0.207MPa。

二、自升式或固定式平台作业时的隔水导管施工程序

自升式平台或固定式平台钻入法下隔水导管施工工序如下。

（1）下入按设计组合好的 36in 井眼钻具。常用钻具组合参照浮式平台作业时隔水导管施工程序第（1）步骤。

（2）下钻到海床时，是否开钻，取决于是否达到第一节中要求的开钻条件。

（3）钻井眼到达确定的深度（海床到转盘面的实际距离，加上设计要求的导管入泥长度和口袋）。

①为避免开钻的第一单根钻完后，接单根时把钻头提出井眼（转盘钻进时），可采取预先配好钻具长度，开钻的第 1~2m 冲下去，直到方补芯进入转盘后正常钻进的方法；如平台具有顶部驱动装置，则不需考虑这个问题，但接立柱时，要把井眼循环干净，以免沉砂埋住钻具卡钻。

②钻进措施及参数，参照浮式平台作业第（7）步骤中的第②~⑦项。

(4）钻达要求深度后，清洗井眼、测斜、探沉砂的措施和要求，参照浮式平台作业第（8）～（11）步骤进行。

（5）起钻。不能用转盘卸扣，避免转动钻具而弄垮井壁。

（6）按编好的顺序下入30in导管。

①用海水检查浮阀是否畅通。

②按设计下入导管，注意检查更换损坏的密封环；调整弹性锁环的开口对准指示孔或其他标记，所有导管接头释放孔用黄油填上，连接时一定要证实弹性锁环到位才能打开吊卡。

③根据设计要求，导管内的泥线支撑环位于海床下方2m左右。在海床上方1m处，接导管回接头；如果不使用回接头，海床上方的第一个导管接头，也应在海床上方1m处，并且接头上的所有释放孔，都上好释放螺栓（不要顶着弹性锁环），以备将来需要时作临时弃井用。

④导管进入井眼时，要注意观察悬重变化，不要硬压，试着下放。

⑤继续下导管。注意：最后一根导管下接头的位置，要避开装导管头时的切割位置。该位置到转盘面的长度，各平台可能有所不同。

⑥下完导管并坐在转盘上，下面用枕木垫好。

（7）下入带有插入接头的内管柱。要检查更换插入接头上的密封，内管柱上接1～2个30in×5in的弹性扶正器。

（8）下插入接头进入导管浮鞋，灌海水进入导管检查密封状况。漏则说明密封不好，需要重新插入或更换密封；不漏，则说明密封好。起出插入接头，放掉管内的海水，重新插入浮鞋。

（9）按固井程序固井。固井前循环海水5min，控制泵压不超过5.52MPa，固井期间也要控制泵压。

（10）在固井泵房检查是否有回流。如无回流，起出插入接头，在甲板上冲洗干净；如回流，应迅速关住，并把回流出来的顶替液再泵入井内，然后关注候凝，根据情况不断地检查回流情况，如1h、1.5h、2h分别检查一次。一旦无回流，就起出插入节，并冲洗干净。

（11）候凝：如果纯海水作为混合水固导管，至少需候凝4～5h；如果海水加2%氯化钙作为混合水固导管，至少需候凝3～4h，同时还要参考水泥浆化验结果和观察所取水泥浆样凝固情况。

（12）在设计位置切割导管。切割时，先移掉垫在转盘上的枕木，让导管处于自由状态。根据设计要求，安装36in井口。

第三节　喷射法下导管施工控制工艺

喷射法下导管施工控制工艺主要参数包括钻压、排量以及钻头伸出量等。合理选择钻压、排量及钻头伸出量可以提高喷射法钻进速度，节约钻井时间，从而节约钻井成本。

一、喷射法下导管钻压的确定与控制

在喷射法下导管过程中，合理的钻压参数选择对钻进速度影响非常大。如果在喷射过程中钻压施加得很大，钻头钻进速度过大，破碎的土屑来不及上返到地面，井眼外扩直径不够，则导致导管外表面与海底土之间的摩擦力较大，导管下入阻力增大，因而其下

入速度就较慢。

如果在喷射过程中钻压施加得较小，钻头钻进速度过小，虽然破碎的土屑从内管完全上返到地面，但由于钻头水眼较长时间喷射井眼，致使井眼直径扩大较大，导管外表面与海底土之间的摩擦力较小，导致导管下入施工后，后期作业的等候时间延长，影响整个钻进进度。所以在深水喷射法导管下入过程中合理的钻压参数选择是十分重要的。

保持合适的钻压，一方面可以保证导管在施工过程中处于垂直状态，另一方面保证钻具外环空畅通，确保钻井液从导管内钻柱外的环空返出。

目前海上深水钻井采用喷射法下导管工艺时，对钻压参数的控制常采用如下的原则：用钻入泥线以下管串自身重力钻进，保持泥线以上导管和钻杆处于垂直拉伸状态，即保持中和点在泥线以下，控制钻压大于入泥导管的重力，小于入泥喷射管串总重力。图 5-3-1 为喷射导管钻井时泥线以下的管串浮重和导管入泥深度的关系，并由此绘制出钻压区间。

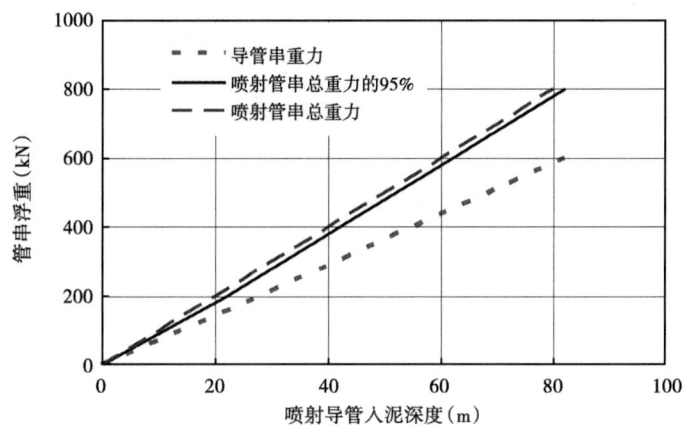

图 5-3-1 喷射法下导管钻压设计曲线

其中，最大喷射管串总质量为导管管串、管内钻具组合、井口头短节和送入工具在海水中的质量之和。

由图 5-3-1 可知，喷射导管至泥线以下 20m 时，钻压控制在 138~180kN，如果钻压超出设计的范围就降低喷射导管钻进速度，增大排量并替入稠膨润土浆清洗或者上下活动导管，直至钻压在设计的范围内后继续喷射导管钻进。

对于喷射导管钻井来说，导管最终到位时的钻压十分重要，不能低于最大钻压的 80%，这样既可以避免管串过分受压发生弯曲，又可使得导管所能承受的总载荷趋于最大。到位钻压用公式表示为：

$$W_L = R(W_C + W_A + W_H + W_T) \tag{5-3-1}$$

式中 W_L——喷射导管到位时的最终钻压，kN；

R——钻压系数，在 0.8~1.0 之间取值；

W_C——导管在海水中的重力，kN；

W_A——管内钻具组合在海水中的重力，kN；

W_H——井口头短节在海水中的重力，kN；

W_T——导管送入工具在海水中的重力，kN。

导管的承载能力与到位时的钻压、到位后的时间、导管下入长度和直径及整个导管长度上黏土的平均抗剪切强度有关，可用公式表示为：

$$F = W_L + 0.02039(2 + \lg t)\pi DLp \quad (5-3-2)$$

式中　F——导管可承受载荷，kN；

　　　t——导管到位后的时间（取值小于10），d；

　　　D——导管直径，mm；

　　　L——泥线下的导管长度，m；

　　　p——海底至导管下深范围内的黏土平均抗剪切强度，MPa。

（一）喷射法下导管钻压参数优选理论计算模型

深水喷射下导管底部钻具组合一般包括：26in 钻头+井下马达+上部扶正器+MWD+钻柱扶正器+钻铤+送入工具+加重钻杆等结构，如图 5-3-2 所示。

南海部分已钻井施工用钻具组合见表 5-3-1~表 5-3-3。

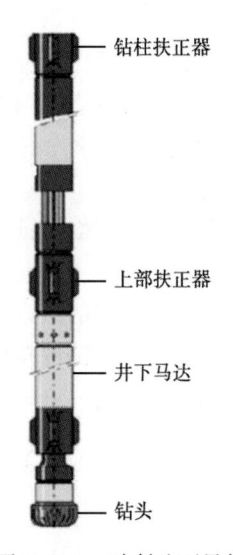

图 5-3-2　喷射法下导管底部钻具组合

表 5-3-1　B3-1-1 井表层导管钻进钻具组合

井名	名称	外径（in）	内径（in）	长度（m）	累计长度（m）	水深（m）
B3-1-1	26in bit	26	N/A	0.56	0.56	1480
	Motor	9⅝	Tool	9.26	9.82	
	Float Sub	8⅛	VV	0.89	10.71	
	MWD	8	3	8.95	19.66	
	26in Stabilizer	8	2.75	1.69	21.35	
	8in DC Drk#17	8	2.80	8.90	30.25	
	26in Stabilizer	8	2.80	1.70	31.95	
	8in DC Drk#1	8	2.80	8.93	40.88	
	8in DC Drk#5	8	2.81	8.87	49.75	
	8in DC Drk#6	7⅞	2.81	8.96	58.71	
	8in DC Drk#19	8¼	2.81	8.98	67.69	
	8in DC Drk#20	8	2.81	8.99	76.68	
	PNMDC	8³⁄₁₆	2.81	4.30	80.98	
	Pony DC	8¼	2.81	2.12	83.10	
	Spacer	8¼	2.81	0.45	83.55	
	X/O		2.81	0.33	83.88	
	36in Cart		2.81	0.80	84.68	
	CART TOP SUB			0.47	0.47	
	X/O			0.33	0.80	
	Drill Pipe					

表 5-3-2　B3-1-2 井表层导管钻进钻具组合

井名	名称	外径（mm）	内径（mm）	长度（m）	累计长度（m）	水深（m）
B3-1-2	26in Bit（H. C. / GTX-CG1）（H. C. / GTX-CG1）	660.4	95.3	0.56	0.56	1345
	9 ⅝in A962M564XP MOTOR W/ 17.5in Sleeve Protector	244.5	200.2	9.18	9.74	
	9in Float Sub w/Solid Float	228.6	76.2	0.80	10.54	
	ARC-9w/PWD	228.6	76.2	5.98	16.52	
	Power Pulse 9	228.6	149.9	8.61	25.13	
	25⅞in Spiral Stabilizer	239.8	73.2	2.81	27.94	
	9in NMDC	228.6	76.2	9.36	37.30	
	2×9in DC	228.6	76.2	18.72	56.02	
	Crossover	209.6	76.2	1.22	57.24	
	Spacer Sub	203.2	71.4	1.53	58.77	
	Spacer Sub	203.2	71.4	2.12	60.89	
	8in Hydro-Mechanical Drilling Jar（Griffth）	203.2	71.4	9.44	70.33	
	CADA Tool Below	177.8	76.2	2.08	72.41	
	CADA Tool Above	209.6	71.4	0.69	73.10	
	2×8in DC	203.2	76.2	18.80	91.90	
	Crossover	177.8	76.2	1.21	93.11	
	5⅞in HWDP	149.2	101.6	129.72	222.83	

表 5-3-3　B3-1-3 井表层导管钻进钻具组合

井名	名称	外径（mm）	内径（mm）	长度（m）	累计长度（m）	水深（m）
B3-1-3	26in Bit	660.4		0.56	0.56	1454
	9 ⅝in A962M564XP MOTOR W/ 17.5in Sleeve Protector	244.5	200.2	9.24	9.80	
	9in Float Sub w/Solid Float	242.3	76.2	0.80	10.60	
	ARC-9w/PWD	228.6	76.2	5.97	16.57	
	Power Pulse 9	228.6	149.9	8.60	25.17	
	25⅞in Spiral Stabilizer	239.8	77.7	2.81	27.98	
	1-9½in Pony NMDC	244.6	73.2	3.06	31.04	
	1-9½in Pony NMDC	244.6	73.2	3.07	34.11	
	1-9½in Pony Steel	244.6	76.2	2.92	37.03	
	1-9½in Pony Steel	244.6	76.2	2.92	39.95	
	2×9½in Collar	244.6	76.2	18.72	58.67	
	XO 7⅝in Reg. X 6⅝inReg	209.6	76.2	1.22	59.89	

续表

井名	名称	外径（mm）	内径（mm）	长度（m）	累计长度（m）	水深（m）
B3-1-3	Spacer Sub #1	203.2	71.4	0.44	60.33	1454
	Spacer Sub #2	203.2	71.4	0.46	60.79	
	8in Hydro-Mechanical Drilling Jar（NOV）	203.2	69.8	9.56	70.35	
	CADA Tool Below	203.2	76.2	2.09	72.44	
	CADA Tool Above	203.2	76.2	0.69	73.13	
	2-8in Drill Collar	203.2	71.3	18.80	91.93	
	XO 6⅝in Reg. X 5½in FH EIS	203.2	76.2	1.21	93.14	
	13 jts-5⅞in HWDP	149.2	101.6	129.72	222.86	

1. 井底钻压（钻头压力）计算

在钻具组合中，虽然钻井液流过钻头上的压降可以直接计算出来，但是井下马达的压降不是恒定不变的，而是随钻头扭矩的变化而变化，因而马达压降的计算是一个难点。

由于井下钻具在导管内部，没有与地层直接接触，钻具与导管间环空将充满钻井液，因而可以忽略底部钻具所受到的侧摩擦力的影响。利用力学平衡关系可知：钻头上的钻压 F_{dr} 是上部钻具传递的下推力 F_t 和海底井口以下钻具重量 F_w（浮重）的函数，即：

$$F_{dr} = F_t + F_w \cdot \cos\alpha \tag{5-3-3}$$

式中 α——井斜角，（°）。

海底井口以下钻具主要包括钻头浮重、井下马达浮重、上下部扶正器浮重、钻铤浮重、钻杆和加重钻杆浮重以及井下其他结构的重量等，这些井下钻具的浮重都可以根据结构的尺寸（如外径、壁厚、长度等）和材料及钻井液的密度计算求得。此处由于导管下入方式为垂直下入，故井斜角可以近似取为零度角，即 $\cos\alpha = 1$。

上部钻具传递的下推力 F_t 可由公式（5-3-4）给出：

$$F_t = (\Delta p_d + \Delta p_m) \cdot \left(\frac{\pi d^2}{4} - S_d\right) \tag{5-3-4}$$

其中

$$\Delta p_d = \frac{0.81\rho \cdot Q^2}{c^2 d_{ne}^4} \tag{5-3-5}$$

式中 Δp_d——钻头喷嘴产生的压降，kPa；

Δp_m——井下马达产生的压降，kPa；

Q——钻井泵排量，m³/s；

c——喷嘴流量系数；

ρ——钻井液密度，kg/m³；

S_d——喷嘴当量面积，m²；

d_{ne}——钻头喷嘴当量直径，m；

d——井下钻具钻头主体内径，m。

Δp_m 随马达转子输出扭矩增大而增大。由于受钻井因素影响，井下马达的压降并非随马达转子扭矩变化而完全按线性规律增长，即马达的实际工作特性为一条曲线。为了简化计算，忽略机械效率和水力效率的影响，依据马达的理论工作特性求出压降与扭矩关系为：

$$\Delta p_m = \frac{2\pi}{V}(M + M_f) = \frac{2\pi}{V}M + \frac{2\pi}{V}M_f \qquad (5\text{-}3\text{-}6)$$

式中　M_f——摩擦扭矩，在实际应用中为常数，N·m；

　　　M——马达转子的输出扭矩，N·m；

　　　V——马达排量，m³/s。

对于钻井所使用的马达，其排量可计算如下：

$$V = F_0 T_s Z_r = F_0 T_r (Z_r + 1) = F_0 T_r Z_s \qquad (5\text{-}3\text{-}7)$$

式中　F_0——过流面积，m²；

　　　T_s——衬套导程，m；

　　　T_r——螺杆导程，m；

　　　Z_s——衬套线数；

　　　Z_r——螺杆线数。

当井下马达转子未输出扭矩，即 $M=0$ 时，压降为马达空转压降，记作 Δp_0，则有：

$$\Delta p_0 = \frac{2\pi}{V}M_f \qquad (5\text{-}3\text{-}8)$$

因而公式（5-3-6）可变为：

$$\Delta p_m = \frac{2\pi}{V}(M + M_f) = \frac{2\pi}{V}M + \Delta p_0 \qquad (5\text{-}3\text{-}9)$$

由公式（5-3-9）可知，当马达带负载运转时，其压降由两部分组成。一部分是空转压降（启动压降）Δp_0（马达空载运转时马达进出口间的压差并非为零，此时的马达压降为空转压降），它用于转子克服钻具内部摩擦和水力摩阻。它的大小直接反映马达的配合状态，马达配合过盈量越大，空转压降越大，转矩内部损耗能量越大，空转压降一般为0.5~1.0MPa，具体数值可由实验求得。另一部分带载运转时产生的压降 Δp_L 等于井下马达工作压降 Δp_m 与空转压降 Δp_0 之差，即：

$$\Delta p_L = \Delta p_m - \Delta p_0 \qquad (5\text{-}3\text{-}10)$$

它表示钻头钻进时克服地层的阻力矩。

此外，钻头的扭转系数描述了钻头扭矩与钻头压力的关系，其值受钻头类型和地层软硬的影响，关系如下：

$$C_M = \frac{M}{F_{dr} \cdot d_b} \qquad (5\text{-}3\text{-}11)$$

式中　C_M——钻头的扭转系数；

M——马达转子的输出扭矩，N·m；

F_{dr}——钻头钻压，kPa；

d_b——钻头直径，m。

对于不同类型的钻头其扭转系数是不同的，牙轮钻头的扭转系数约为 0.03~0.05，金刚石钻头的扭转系数约为 0.1~0.3。对于深水表层钻井，大多数采用的是三牙轮钻头进行钻进。

2. 计算步骤

由以上分析可以看出，上部钻具传递的下推力 F_t，其计算公式实际上与钻头钻压有关，随着钻头钻压的增大而增大，而钻头钻压又是上部钻具传递的下推力 F_t 的函数，所以钻头钻压的计算过程实际上是一个迭代的计算过程，具体实现步骤如下：

（1）估计一个初始钻头钻压 $F_{dr}^{(0)}$，取 $F_{dr} = F_{dr}^{(0)}$；

（2）由公式（5-3-11）计算出马达转子的输出扭矩，进而由公式（5-3-9）求出井下马达产生的压降 Δp_m；

（3）由公式（5-3-5）计算出钻头喷嘴产生的压降 Δp_d；

（4）由步骤（2）和步骤（3）求出上部钻具传递的下推力 F_t；

（5）由步骤（4）和公式（5-3-3）计算出底部钻压，即钻头钻压 $F_{dr}^{(1)}$；

（6）再以 $F_{dr}^{(1)}$ 为初始值进行迭代计算，即取 $F_{dr} = F_{dr}^{(1)}$；

（7）重复步骤（2）~步骤（5），求出钻头钻压 $F_{dr}^{(2)}$；

（8）给定一个允许的误差限值 ε，当满足 $|F_{dr}^{(2)} - F_{dr}^{(1)}| \leq \varepsilon$ 时，则满足收敛准则，结束循环，此时的钻头钻压即为 $F_{dr}^{(2)}$，否则重复上面各步骤，直至满足 $|F_{dr}^{(n)} - F_{dr}^{(n-1)}| \leq \varepsilon$ 为止。

循环迭代过程流程图如图 5-3-3 所示。

通过上面对井底钻头钻压的循环迭代求解，可求得满足误差条件的值 $F_{dr}^{(i+1)}$，即：

$$F_{dr} = F_{dr}^{(i+1)} \tag{5-3-12}$$

将其代入公式（5-3-11）中，由于钻头的扭转系数 C_M 已知，故可求得马达转子的输出扭矩 M，进而求得此时马达产生的压降 Δp_m；在已知钻井泵排量的情况下，即可求出钻头喷嘴产生的压降 Δp_d；将 Δp_m 和 Δp_d 代入公式（5-3-4）中进行计算，从而反推出上部钻具传递的下推力 F_t。

（二）喷射法下导管钻压计算简化模型

喷射管柱在钻进过程中轴向力受力分析如图 5-3-4 所示。

1. 钻柱与导管在没有钻井液的情况下自重计算

钻柱与导管在没有钻井液的情况下自重可按式（5-3-13）计算：

$$G = q_d l_d + q_c l_c \tag{5-3-13}$$

在有钻井液的情况下，由于受到钻井液的浮力作用，则浮重为：

$$G_0 = (1 - \rho_d / \rho_s)(q_d l_d + q_c l_c) \tag{5-3-14}$$

式中　G_0——钻柱与导管的浮重，kN；

　　　ρ_d——钻井液密度，g/cm³；

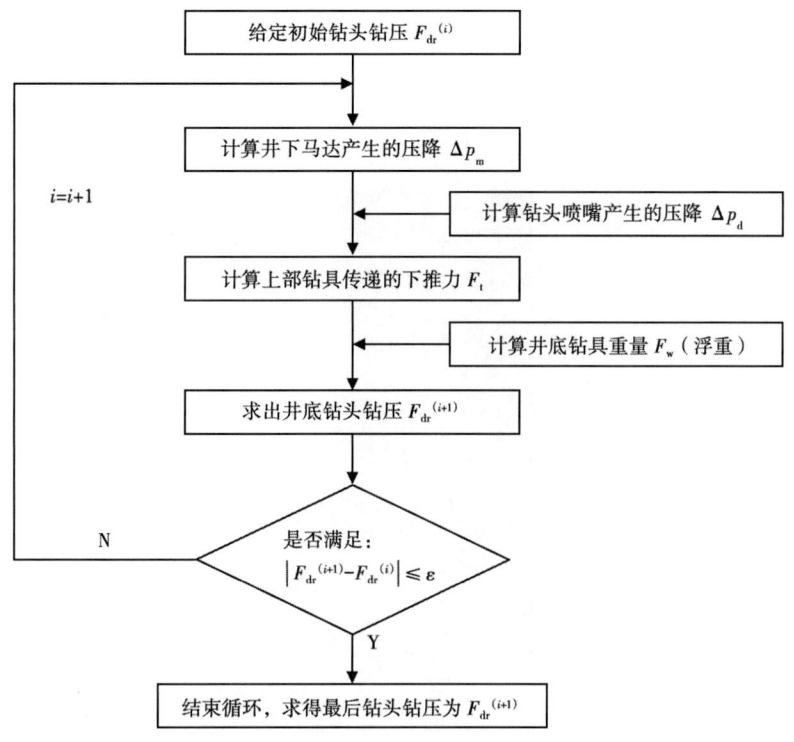

图 5-3-3　喷射法下导管井底钻压求解流程图

ρ_s——钻柱与导管密度，g/cm³；

q_d，q_c——分别为钻柱、导管单位长度的重力，kN/m；

l_d，l_c——分别为钻柱、导管的长度，m。

2. 导管与周围地层的摩阻力

导管轴向极限承载力计算公式：

$$Q = Q_f + Q_p = fA_s \tag{5-3-15}$$

式中　Q_f——导管侧壁摩阻力，kN；

Q_p——导管端阻力，kN；

A_s——导管侧壁表面积，m²；

f——导管侧壁单位摩擦力，kN/m²。

有关桩端阻力及侧壁摩擦力计算参见第一章、第二章内容。

3. 钻井液从钻头喷出的射流力

钻井液从钻头喷出的射流力可按式（5-3-16）计算：

$$F_j = \frac{\rho_d Q^2}{100 A_0} \tag{5-3-16}$$

式中　F_j——射流冲击力，kN；

Q——通过钻头喷嘴的钻井液流量，L/s；

A_0——喷嘴出口截面积，cm²；

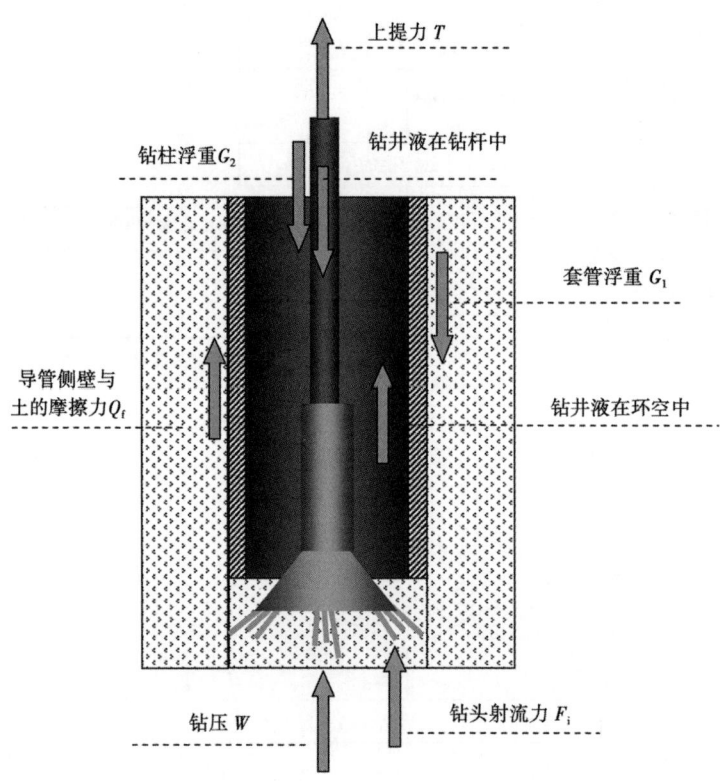

图 5-3-4 喷射管柱轴向力受力示意图

ρ_d——钻井液密度,g/cm³。

4. 钻井液在钻杆中循环产生的摩阻力

钻井液在钻杆中循环产生的摩阻力可按式(5-3-17)计算:

$$F_h = \pi L_1 d_d \left[\tau_0 + \eta_p \frac{\rho_m g}{4 A_v} d_d \right] \tag{5-3-17}$$

式中 F_h——钻杆中流体摩阻力,kN;

L_1——钻杆长度,m;

τ_0——钻杆中流体动切力,Pa;

ρ_m——钻杆中流体密度,g/cm³;

d_d——钻杆内径,m;

η_p——流体塑性黏度,Pa·s;

A_v——流体动力黏度,Pa·s;

g——重力加速度,m/s²。

5. 导管中流体摩阻力

导管中流体摩阻力可按式(5-3-18)计算:

$$F_a = \pi L_2 d_c \left[\tau_0 + \eta_p \frac{\rho_m g}{4 A_v} d_c \right] \tag{5-3-18}$$

式中　F_a——导管中流体摩阻力，kN；
　　　L_2——导管长度，m；
　　　τ_0——导管中流体动切力，Pa；
　　　ρ_m——导管中流体密度，g/cm³；
　　　d_c——导管内径，m；
　　　η_p——流体塑性黏度，Pa·s；
　　　A_v——流体动力黏度，Pa·s；
　　　g——重力加速度，m/s²。

6. 简化的钻压计算模型

由 $G_0+F_h=T+Q_f+F_a+F_j+W$ 得到钻压的计算模型为：

$$\begin{aligned}W &= G_0 + F_h - F_a - F_j - Q_f - T \\ &= (1-\rho_d/\rho_s)(q_d l_d + q_c l_c) + \pi L_1 d_d \left[\tau_0 + \eta_p \frac{\rho_m g}{4A_v}d_d\right] - \pi L_2 d_c \left[\tau_0 + \eta_p \frac{\rho_m g}{4A_v}d_c\right] - \\ & \quad \frac{\rho_d Q^2}{100 A_0} - Q_f - T\end{aligned}$$

(5-3-19)

式中　W——钻压，kN；
　　　ρ_d——钻井液密度，g/cm³；
　　　ρ_s——钻柱与导管密度，g/cm³；
　　　q_d，q_c——分别为钻杆、钻铤单位长度的重力，kN/m；
　　　l_d，l_c——分别为钻杆、钻铤的长度，m；
　　　L_1，L_2——分别为钻柱、导管的长度，m；
　　　d_d，d_c——分别为钻柱、导管的内径，m；
　　　τ_0——导管中流体动切力，Pa；
　　　η_p——流体塑性黏度，Pa·s；
　　　ρ_m——导管中流体密度，g/cm³；
　　　A_v——流体动力黏度，Pa·s；
　　　Q——通过钻头喷嘴的钻井液流量，L/s；
　　　A_0——喷嘴出口截面积，cm²。

二、喷射法下导管钻井液排量的确定与控制

对于喷射法下表层导管施工工艺来说，钻井泵排量对整个钻进速度有很大的影响，除了满足钻井液携岩上返要求情况外，还要满足有较好的钻进速度。为了提高喷射施工效率，需要对钻井液排量进行优化计算。

喷射法下导管工艺过程中水力参数优化设计是指对所采取的钻井泵工作参数（如排量、泵压、泵功率等）、钻头和射流水力参数（喷速、射流冲击力、钻头水功率等）进行设计和优化。分析钻井过程中与水力因素有关的各变量可以看出：当平台上机泵设备、钻具结构、井身结构、钻井液性能和钻头类型确定以后，真正对各水力参数大小有影响的可控参数就是钻井液排量和喷嘴直径。因此，水力参数优化设计的主要任务也就是确定钻井液排量和选择喷嘴直径。

在试验过程中发现：在同样尺寸导管条件下，随着钻头喷射速度的增大，导管下入速度明显加快，导管侧向摩擦力明显降低。随着钻头喷射速度的减小，导管的下入速度有明显的下降，导管侧向摩擦力增加。这些说明，喷射法下表层导管钻头水射流速度增加时，会使钻头形成井眼时井眼扩大率增加，表层导管下入后需要更长的回填时间，导管侧向摩擦力减小，导管下入速度增大（图5-3-5）。

通过对试验数据分析反演可以得出如下关系：在表层导管尺寸、钻头尺寸和喷嘴尺寸一定的情况下，刚开始随着排量的增加，钻头形成的井眼尺寸逐渐扩大，但当排量增加到一定极限值的情况下，井眼扩大率不再有明显的增加。

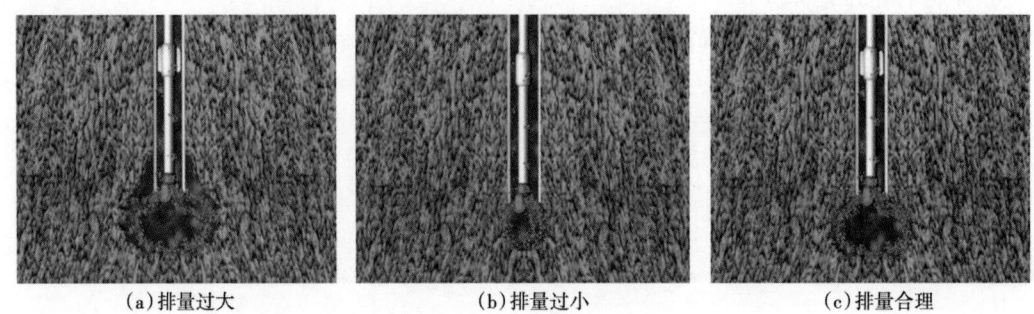

(a)排量过大　　　　　　(b)排量过小　　　　　　(c)排量合理

图 5-3-5　排量与钻头喷射形成井眼尺寸示意图

利用有限元数值模拟分析计算，得出钻头喷射过程中钻头处的井眼扩大率与排量关系曲线，如图5-3-6所示。

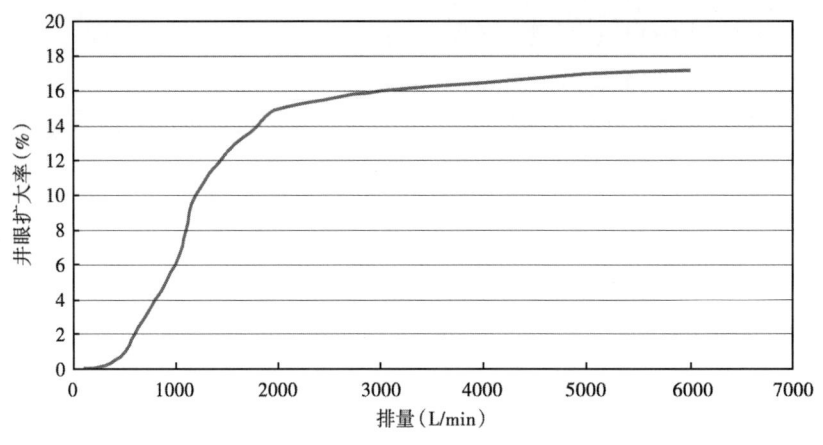

图 5-3-6　井眼扩大率与钻头喷射速度关系

结合模拟分析结果，通过对现场数据分析反演可以得出如下关系：在表层导管尺寸为36in 和钻头尺寸为 26in 以及表层导管入泥深度为 80m 条件下，钻进过程中随着排量的增加，钻头形成的井眼尺寸逐渐扩大，但当排量增加到 3000L/min 时，井眼扩大率增加就不太明显。

根据钻井液携岩等钻井水力学基本理论可以计算出最小所需排量，以南海海域海底土性质为例，得出导管入泥深度随排量的关系（图5-3-7）。

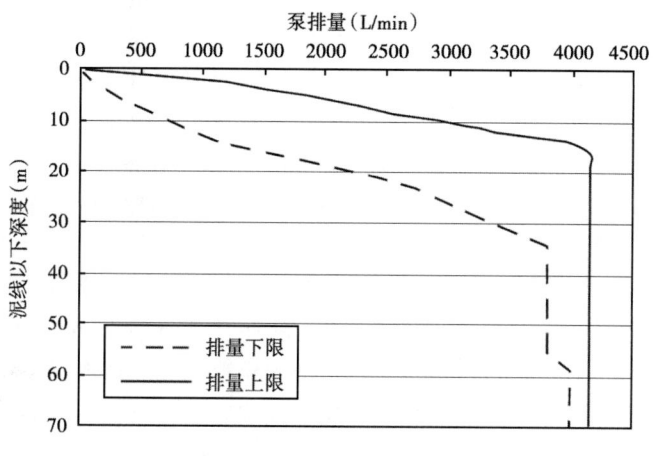

图 5-3-7 排量设计图版

三、喷射法下导管钻头伸出量的确定与控制

（一）钻头在导管中的伸出量与钻进速度及井眼尺寸关系

喷射法表层导管下入工艺的主要参数包括钻压、排量以及钻头伸出量等，本节主要研究合理的钻头伸出量。钻头伸出量是指钻头底部伸出导管鞋的长度。在喷射法钻井过程中这个长度始终保持不变，即与导管在竖直方向上成为一体，同步下入地层。合理的钻头伸出量可以极大程度上提高喷射法钻进速度，节约钻井时间，从而节约钻井成本，因而对钻头伸出量进行优选是十分重要的。

下面列出了几种钻头伸出情况，如图 5-3-8~图 5-3-10 所示。

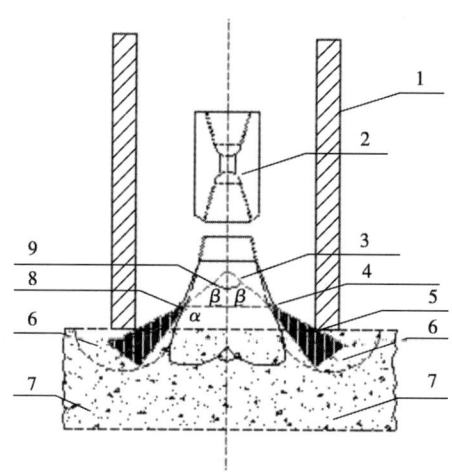

图 5-3-8 最佳钻头伸出量情形
1—导管；2—钻头接头；3—钻头；4—喷嘴；
5—射流区域；6—最佳射流位置；7—地下土层；
8—射流扩散角；9—喷嘴间夹角

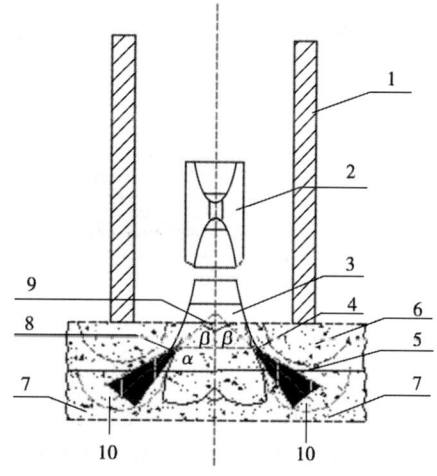

图 5-3-9 钻头伸出量过长情形
1—导管；2—钻头接头；3—钻头；4—喷嘴；
5—射流区域；6—最佳射流位置；7—地下土层；
8—射流扩散角；9—喷嘴间夹角；10—次佳射流位置

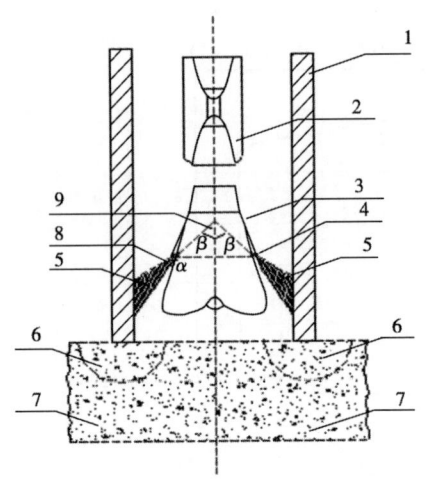

图 5-3-10 钻头伸出量过短情形
1—导管；2—钻头接头；3—钻头；4—喷嘴；
5—射流区域；6—最佳射流位置；7—地下土层；
8—射流扩散角；9—喷嘴间夹角

从图 5-3-8~图 5-3-10 可以看出，钻头伸出量过短或过长都会影响导管的下入速度。如果钻头伸出量过短，射流区域会在导管内部，钻井液射到导管内壁上，没有很好地起到破岩和清洁井底的作用，导致钻进效率很低（图 5-3-10）；如果钻头伸出量过长，喷射区域处在导管底端较远土层，与导管底部有一段距离，当此区域被喷开后，上部土层无法承受导管重量，从而导致导管出现急速下落一段的情况，不利于导管下入（图 5-3-9）。在图 5-3-8 中喷射区域处在导管底端下部土层，利用射流力进行破岩，这样喷开一段导管下入一段，实现同步下入，能极大地提高导管下入速度，此区域称为最佳射流位置，此钻头伸出量称为最佳钻头伸出量。

1. 钻进速度

试验研究表明，如果采用喷射法下 13⅜in 实验套管，用 10⅝in 三翼刮刀钻头进行钻进时最佳的钻头伸出量区间约为 116.7~121.3mm。通过对现场试验数据分析反演可以得出如下关系：在表层导管尺寸、钻头尺寸和钻井参数一定的情况下，刚开始随着钻头伸出量的增加，喷射下入速度逐渐增加，但当钻头伸出量增加到一定临界值（300~500mm）时，钻进速度不再有明显的增加（图 5-3-11）。

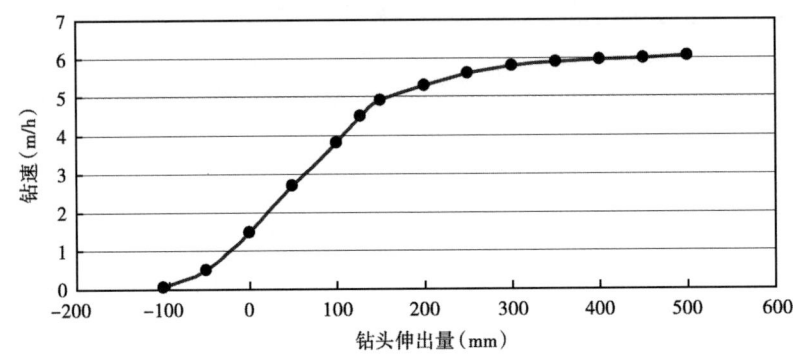

图 5-3-11 钻头伸出量与钻速关系曲线

2. 井眼尺寸

通过钻头喷射数值模拟和现场试验数据分析反演可以得出如下关系：在表层导管尺寸、钻头尺寸和钻井参数一定的情况下，刚开始随着钻头伸出量的增加，钻头形成的井眼尺寸逐渐扩大，但当钻头伸出量增加到一定临界值（400~500mm）时，井眼扩大率不再有明显增加（图 5-3-12）。

（二）最佳钻头伸出量计算方法

喷射法下导管工艺最佳钻头伸出量计算模型如图 5-3-13 所示。

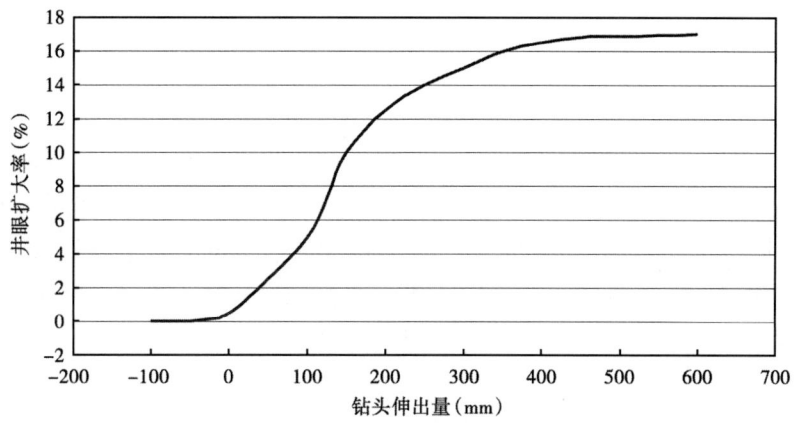

图 5-3-12　钻头伸出量与井眼尺寸关系

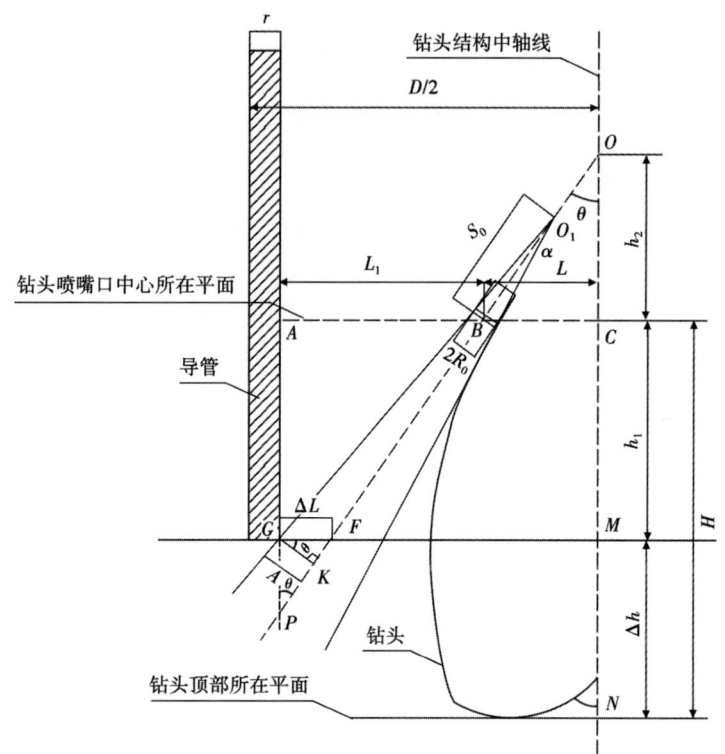

图 5-3-13　最佳钻头伸出量计算模型

要计算此最佳伸出量 Δh 需要计算如下一些长度。
（1）射流极点至喷嘴出口的距离 S_0。
射流极点 O_1 至喷嘴出口的距离 S_0 可采用式（5-3-20）计算，即：

$$S_0 = \frac{R_0}{\tan(\alpha/2)} \tag{5-3-20}$$

式中　S_0——射流极点至喷嘴出口的距离，m；
　　　R_0——喷嘴半径，mm；

α——射流扩散角，(°)。

(2) G 与 K 两点间的距离 R。

$$|BP| = \frac{L_1}{\sin\theta} \tag{5-3-21}$$

$$|KP| = R \cdot \cot\theta \tag{5-3-22}$$

所以：

$$|BK| = \frac{L_1}{\sin\theta} - R\cot\theta \tag{5-3-23}$$

故：

$$|O_1K| = \frac{L_1}{\sin\theta} - R\cot\theta + S_0 \tag{5-3-24}$$

由几何相似关系可得：

$$\frac{R_0}{R} = \frac{|O_1B|}{|O_1K|} = \frac{S_0}{\dfrac{L_1}{\sin\theta} - R\cot\theta + S_0} \tag{5-3-25}$$

整理可得：

$$R = \frac{R_0 S_0 \sin\theta + R_0 L_1}{R_0 \cos\theta + S_0 \sin\theta} \tag{5-3-26}$$

此即为 G 与 K 两点间的距离。

(3) G 与 F 两点间的距离 ΔL。

由几何关系可简单得出：

$$\Delta L = \frac{R}{\cos\theta} \tag{5-3-27}$$

(4) C 与 M 两点间的距离 h_1。

$$|FM| = \frac{D}{2} - r - \Delta L \tag{5-3-28}$$

所以：

$$|OM| = |FM| \cdot \cot\theta = \left(\frac{D}{2} - r - \Delta L\right) \cdot \cot\theta \tag{5-3-29}$$

且有：

$$h_2 = |OC| = L \cdot \cot\theta \tag{5-3-30}$$

因而：

$$h_1 = |OM| - |OC| = \left(\frac{D}{2} - r - \Delta L\right) \cdot \cot\theta - L \cdot \cot\theta \tag{5-3-31}$$

(5) M 与 N 两点间的距离 Δh。

$$\Delta h = H - h_1 \tag{5-3-32}$$

综合以上各式可以得到喷射法下导管工艺最佳钻头伸出量计算公式为：

$$\Delta h = H - \frac{1}{\sin\theta}\left[\left(\frac{D}{2}-r-L\right)\cdot\cos\theta - \frac{R_0\cdot\sin\theta + \left(\frac{D}{2}-r-L\right)\cdot\tan(\alpha/2)}{\cos\theta\cdot\tan(\alpha/2)+\sin\theta}\right]$$

(5-3-33)

式中 Δh——最佳钻头伸出量,mm;

H——钻头喷嘴口处所在平面与钻头顶部所在平面间距离,mm;

D——导管外径,mm;

r——导管壁厚,mm;

R_0——喷嘴口处半径,mm;

α——射流扩散角(一般为25°~30°);

θ——钻头喷嘴轴线与钻头中轴线间夹角,(°);

L——钻头喷嘴口处中心位置与钻头中轴线间垂直距离,mm。

上面的式(5-3-33)即为喷射法下导管工艺中最佳钻头伸出量计算公式。从公式中可以看出最佳钻头伸出量与导管外径、导管壁厚、喷嘴出口处半径、钻头喷嘴轴线与钻头中轴线间夹角、射流扩散角、钻头喷嘴口处中心位置与钻头中轴线间垂直距离,以及钻头喷嘴口处所在平面与钻头顶部所在平面间距离等参数有关。

四、喷射作业管柱中扶正器安装位置优化

在表层导管喷射施工过程中,一般采用的钻具组合为:钻头+马达+MWD+扶正器+钻铤+CADA工具+钻铤+钻杆等,如图5-3-14所示。导管内部的钻柱和导管都通过上部CADA工具连接在一起,而且二者的长度相当。下部钻具在低压井口头送入工具的下面由井口头送入工具下入。喷射钻进的一般配置:36in导管+26in钻头,或者17½in钻头;30in导管+26in钻头,或者17½in钻头。钻头的伸出量一般为5~6in。

下部钻具组合中的扶正器主要为解决表层导管喷射下入后的下一个井段的防斜问题,并在喷射施工过程中起到钻柱居中作用。喷射钻柱力学分析如下。

(一)计算模型建立

为了研究问题的方便,现在做以下假设:

(1)井眼轨迹是连续、平滑的曲线;

(2)钻具各个组成部分以及导管都受到由于本身自重而引起的横向荷载,将该横向荷载视为横向均布荷载;

(3)钻头、钻铤和稳定器组成的井底钻具组合以及导管是小弹性变形体系。

由于钻具组合与导管在顶部是固结的,当导管有一定的倾斜角度的时候,由钟摆原理可以知道钻具组合和导管均在自重作用下有一定的变形。其计算的变形模型可以看作是倒立的悬臂梁,如图5-3-15所

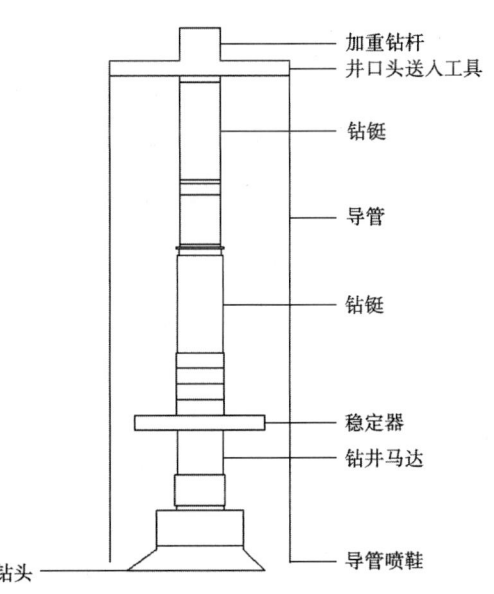

图5-3-14 典型的喷射钻具组合及结构导管形式

示。只不过导管受到的是均布荷载，而钻具组合受到的是不同数值 $q_i = \dfrac{G_{自重}\sin\alpha}{L_i}$ 的分段均布荷载，因为整个钻具组合每段上所受重力不同（图 5-3-16）。当井斜角达到一定程度的时候，钻头与导管就会接触，称此角度为临界井斜角。

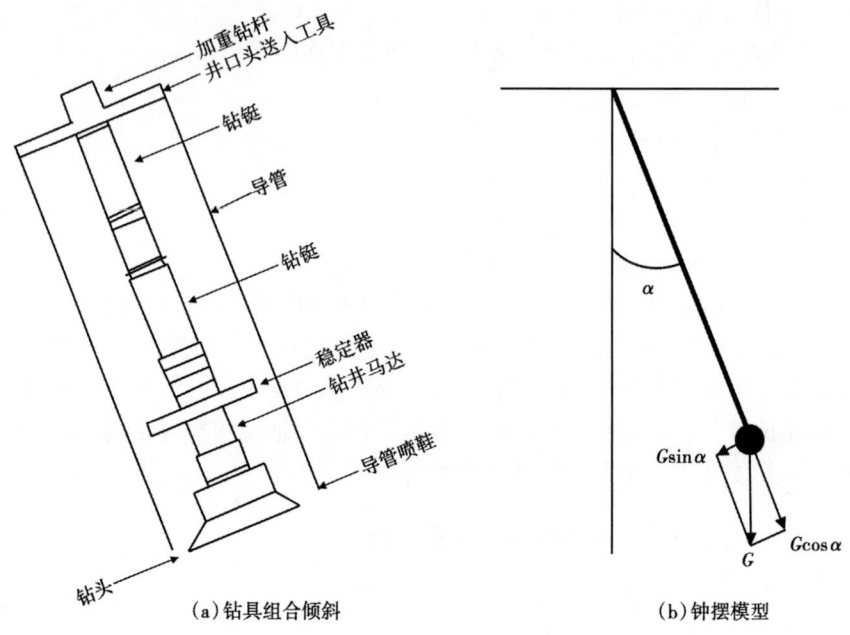

图 5-3-15　钟摆钻具原理图

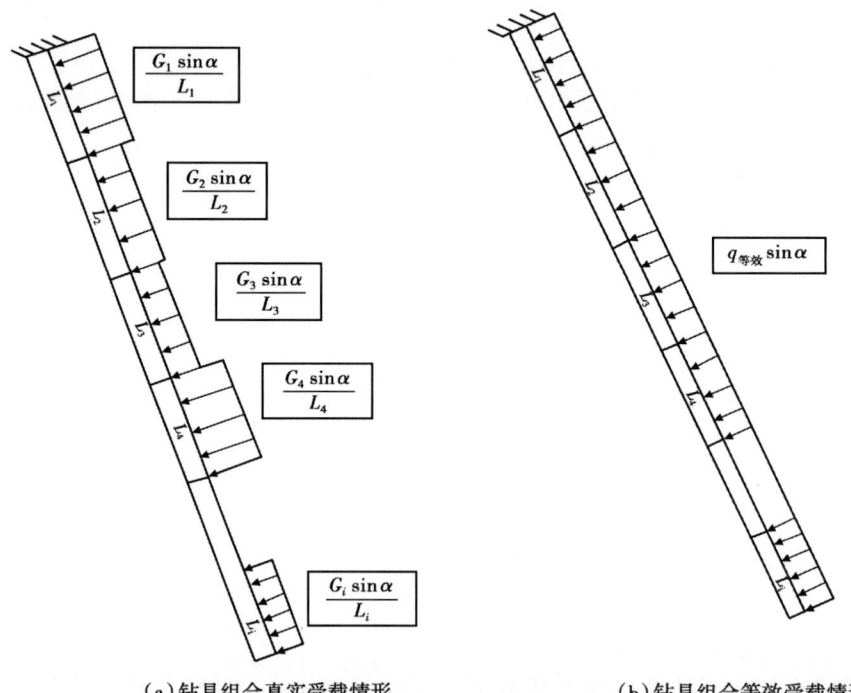

图 5-3-16　钻具组合真实与等效载荷分布

钢材密度取 7800kg/m³，海水密度取 1030kg/m³，$g=9.8\text{N/kg}$，$E=206\text{Gpa}$。通过已知参数，可以计算出浮力系数 $k_B = 1 - \rho_d/\rho_s = 1 - 1.03/7.8 = 0.868$，$G_{自重} = Gk_B = \rho v g k_B$，$v = l\pi(r_{外}^2 - r_{内}^2)$，$G_{钟摆} = G_{自重}\sin\alpha$，$q_{钟摆} = q_{自重}\sin\alpha$。求导管底部在重力分力 $G\sin\alpha$ 方向上变形的时候，用 $\omega = \dfrac{ql^4}{8EI}$；而在求钻头在重力分力 $G\sin\alpha$ 方向上变形时候，将前面的公式的 q 换成 $q_{等效}$。通过比较二者的变形，分析出接触与否，并且最后计算出临界井斜角。

（二）实例分析

将上述计算模型应用于南海 B3-1 气田 36in 井眼管柱组合（表 5-3-4），计算结果见表 5-3-5。

表 5-3-4　南海 B3-1 气田 36in 井眼管柱组合

编号	名称	厂商或机型	外径/内径（in）	最大外径（in）	底部/顶部连接方式	长度（m）	累计长度（m）
1	26in 钻头	Hughes Christensen	15.60	26.00	7.63 Reg Pin	0.555	0.555
		GTX-CG1	3.75				
2	A962M5640XP	Schlumberger	9.63	17.25	7.63 Reg Box	9.240	9.795
		A962M5640XP	7.88		7.63 Reg Box		
3	浮式接箍	Schlumberger	9.56/3.00	9.56	7.63 Reg Pin	0.803	10.598
4	ARC-9 w/PWD	Schlumberger	9.00	10.00	7.63 Reg Pin	5.974	16.572
		ARC-9	3.00		7.63 H90 Box		
5	Power Pulse9	Schlumberger	9.00	9.16	7.63 H90 Pin	8.601	25.173
		PowerPulse 900 NF	5.90		7.63 Reg Box		
6	25⅞in 螺旋稳定器	Schlumberger	9.50/3.06	25.88	7.63Reg Pin/Box	2.805	27.978
7	9½in Pony NMDC	Schlumberger	9.56/2.88	9.56	7.63Reg Pin/Box	3.057	31.035
8	9½in Pony NMDC	Schlumberger	9.63/2.88	9.63	7.63Reg Pin/Box	3.066	34.101
9	9½in Pony Steel DC	Schlumberger	9.63/2.88	9.63	7.63Reg Pin/Box	2.923	37.024
10	9½in Pony Steel DC	Schlumberger	9.63/2.88	9.63	7.63 Reg Pin/Box	2.922	39.946
11	2×9½ in 钻铤	Rig	9.50/3.00	9.00	7.63 Reg Pin/Box	18.722	58.668
12	变换接头	Rig	8.25/3.00	8.25	7.63Reg Pin/6.63 Reg Box	1.224	59.892
13	Spacer Sub #1	Weatherford International	7.94/2.81	9.56	6.63 Reg Pin/Box	0.436	60.328
14	Spacer Sub #2	Weatherford International	7.94/2.88	8.00	6.63 Reg Pin/Box	0.455	60.783
15	水力机械式震击器	National-Oilwell	8.00/2.75	8.16	6.63 Reg Pin/Box	9.556	70.339
16	下部 CADA	Drill Quip	8.00/3.00	8.00	6.63 Reg Pin/Box	2.085	72.424
17	上部 CADA	Drill Quip	8.00/3.00	28.00	6.63 Reg Pin/Box	0.690	73.114
18	2×8in 钻铤	Rig	8.00/2.81	8.00	6.63 Reg Pin/Box	18.795	91.909
19	变换接头	Rig	8.00/3.00	8.00	6.63 Reg Pin/5.50 FH Box	1.210	93.119

表 5-3-5　南海 B3-1 气田 36in 井眼管柱组合计算数据

名称	自重 (N)	自重均布载荷 (N/m)	引起底部弯矩/sinα (N·m)	惯性矩 I ($m^2·m^2$)
26in 钻头	4276.316062	7705.073985	1186.677707	0.002412018
A962M5640XP	9514.230297	1029.678604	49236.141790	0.000193873
浮式接箍	2223.240870	2768.668581	22669.275540	0.000338014
ARC-9 w/PWD	14453.572600	2419.412889	196351.783800	0.000264795
Power Pulse9	13349.789060	1552.120574	278643.472100	0.000218589
25$\frac{7}{8}$in 螺旋稳定器	7624.052283	2718.022204	202613.001500	0.000329252
9$\frac{1}{2}$in Pony NMDC	8536.302075	2792.378827	251876.397200	0.000338512
9$\frac{1}{2}$in Pony NMDC	8699.829204	2837.517679	283336.037500	0.000348620
9$\frac{1}{2}$in Pony Steel DC	8294.064176	2837.517679	294957.657300	0.000348620
9$\frac{1}{2}$in Pony Steel DC	8291.226658	2837.517679	319087.857900	0.000348620
2×9$\frac{1}{2}$in 钻铤	51115.557760	2730.240240	2520354.807000	0.000329525
变换接头	2429.241754	1984.674636	144005.451200	0.000185990
Spacer Sub #1	807.959910	1853.119060	48566.470190	0.000159864
Spacer Sub #2	837.079426	1839.735002	50689.763180	0.00015960
水力机械式震击器	18122.637450	1896.466874	1188138.234000	0.000165040
下部 CADA	3853.419070	1848.162624	275062.833400	0.000164067
上部 CADA	1275.232210	1848.162624	92797.372710	0.000164067
2×8in 钻铤	35433.403960	1885.256928	2923663.310000	0.000164829
变换接头	2236.276775	1848.162624	206886.909500	0.000164067
导管	222164.235100	2385.809932	10343855.700000	0.003657093

从表 5-3-5 中可以求出钻具组合引起的底部弯矩/sinα＝9350123.453N·m；通过微积分换算，得出钻具组合等效线弯矩（即均布载荷作用的弯矩）$q_{钻具组合等效}$/sinα＝2156.61N·m，考虑钻具的外径不均等因素，可适当增加 10%，即考虑钻具外径不均等因素的钻具组合等效线弯矩/sinα＝2372.27N·m；导管引起底部弯矩/sinα＝10343855.7N·m，换算成等效弯矩为 $q_{导管等效}$/sinα＝2385.81N·m。

（1）考虑钻具组合旋转：

运用公式 $\omega = \dfrac{ql^4}{8EI}$ 可知 $\omega_{钻具}$＝15.92sinα，$\omega_{导管}$＝29.76sinα。从而得出 4×0.0254＝13.84sinα，所以临界井斜角 α＝0.47°。可以看出这时候导管变形大，导管与内部钻柱产生接触。

（2）不考虑钻具组合旋转：

同样求出 $\omega_{钻具}$＝31.84sinα，$\omega_{导管}$＝29.76sinα。那么 4×0.0254＝2.08sinα，则临界井斜角 α＝3.1°。而此时钻具变形比较大，在下部与导管产生接触。

从喷射管柱力学分析可以看出，管柱中扶正器的安放位置越靠近钻头处，越利于钻柱的居中，越利于喷射钻进过程中钻柱的扶正，所以扶正器安装位置应在近钻头 30m 以内的位置比较合理。

五、喷射法现场施工程序

喷射法下导管典型作业程序如下。

（1）首先组合好表层导管钻进施工底部钻具组合，确定好表层导管喷射下入深度，选择好表层导管组合。表层导管内接 26in 钻头及底部钻具组合（BHA），上连 3m 的低压井口头，低压井口头上连 CADA 工具（喷射法安装深水表层导管的下入工具）。BHA 总长度与表层导管长度对应好。根据油气井钻头伸出长度的设计值使钻头伸出导管，一方面避免导管周围冲刷过度，导致井径扩大；另一方面避免从导管返出岩屑卡住钻头，导致导管下入受阻。

（2）为了提高导管抗拉强度，一般上部的两根导管选用 1.5in 壁厚，其他采用 1in 壁厚；最下端导管为了便于入泥，将端面设计呈 45°倾角。由于导管尺寸比较大，受到小的扰动时，会产生比较大的扭矩，因此需要在表层导管的连接处安装防转机构。

（3）从导管鞋向上每 10m 做黄线标记，将紧邻低压井口头导管向井口头方向每 1m 做白色标记，便于 ROV（水下机器人）观察导管的下入深度及井口出泥高度。

（4）记录管串重量，包括上提和下入重量。

（5）利用 ROV 设备调查水深并将其记录。

（6）检查潮汐表。

（7）检查钻杆。

（8）根据导管和送入工具以下的 BHA 重量，精确计算每米钻进深度的最大钻压。

（9）下放导管和 BHA 慢慢接近泥线，锁定补偿器，逐渐增加泵压 150~400gal/min，释放载荷 10~15klbf，喷入 10~15m 之后开始增加排量至 400~700gal/min。同时泵速也不能过高，以防止返回的钻井液冲刷井口泥线，破坏浅层土的固结。ROV 密切监视井口水平度。逐渐增加泵排量至 1000 冲程/min，ROV 监测井口倾斜小于 1°。

（10）在贯入深度为 15m（泥线以下）位置时将导管上提 3m 以破碎阻碍物。

（11）在贯入深度为 26m（泥线以下）位置时将导管上提 3m 以破碎阻碍物。

（12）在贯入深度为 27m（泥线以下）时，将泵速增加到 1100gal/min。

（13）在贯入深度为 30m（泥线以下）位置时将导管上提 3~5m 以破碎阻碍物。

（14）当关闭钻井泵时继续将导管上提（下入）3~5m。

（15）在关闭泵进行下一道工序之前重复几次导管的上提（下入）的操作。

（16）当贯入深度离设计深度 2~3m 处时，缓慢下入泥线以下 90% 的管串重量，降低泵排量到 250gal/min，直到导管下入到设计深度。

（17）当 36in 导管下入到位以后，降低泵速到 30gal/min，并开启 DSC 设备（Drilling String Compensator，钻柱补偿器）。

（18）每一次接单根时，调整泵的水—垂位置。

（19）到 TD 后，利用 ROV 检查井眼并确定钻井设备当前位置。

（20）钻进过程中，控制钻压不高于 80% 泥线以下表层导管重量（101klb），在距离最终设计深度 2~3m 时，释放 80% 导管+BHA，将排量减小到 250gal/min。井口距离泥线 5m。打开补偿器，释放 90% 导管+BHA+CADA，观察井口是否下沉。总监确认导管到位。等候大概 2h（一般是 1~4h），正转钻柱脱手 CADA 工具，继续钻进 26in 井眼。必须保证 CADA 处于拉紧状态，否则 CADA 工具有被剪切的风险。

（21）每 10m 泵入 50bbl 高黏钻井液（PHG 和瓜尔胶）清洗井眼。这将有效防止岩屑堆积，防止ECD（钻井液当量循环密度）增加，因为过高的ECD将会使得26in井眼扩大。

（22）表层导管喷射下入钻进时间控制在2~6h完成，喷射下入后等候时间为2~4h。这些情况主要考虑：如果喷射下入作业施工时间过长，导致导管周围土的密实时间太长而引起导管侧向摩擦力过大，致使导管下入施工时钻压过大，可能导致导管很难下入到设计深度；如果表层导管喷射下入后等候时间过小，可能导致导管周围土的密实时间不足而引起导管侧向摩擦力过小，致使表层导管承载力不足，容易造成井口失稳等复杂情况。

第四节 钻井隔水导管下入方式适应性

一、喷射法下导管工艺技术适应性

通过研究及分析得出适合喷射法下表层导管的海底土强度范围是：当海底土抗剪强度小于300kPa时，采用喷射法施工方式比较适合；当海底土抗剪强度大于300kPa时，由于地层强度比较高，采用喷射法施工方式下入速度慢，可能存在表层导管下不到位的事故，所以可以采取钻入后固井方式施工。

（一）适用条件

（1）水深较深，一般情况下水深应超过导管入泥长度。

（2）易发生井漏、井塌等复杂情况的浅部疏松地层，常规钻入法比较困难。

对于喷射法下表层导管来说，对海底土的岩性没有特殊要求，只要能保证表层导管在承受一定的载荷时能够不发生失稳现象。首先保证在轴向承载条件下不发生下陷，而在海流等横向载荷作用下不发生倾斜等事故。

对于砂性土来说，在喷射钻井表层导管下入过程中，由于砂性土的侧向摩擦力一般比较大，所以在同样下入深度条件下表层导管承载力比黏性土要大一些。为了保证下一井段的钻井安全，一般要求表层导管的导管鞋位置最好放在黏性土里，这样在下一个井段的钻进过程中导管鞋处的抗冲刷能力要强一些。如果表层导管的管鞋位置避不开砂性土层，则要求表层导管的下入深度要比计算结果深一些，以避免在下一步钻进过程中由于导管鞋处冲刷而造成承载力下降。

对于黏性土来说，在喷射钻井表层导管下入过程中，由于黏性土的侧向摩擦力一般比砂性土小些，在同样下入深度条件下表层导管承载力比砂性土要小一些，所以如果在黏性土比较厚的海底，表层导管下入深度要深一些，这样来保证表层导管有足够的承载力。

（二）不适用地层

喷射法钻井表层导管下入方式并不适所有的海域，它也存在一定局限性。当海底浅层的地层强度比较高，甚至出现岩层露头时，喷射下入表层导管施工方式可能存在下入困难，严重时表层导管入泥深度很难下到位，有时需要起出再更换井场位置。

当作业海域海底存在有陆坡垮塌区域和崎岖海底区域、海底沟槽和较大的凹坑时，极易造成表层导管在下入过程中发生倾斜，从而造成井口倾斜，这种情况下就不适合使用喷射法下表层导管施工。所以在表层导管施工前，应利用ROV对水下井口附近区域进行探视，如果发现这种情况应把井口位置移动到相对平缓的地方。

如果海底坡度变化大，这就要求在表层导管喷射下入过程中，要控制好钻压参数，不要施加太大的钻压，以防发生井斜事故。控制好钻井速度，喷射钻进速度不要太快。

二、钻入法下导管工艺技术适应性

(一) 适用条件

(1) 地层强度较大。
(2) 对水深没有严格要求。
(3) 锤入法和喷射法不能进行隔水导管施工的地层。

(二) 不适用条件

(1) 地层强度低,钻入法开孔后导管下入井眼困难地层。
(2) 井底温度低,固井质量难以保证地层。

三、我国海域隔水导管作业方式推荐

通过对前期开展的各项室内实验和现场试验所得到的数据进行分析研究,并结合对国内外文献资料的调研分析,分别从海底土深和水深两个方面总结得出适合锤入法、钻入法和喷射法下表层导管的作业方式范围(图 5-4-1 和表 5-4-1)。

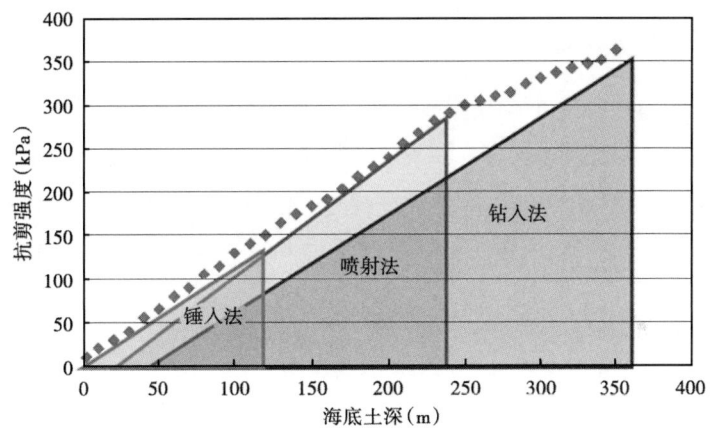

图 5-4-1 海上钻井隔水导管施工方式选择示意图(海底土深)

表 5-4-1 海上钻井隔水导管施工方式选择

海底土深 (m)	抗剪强度 (kPa)	施工方式
0~140	0~100	锤入法
25~240	0~300	喷射法
50~350	0~350	钻入法
50~140	0~70	理论上全部适用

经过室内实验、现场试验和理论分析,对于海底土深度在 0~140m、抗剪强度在 0~100kPa 范围内的海域,海上钻井隔水导管施工方式可选用锤入法;对于海底土深度在 25~240m、抗剪强度小于 300kPa 范围内的海域,海上钻井隔水导管施工方式可选用喷射法;对于海底土深度在 50~350m、抗剪强度小于 350kPa 范围内的海域,海上钻井隔水导管施工方式可选用钻入法,且钻入法对于海底土抗剪强度的要求较锤入法和喷射法而言更灵活,可允许使用的范围更大。

对于海底土深度在50~140m、抗剪强度在0~100kPa范围内的海域，理论上这三种方式都可以使用，需要根据施工现场的具体条件和工程造价进行选择。

渤海海域隔水导管入泥深度主要分布在35~50m的范围之间，东海海域隔水导管入泥深度主要分布在55~65m的范围之间，南海东部海域隔水导管入泥深度主要分布在60~70m的范围之间，南海西部海域隔水导管入泥深度主要分布在45~65m的范围之间。

（一）渤海海域隔水导管作业方式推荐

渤海海域的平均水深为23m，小于隔水导管入泥深度（图5-4-2），不适合喷射法进行作业。渤海海域海底土岩性主要以黏土、粉砂、细砂为主，可以归为软土层和砂土层两类。针对渤海湾海底土情况，开发井钻井隔水导管作业方式推荐见表5-4-2。

表5-4-2 渤海海域隔水导管作业方式

海底土质	作业方法
软土层	打桩锤入法
砂土层	钻入法

探井隔水导管一般采用钻入法施工。

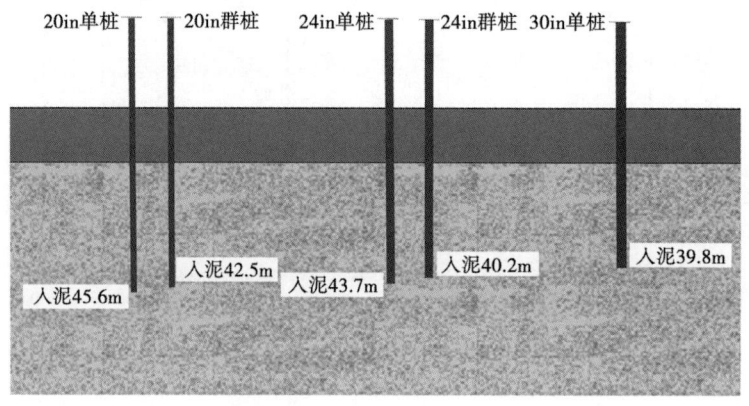

图5-4-2 渤海海域不同尺寸隔水导管入泥深度情况

（二）东海海域隔水导管作业方式推荐

东海海域平均水深为103.3m，普遍大于隔水导管入泥深度（图5-4-3）。东海海域海底土岩性主要以黏性土和砂性土为主，可以归为软土层、砂土层和介于两者之间三类。针对东海海域海底土情况，开发井等钻井隔水导管作业方式推荐见表5-4-3。

表5-4-3 东海海域隔水导管作业方式

海底土质	作业方法
软土层	打桩锤入法
砂土层	钻入法
介于两者之间	喷射法

探井隔水导管一般采用钻入法或喷射法（介于软土和砂土之间的情况）施工。

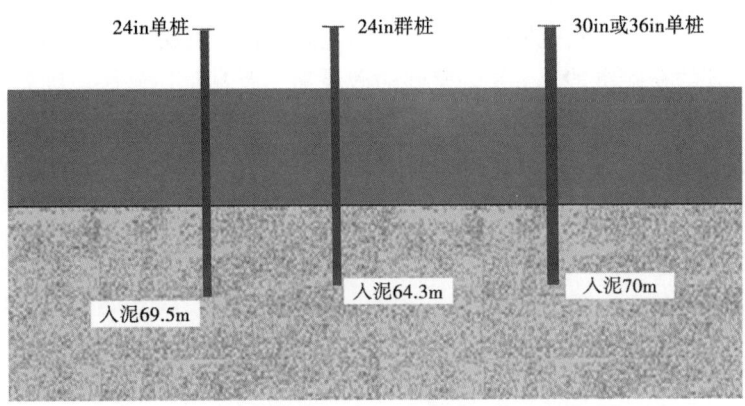

图 5-4-3　东海海域不同尺寸隔水导管入泥深度情况

（三）南海西部海域隔水导管作业方式推荐

南海西部海域平均水深为 103.5m，普遍大于隔水导管入泥深度（图 5-4-4）。南海西部海域土质较为复杂，海底土岩性主要有非常软的粉质黏土、中密实到密实的砂质粉土、稍硬的粉质黏土、稍硬的黏土和中密实的中砂互层、中密实到密实的粉土和砂质粉土、密实到非常密实的细到中砂以及非常硬的粉质黏土等类型，可以归为软土层、砂土层和介于两者之间三类土层。针对南海西部海底土情况，开发井钻井隔水导管作业方式推荐见表5-4-4。

表 5-4-4　南海西部海域隔水导管作业方式

海底土质	作业方法
软土层	打桩锤入法
砂土层	钻入法
介于两者之间	喷射法

探井隔水导管一般采用钻入法或喷射法（介于软土和砂土之间的情况）施工。

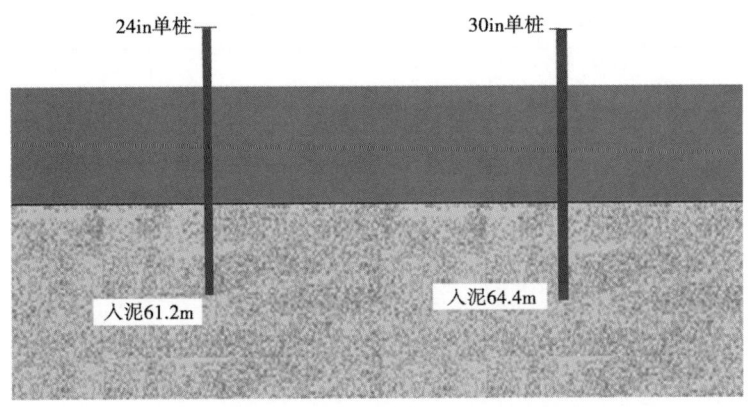

图 5-4-4　南海西部海域不同尺寸隔水导管入泥深度情况

(四) 南海东部海域隔水导管作业方式推荐

南海东部海域平均水深为 111.2m，普遍大于隔水导管入泥深度（图 5-4-5）。南海东部海域土质也较为复杂，海底土岩性主要有软到坚固的粉砂质黏土、分散的细到中细的黏土质砂层、硬到坚硬的粉砂质黏土、硬到坚硬的砂质黏土及黏土质砂层、细到中细的钙质砂、砂质黏土迭层、硬到坚硬的粉砂质黏土等类型，可以归为软土层、砂土层和介于两者之间三类。针对南海东部海底土情况，开发井等钻井隔水导管作业方式推荐见表 5-4-5。

表 5-4-5　南海东部海域隔水导管作业方式

海底土质	作业方法
软土层	打桩锤入法
砂土层	钻入法
介于两者之间	喷射法

探井隔水导管一般采用钻入法或喷射法（介于软土和砂土之间的情况）施工。

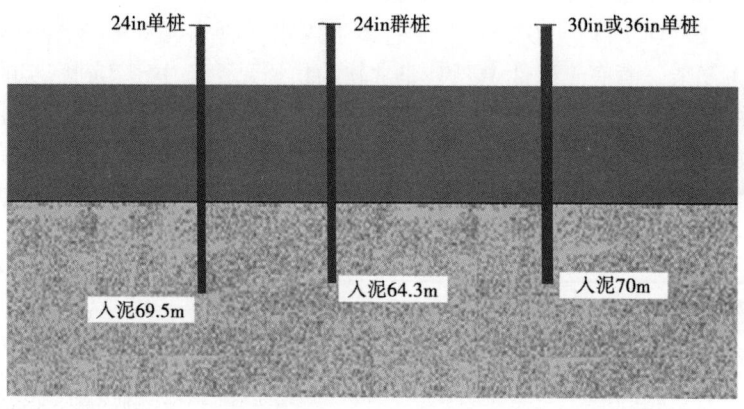

图 5-4-5　南海东部海域不同尺寸隔水导管入泥深度情况

综合分析四处海域的海底土质岩性、海水深度等因素，探井或开发井等钻井隔水导管作业方式推荐见表 5-4-6。

表 5-4-6　我国四处海域隔水导管作业方式

海底土层	渤海海域	东海海域	南海西部海域	南海东部海域
软土层	打桩锤入法	打桩锤入法	打桩锤入法	打桩锤入法
砂土层	钻入法	钻入法	钻入法	钻入法
介于两者之间	—	喷射法	喷射法	喷射法

第六章 特殊隔水导管产品研制

为了提高隔水导管施工作业效率或应对极端恶劣海况,研制出了快速接头、抗冰组合结构隔水导管等特殊产品。

第一节 卡簧式隔水导管快速接头

连接接头是隔水导管整体结构中的重要组成部件,也是决定隔水导管施工效率、结构强度及稳定性的最主要构件。海上钻井隔水导管单根长度一般是12m左右,以往隔水导管连接接头主要采用螺纹式、焊接式连接方式,施工效率低,且经常发生接头强度不足而损坏的问题,亟须研发一种施工效率高、连接强度高的隔水导管快速接头。为了提高隔水导管作业时效、节约成本,快速接头应运而生,卡簧式快速接头改变了传统的螺纹连接,采用内外螺纹接头直接插入的快速连接方式,当二者结合到固定位置时,卡簧作为内外螺纹接头的主要连接构件将二者连接成为整体结构。内外螺纹接头与单根隔水导管本体之间采用焊接的方式连接,内外螺纹接头变径处均采用一定技术的倒角,有利于现场的施工操作,所有的这些工序都可以在加工厂预制完成。因此这种接头可以大大减少海上钻井隔水导管连接的作业时间,从而达到降低开采成本的目的。图6-1-1及图6-1-2所示为卡簧式快速接头示意图和实物图。

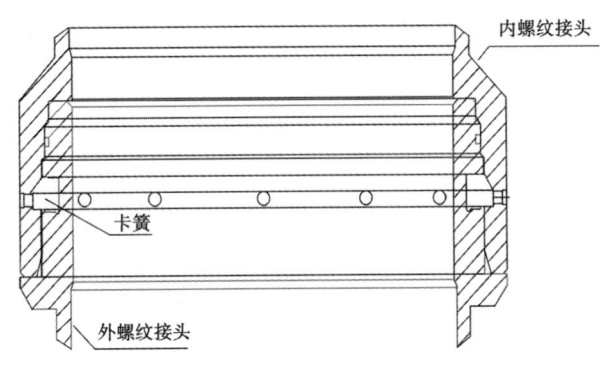

图6-1-1 卡簧式快速接头示意图

图6-1-2 卡簧式快速接头实物图

一、结构设计

卡簧式快速接头的主要结构特征如下。

(1)整个结构(图6-1-3~图6-1-5)包括外螺纹接头、内螺纹接头、接头卡簧、"O"形密封圈、解开螺栓、防转销等构成。使用时,外螺纹接头朝上,内螺纹接头朝下,只要将内螺纹接头的防转槽对准外螺纹接头中的防转销,让外螺纹接头直接插入内螺纹接头的底部,外螺纹接头的卡簧就会自动将内螺纹接头锁卡住。需要将内外螺纹接头脱开时,只要将解锁螺栓全部拧入，将内螺纹接头向上提起，内、外螺纹接头便自然脱开。

（2）内、外螺纹接头形成插接配合，有效连接长度为540mm，内、外螺纹接头外径为894mm，内、外螺纹接头及卡簧材质不低于20Mn2，抗张屈服能力不小于45MN，抗弯屈服能力不小于4.1MN·m，抗内压不小于39MPa，适用于水深70~110m的海域。

（3）内、外螺纹接头分别通过焊接与隔水导管本体两端连接，内螺纹接头的轴向内表面上设置有卡簧槽，卡簧槽处设置有解锁螺栓装置，外螺纹接头在相对应位置也设置卡簧槽。

（4）接头卡簧呈环形状，安置在外螺纹接头的卡簧槽内，卡簧两端面成一定角度，通过优化计算，两端面角度分别为15°和60°。

（5）外螺纹接头外周缘向外凸出形成环形台肩，在外螺纹接头台肩处设置有防转销，在内螺纹接头相对应位置设置有防转槽，便于接头连接时的位置对正。

（6）外螺纹接头上设有一可止漏的"O"形密封圈，内螺纹接头在对应"O"形密封圈处设有对应的密封面。二者互相匹配，构成一密封配合结构，可以有效地密封内、外螺纹接头。

（7）内、外螺纹接头的内径与隔水导管本体的内径匹配。

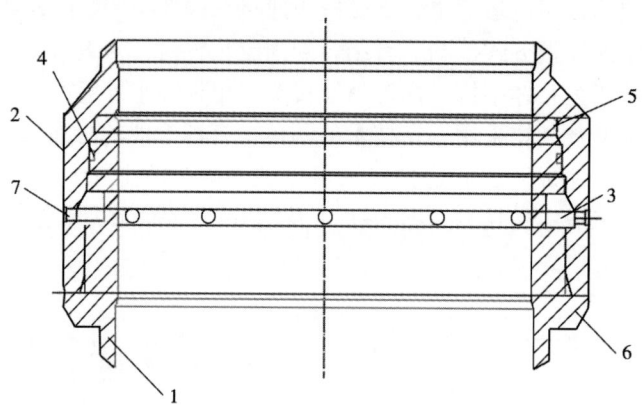

图 6-1-3 卡簧式快速接头整体示意图

1—外螺纹接头；2—内螺纹接头；3—卡簧及卡簧槽；4—密封圈；5—防转销；6—台肩；7—解锁螺栓

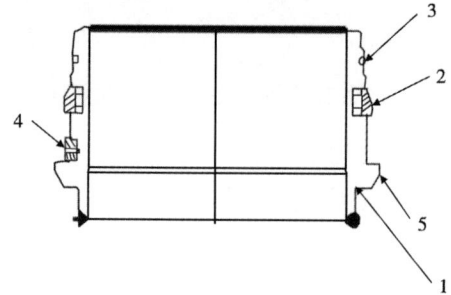 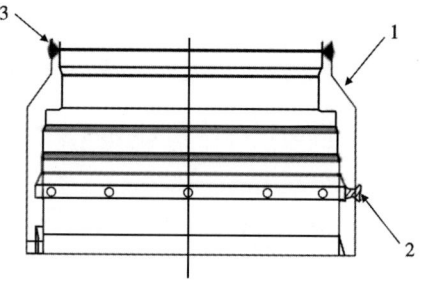

图 6-1-4 外螺纹接头示意图

1—外螺纹接头；2—卡簧及卡簧槽；
3—密封圈；4—防转销；5—台肩

图 6-1-5 内螺纹接头示意图

1—内螺纹接头；2—解开螺栓；3—焊接口

二、抗弯强度分析

(一) 计算模型

其抗弯强度计算模型采用以下假设：

(1) 外螺纹接头与内螺纹接头之间装配间距为 0.5mm；
(2) 接头抗弯承载力模型可以等效为承受弯矩作用的悬臂梁模型；
(3) 结构所有棱角处均倒角处理，无应力集中现象；
(4) 卡簧面与接头面按面面接触处理。

采用 ANSYS 软件进行结构分析，利用 SOLID45 单元模拟内、外螺纹接头及卡簧。卡簧与内外螺纹接头接触部位建立面面接触单元，定义内、外螺纹接头为目标面，卡簧为接触面，采用 Targe170 与 Conta174 定义接触对。

采用米塞斯屈服准则、经典双线性随动强化准则，定义材料为理想弹塑性。建立三维有限元模型，如图 6-1-6 所示。

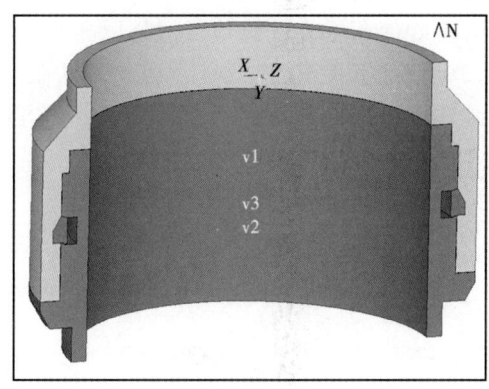 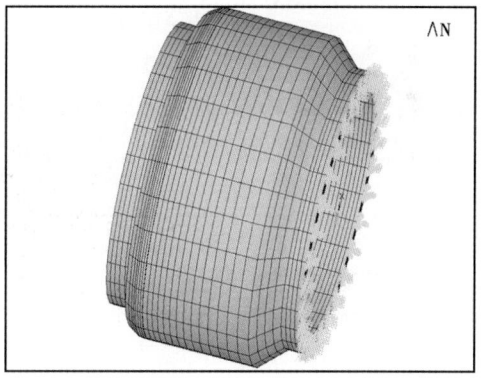

(a) 几何模型　　　　　　　　　　　(b) 整体有限元网格图

图 6-1-6　快速接头有限元模型

求解结构极限抗弯承载力时，约束外螺纹接头端面结点全部自由度，定义内螺纹接头端面为一刚性面，弯矩载荷直接施加在此刚性区域上，其极限抗弯承载力求解具体过程如图 6-1-7 所示。

(二) 卡簧端面角度对快速接头抗弯强度影响

由于卡簧与内、外螺纹接头接触端面是按照一定角度设计的（图 6-1-8），为了研究不同角度对接头强度的影响，分别对不同角度卡簧接头进行分析计算，最终得到最优设计与加工角度。与内螺纹接头接触端面（左端面）按照 45°、50°、55°、60°、65°、70°、75° 7 种方案进行分析（固定右端面为 15°）；与外螺纹接头接触端面（右端面）按照 10°、12.5°、15°、17.5°、20° 5 种方案进行分析（固定左端面为 60°），内螺纹、外螺纹接头卡簧槽随着端面角

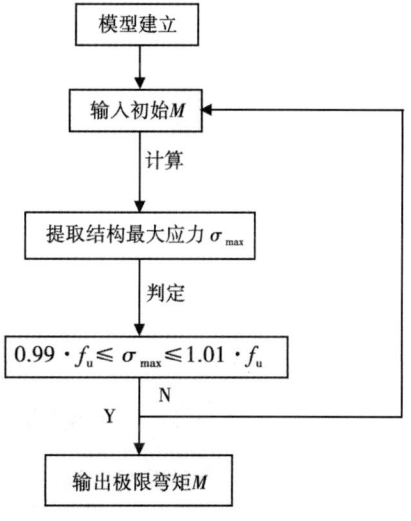

图 6-1-7　ANSYS 循环计算实现流程

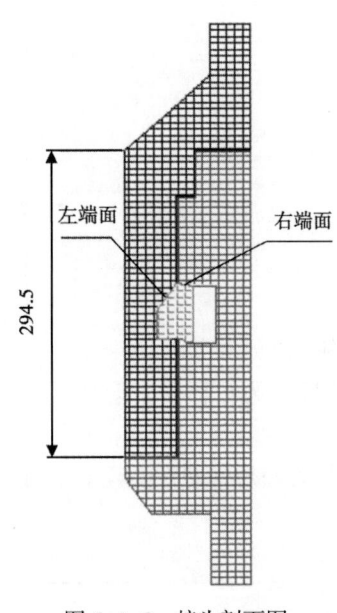

图 6-1-8 接头剖面图

度的改变而进行相应的改变。材料弹性模量 $2.1×10^{11}$ Pa，泊松比 0.3，钢材屈服强度为 450MPa 及 590MPa 两种，钢材密度 7850kg/m³，外螺纹接头卡簧槽外径 750mm，内径 700mm；内螺纹接头卡簧槽外径 894mm，内径 846mm，内外螺纹接头有效搭接长度（外螺纹接头与内螺纹接头重合部分长度）294.5mm。

图 6-1-9 所示为快速接头极限承载力与端面角度关系。

由图 6-1-9（a）可知，随着内螺纹接头（左端面）角度的增大，其快速接头的极限抗弯承载力有着逐渐降低的趋势，45°~60°范围内降低幅度小于 5%，这说明在此范围内改变接头端面的角度对其极限承载力影响很小，65°~75°范围内，降低幅度较为明显，尤其是当结构端面达到 75°时，其极限抗弯承载力值比 60°值降低了 14.8%。由图 6-1-9（b）可知，随着外螺纹接头（右端面）角度的增大，其快速接头的极限抗弯承载力有着逐渐提高的趋势，但是提高幅度非常小，20°情况下比 10°情况下提高了 2.2%，由此可见在 10°~20°范围内，改变卡簧右端面角度对其整个接头结构的极限抗弯承载力影响很小。为方便接头加工，推荐卡簧左端面采用 60°，右端面采用 15°。

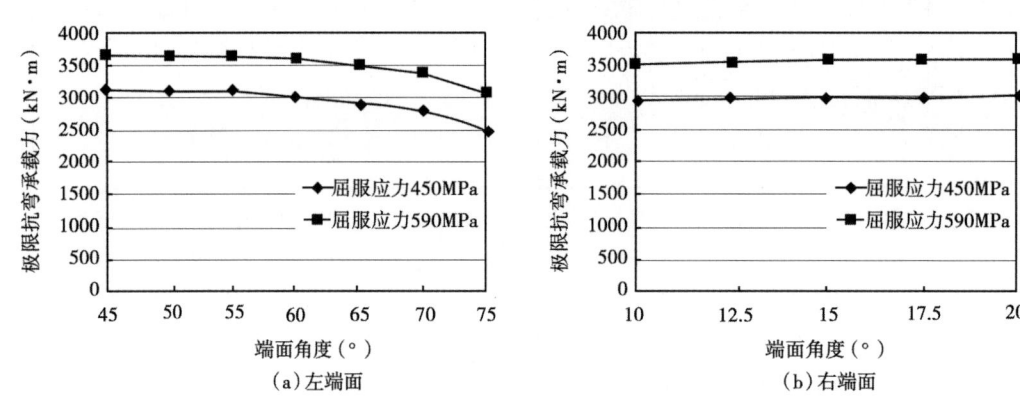

图 6-1-9 极限承载力—端面角度关系

（三）内外螺纹接头搭接长度对快速接头抗弯强度影响

内、外螺纹接头二者有效搭接长度对整个结构的抗弯承载力有一定的影响，因此，需要对不同搭接长度方案进行研究分析。固定卡簧左右端面分别为 60°、15°，对于不同有效搭接长度进行分析计算。优化尺寸时，内、外螺纹接头尺寸变化相同。有效搭接长度取 234.5mm、254.5mm、274.5mm 及 294.5mm 4 种方案。计算结果如图 6-1-10 所示。

由图 6-1-10 可知，随着接头有效搭接长

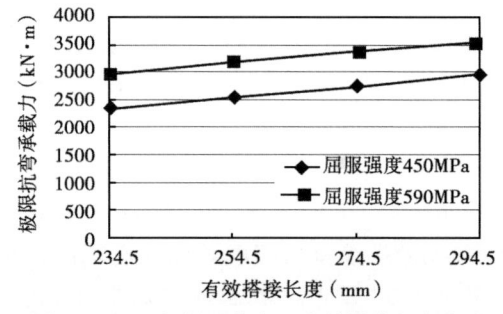

图 6-1-10 极限承载力—有效搭接长度关系

度的增大，其快速接头的极限抗弯承载力有着明显的提高，原方案 294.5mm 情况极限抗弯承载力值最大，234.5mm 方案承载力最小，前者相对于后者提高了近 21%。由此可以看出，有效搭接长度对结构极限抗弯承载力的影响比较明显。

（四）不同材质对快速接头抗弯强度影响

分别对屈服应力为 295MPa、450MPa、590MPa 快速接头进行抗弯强度计算。计算结果如图 6-1-11 所示。可以看出，不同材质的快速接头其抗弯承载力具有很明显的差别，材质屈服强度越高，其极限抗弯承载力越高，就所分析的 3 种材质而言，590MPa 材质比 295MPa 材质的极限承载力提高了 52.4%，比 450MPa 材质提高了 19.5%。如果隔水导管本体采用 X52 钢，则接头应该采用 590MPa 的材质；如果本体采用 245MPa 材质，接头可以采用 450MPa 或 590MPa 材质，这样才能保证接头强度高于本体强度的原则。

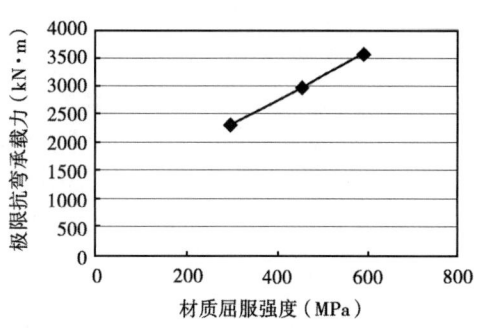

图 6-1-11 极限承载力—材质屈服应力关系

三、应用效果

该接头已在浅水海域大规模推广应用，取得了良好的效果。卡簧式快速接头连接速度比常规接头提高 2 倍以上，接头抗拉强度大于 45MN，抗弯屈服能力大于 4.1MN·m，连接强度比常规接头提高 30%。解决了常规接头连接程序复杂、作业时间长、劳动强度高等难题，节约了大量海上作业时间。

第二节 新型组合式抗冰隔水导管

钻井隔水导管所承受的载荷极为复杂，不仅包括自重及井口设备方面的轴向载荷，还承受风、浪、流、冰等环境载荷。对于出现冰期的海域，如我国渤海油田，冬季冰区跨度大，冰载对隔水导管的安全造成严重威胁。常规提高隔水导管抗冰承载力的方法，都需要增加大量的施工时间和昂贵的材料及作用费用。而如何在降低钻完井成本的前提下，提高隔水导管抵抗海冰载荷的能力是渤海油田隔水导管设计过程中迫切需要解决的问题。

根据隔水导管和海冰载荷的特点，采用单根钢管形式的隔水导管不利于抵抗冰载荷，而将隔水导管和表层套管通过一种特殊的加筋肋连接装置组合成整体受力结构，能够有效提高截面抗弯刚度，具有更好的抗冰载荷性能。

一、结构设计

新型组合式抗冰隔水导管由外层隔水导管、内层套管和加筋肋装置组成，如图 6-2-1 和图 6-2-2 所示。

抗冰隔水导管内层导管本体外壁布焊工字钢，这是通过将工字钢的一个翼缘板的顶面与导管的外壁接触施焊来实现的。6 个工字钢围绕导管本体呈圆形阵列分布。工字钢的轴线方向与导管本体的轴向保持一致。

内导管本体外壁上呈圆形阵列布焊有工字钢部件，与外层导管或隔水导管之间形成类似车毂和轮圈通过辐条连接形成的整体结构，内导管与外层隔水导管组合的承载能力得到大幅度提升。

下表层套管时，在泥线以上与隔水导管重合段通过点焊的方式将连接装置固定在表层套管本体上。该组合结构要求表层套管固井水泥浆返至海平面处，由此形成了隔水导管、连接装置、表层套管整体抗冰结构。

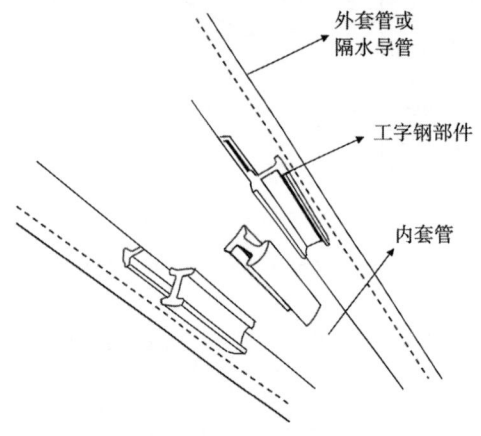

图 6-2-1　新型抗冰隔水导管示意图

图 6-2-2　新型抗冰隔水导管实物

二、强度分析

（一）计算模型

1. 模拟对象

以渤海典型的生产井隔水导管为工程背景进行结构分析，组合隔水导管受力情况如图 6-2-3 所示。结构由隔水导管、表层套管、连接装置等组成，结构顶部承受固定载荷，海面处有横向海冰载荷。

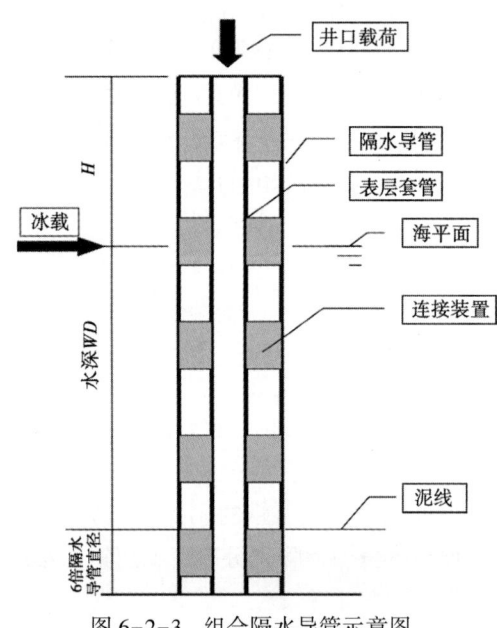

图 6-2-3　组合隔水导管示意图

2. 基本假设

对原有结构进行简化，以便建立有限元模型进行弹塑性求解。简化的内容包括边界条件、海冰载荷及钢管与水泥环之间的相互关系。采用以下基本假设：

（1）隔水导管、表层套管、连接装置组成一个整体结构，且与水泥环之间无相对滑移；

（2）不考虑隔水导管与土的摩擦作用，即假定泥线以下 6 倍隔水导管直径处完全固支，上部铰支；

（3）海冰载荷简化为均布载荷作用在隔水导管海平面处。

3. 材料屈服关系

1）钢材的应力—应变关系

三向应力状态的钢材应力—应变关系比较复杂，但与单向拉伸时的应力—应变关系类似。为了计算方便，钢材的材料模型采用理想弹塑性、双线性随动强化模型，拉伸方向屈服应力的增加将导致压缩方向屈服应力的降低，屈服面的大小不变，在应力空间中平移。隔水导管、表层套管、连接装置均采用四节点的塑性大应变壳单元 SHELL41，钢材弹性模量取 2100MPa，泊松比取 0.3。

2) 水泥环应力—应变关系

采用 ANSYS 中专门处理水泥环的 SOLID65 单元（八节点 3D 体单元），采用弹塑性本构模型，具体数学模型如公式 (6-2-1)：

$$\sigma_c = \begin{cases} f_c[1-(1-\varepsilon_c/\varepsilon_0)^2] & \varepsilon_c \leq \varepsilon_0 \\ f_c & \varepsilon_0 \leq \varepsilon_c \leq \varepsilon_{cu} \end{cases} \quad (6-2-1)$$

式中 f_c——水泥环的峰值压力，取其轴心抗压强度设计值，kPa；

ε_0，ε_{cu}——分别为水泥环的峰值应变及极限压应变；

σ_c——水泥环所受应力，kPa；

ε_c——水泥环产生的实时应变。

3) 屈服准则

采用米塞斯屈服准则。

4. 海冰载荷计算模型

对大面积冰源挤压垂直孤立隔水导管所产生的冰载荷，采用《渤海海域钢质固定平台结构设计规定》中的推荐公式：

$$P = mk_1k_2R_cbh \quad (6-2-2)$$

式中 m——桩腿形状系数，对圆截面桩采用 0.9；

k_1——局部积压系数，取 2.5；

k_2——桩柱与冰的接触系数，取 0.45；

R_c——冰块的极限抗压强度，由相关文献得到渤海检测公司提供的数据为 $220N/cm^2$；

b——桩柱宽度，m；

h——冰层计算厚度，m。

5. 有限元计算模型及参数

根据以上假设及所选用的单元类型，利用 ANSYS 软件建立了组合隔水导管有限元计算模型（图 6-2-4），并考虑两种冰载作用方向，如图 6-2-5、图 6-2-6 所示。采用的计算参数见表 6-2-1。

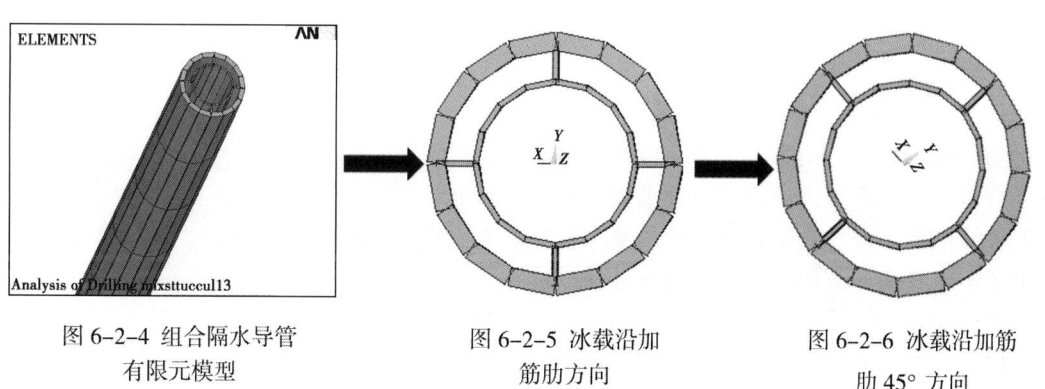

图 6-2-4 组合隔水导管有限元模型　　图 6-2-5 冰载沿加筋肋方向　　图 6-2-6 冰载沿加筋肋 45°方向

表 6-2-1　组合隔水导管有限元计算参数

方案	直径×壁厚（in×mm）		连接装置	性能		水深（m）	水面以上高度（m）
	隔水导管	表层套管		隔水导管及连接装置屈服强度（MPa）	表层套管屈服强度（MPa）		
一	24×25.4	13.375×12.2	套筒、加筋肋壁厚10mm	358.6	379.3	30	20
二	24×38.1	13.375×12.2					
三	20×25.4	13.375×12.2					
四	20×38.1	13.375×12.2					

(二) 结构横向极限承载力分析

根据载荷条件，对4种组合方案及对应的单层隔水导管方案进行了对比分析，计算过程中主要考虑静水压力、轴向载荷和等效冰载荷的作用。

采用位移载荷法进行横向极限承载力的计算，具体过程为：在海平面处对隔水导管施加一定的横向位移量，通过 ANSYS（有限元数值模拟与分析软件）的时程处理器求得横向载荷—位移曲线，根据曲线可获取不同结构的极限承载力。以方案一为例给出了横向载荷—位移曲线图（图 6-2-7）。

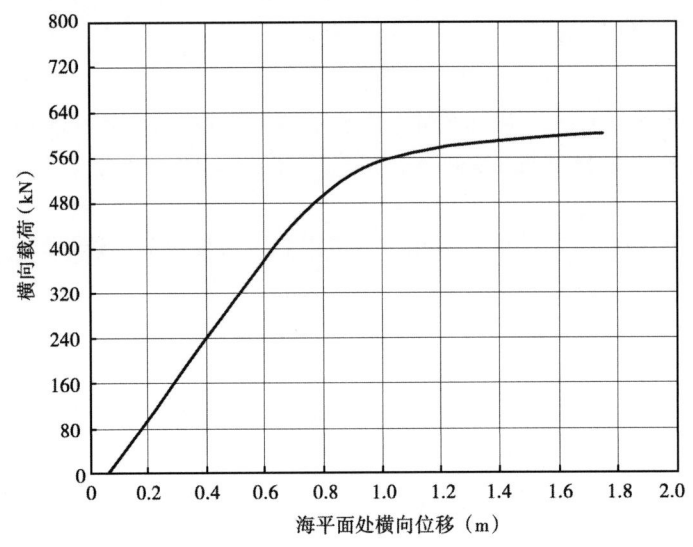

图 6-2-7　横向极限载荷—位移曲线

从图 6-2-7 可以看出，组合隔水导管结构的横向载荷—位移曲线呈现出较明显的两段式：随着海面处横向位移的增加，结构横向承载力呈线性增加的趋势；当位移达到一定值时，载荷曲线出现转折（即进入钢管材料的塑性变形阶段），呈平缓上升趋势直到稳定。对于海上结构物来说，必须将可承受的载荷控制在直线段，即确保结构不发生屈服。表 6-2-2 列出了不同方案下结构的弹性极限抗冰承载能力。

根据横向极限承载力计算分析，可得出如下结论。

(1) 结构的横向极限承载力与载荷作用方向无关，即载荷沿加筋肋方向和沿加筋肋 45°方向作用时，结构最终的极限承载力相同。

表 6-2-2　隔水导管结构横向极限抗冰承载力

方案	直径×壁厚 （in×mm）	横向极限载荷值（kN）		仅外层隔水导管横向极限载荷值（kN）	提高幅度
		沿加筋肋	沿加筋肋45°		
一	24×25.4+13.375×12.2	558.5	558.5	369.9	50.99%
二	24×38.1+13.375×12.2	693.6	693.6	478.6	44.92%
三	20×25.4+13.375×12.2	398.7	398.7	268.8	48.33%
四	20×38.1+13.375×12.2	531.6	531.6	369.3	43.95%

（2）组合结构与单层隔水导管相比，横向极限承载力可大幅度提高，对于渤海地区30m水深海域来说，提高幅度可达40%以上，并且呈现出如下规律：隔水导管直径相同时，横向极限承载力增加幅度随外层隔水导管壁厚的增加而降低；壁厚相同时，直径越大，极限承载力增加幅度也越高。

（三）海冰载荷作用下组合隔水导管结构分析

1. 海冰载荷计算

以渤海油田岐口、秦皇岛海域为例，计算了不同海况重现期下海冰载荷值，并将计算所得的最大载荷作为组合隔水导管结构的初始载荷条件，以此分析在该载荷作用下结构的响应情况。表6-2-3 所示为不同海况重现期下海冰载荷值计算结果。

由表6-2-3 计算结果可以看出，按50年一遇重现期考虑，对于24in 和20in 隔水导管，最大海冰载荷分别为439.51kN 和379.22kN。根据表6-2-2 中有关隔水导管结构横向极限抗冰承载力计算结果可知，如果采用单层隔水导管，仅壁厚为38.1mm 的24in 隔水导管就能够满足要求，但如果采用组合式隔水导管，4 种方案在理论上均满足抗冰承载力要求。

表 6-2-3　渤海地区海域海冰载荷计算

海况 重现期	冰层厚度（cm）		海冰载荷（kN）			
	岐口 海域	秦皇岛 海域	岐口海域		秦皇岛海域	
			24in 隔水导管	20in 隔水导管	24in 隔水导管	20in 隔水导管
1 年	6	9	59.41	54.24	78.43	73.82
10 年	20	29	223.39	203.94	336.19	306.90
25 年	30	34	348.96	318.55	400.47	347.58
50 年	36	37	426.46	389.31	439.51	379.22

2. 冰载作用下组合隔水导管结构分析

在考虑顶部轴向载荷300kN（考虑防喷器等井口设备重量）的情况下，分别对4 种组合结构进行载荷响应分析，不同方案的具体计算结果见表6-2-4。

根据表6-2-4 计算分析可知，以上4 种组合隔水导管结构在弹性范围内均能够抵御岐口、秦皇岛海域的冰载作用。

由分析可知，组合结构与常规的单层隔水导管相比，由于组合结构增大了隔水导管的抗弯模量和横向抗弯刚度，横向极限承载力可大幅度提高，可达40%以上。通过对几种不同组合结构极限承载力的计算，发现了组合结构承载力变化呈现出如下规律：隔水导管直径相同时，横向极限承载力增加幅度随外层隔水导管壁厚的增加而降低；壁厚相同时，直径越大，极限承载力增加幅度也越高。

表 6-2-4 冰载作用下组合隔水导管结构分析结果

方案	直径×壁厚 （in×mm）	作用载荷	冰载作用方向	结构最大位移 （m）	结构最大应力 （MPa）
一	24×25.4+13.375×12.2	顶部轴向载荷 300kN，冰载 439.51kN	沿加筋肋	0.33	256
			沿加筋肋 45°	0.36	247
二	24×38.1+13.375×12.2		沿加筋肋	0.21	187
			沿加筋肋 45°	0.24	176
三	20×25.4+13.375×12.2	顶部轴向载荷 300kN，冰载 379.22kN	沿加筋肋	0.51	330
			沿加筋肋 45°	0.55	318
四	20×38.1+13.375×12.2		沿加筋肋	0.35	235
			沿加筋肋 45°	0.38	227

对于渤海地区 30m 水深范围，计算中提到的 4 种组合结构的横向极限承载力相比对应的单层隔水导管结构，提高幅度可达 40% 以上，均能够抵御岐口、秦皇岛等典型海域冰载情况。解决了渤海海域冬季隔水导管抗冰承载力不足，经常导致作业无法正常进行的困境，为钻井工程方案选型提供了依据。新型组合式隔水导管结构，采用陆地预置后运往海上施工现场，作业方便，结构安装简单，能够极大地提高作业效率，从而达到降低钻完井成本的目的。

三、应用效果

与常规隔水导管相比，承载能力提高 40% 以上。有效的抵抗了冰载的侵袭（如：在 QK17-2 海域，24in 组合隔水导管由原来单层结构可抵御 25 年提高到现在的 50 年一遇工况。）渤海油田辽东湾新钻开发井大量应用，保证了油气井冬季冰期的安全生产。

第三节 其他配套的隔水导管辅助装置

一、套装式、大刚度隔水导管上部打桩防斜装置

在海洋石油钻井打桩的实际工况中，由于打桩锤的锤击振动，隔水导管上部发生振动并产生倾斜。如果倾斜程度比较大，会对打桩作业的继续进行和打桩质量产生直接的影响。

针对上述问题，研制了一种可以有效减弱因打桩锤锤击引起的隔水导管上部振动，从而防止隔水导管因振幅过大而发生倾斜偏离的打桩防斜装置（图 6-3-1）。

该装置由圆形套筒、挂钩、钩环等组成，圆形套筒安置在锤帽下端附近，在圆形套筒外壁上端对称焊接两个活动式挂钩，在锤帽下端对称焊接两个用以悬挂圆形套筒用钩环。通过活动式挂钩、钩环将圆形套筒悬挂于锤帽下端，构成导管上部防斜装置。由于套筒增加了导管上部结构的整体刚度和质量，可以有效减弱因锤击引起的导管振动，从而防止导管因振动幅度过大而发生倾斜偏离等问题。

其主要技术特点有：套筒壁厚为导管壁厚的 1.5 倍，保持击打桩上部的弹性稳定性；综合考虑到整体结构的稳定性、限制冲击振幅也为了便于操作，圆形套筒内径比导管外径大 2~3mm；考虑到限制打桩锤击时引起的导管串振动影响，该装置的套筒长度根据锤击能量、隔水导管尺寸来确定（24in 隔水导管的套筒长度为 3.2m）。

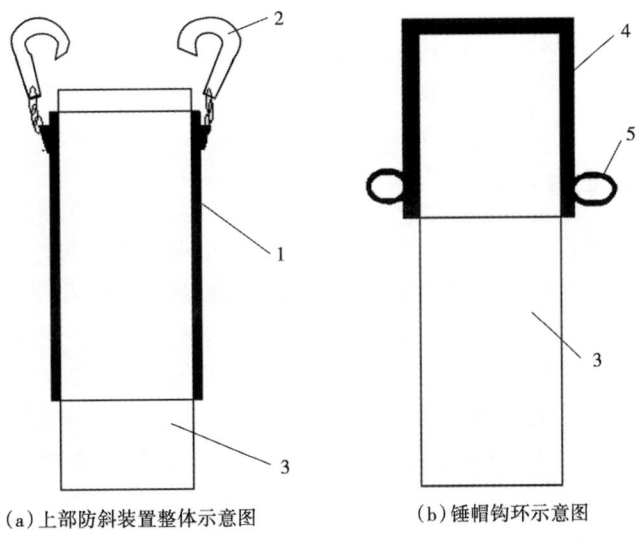

(a) 上部防斜装置整体示意图　　　(b) 锤帽钩环示意图

图 6-3-1　隔水导管上部打桩防斜装置
1—圆形套筒；2—活动式挂钩；3—隔水导管；4—锤帽；5—钩环

二、模拟高压条件下隔水导管侧向摩擦力测量装置

基于液体不可压缩和传压性原理，对外液压缸施压，由液体传压推动内液压缸活塞上移，活塞带动导管上提，实现摩擦力与液压的转换。实现了模拟深水高压条件下隔水导管摩擦力的测量。

该装置（图 6-3-2）具备了开展隔水导管施工、井口稳定性和浅层地质灾害风险评估技术等室内模拟实验条件，可模拟 0~3000m 水深，同国际同类实验设备相比，处于领先地位。

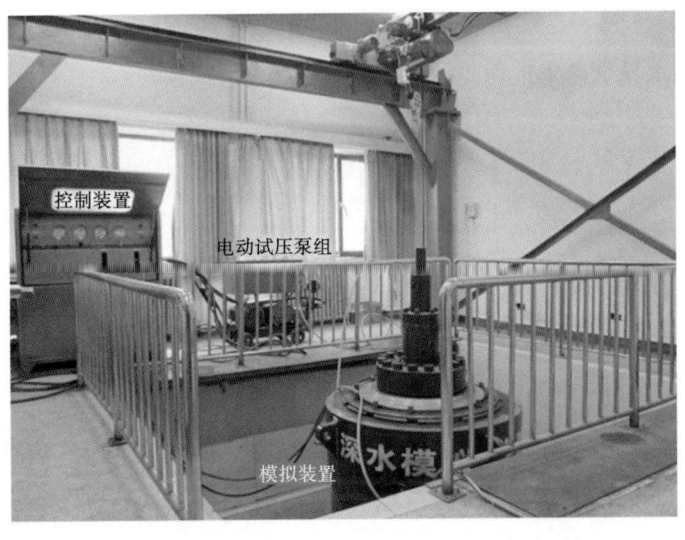

图 6-3-2　模拟高压条件下隔水导管侧向摩擦力测量装置

主要参数如下。
(1) 模拟水深：0~3000m。实验压力：0~50MPa。
(2) 高度：3.02m。质量：13.6t。
(3) 土深：2.0m。外径：1.38m。

三、快穿透隔水导管管鞋

隔水导管管鞋是一个非常重要的部件，对隔水导管的顺利下入起着非常重要的作用。常规隔水导管管鞋为普通圆管，为了增强现有隔水导管管鞋的刚度，在现有隔水导管管鞋的外侧间隔设置有一定数量的加强筋，但是外侧设置的加强筋数量有限，刚度增加不能满足正常需求。因此，通常需要在现有隔水导管管鞋内壁上增加几圈钢筋，这样不仅给制造带来了不便，材料使用量上也较大，而且现有隔水导管管鞋内壁不平滑，给隔水导管下入带来了附加阻力。现有隔水导管管鞋的底部通常需要镶锆合金牙齿，以保证管鞋底部的穿透能力和刚度，但是这样就增加了大量的制造时间。因此，现有的管鞋制造工艺较为麻烦，且并不利于隔水导管的顺利下入。以上所述的现有隔水导管管鞋的几点缺点亟须改进。

针对上述问题，研制了一种制造简便、刚度增强、穿透能力强的隔水导管管鞋。其特点在于：它包括一体设置的主管体和过渡管体；主管体为采用圆弧形波纹状板材卷成的圆筒体；过渡管体的内径和外径分别与隔水导管的内径和外径相同；主管体与所述过渡管体的外径一致，主管体的一端为地层穿透端，另一端为与所述过渡管体连接的连接端；主管体的壁厚从连接端到地层穿透端逐渐变薄，主管体的内部形成带有倾角的空间。

其具有以下优点：

(1) 由于采用了圆弧形波纹状的主管体，主管体与过渡管体为一个整体，具有壁厚较小、更大刚度的特点，因此能够降低管鞋制造时间和材料。

(2) 主管体地层穿透端壁薄，与过渡管体连接的连接端壁厚，使得主管体有更强的地层穿透能力，因此，其能够在保证使用功能不变的前提下，省去镶牙齿等复杂施工工序，节约合金材料。

(3) 主管体地层穿透端壁薄，连接端壁厚，主管体内部形成倾角空间，因此，可以降低群桩效应，使隔水导管密集地区更便于下入。

第七章 钻井隔水导管软件系统开发

根据锤入法、钻入法和喷射法钻井隔水导管入泥深度和钻井参数优化等理论模型,利用 Microsoft Visual Basic 6.0 中文版系统环境,将所建立的数学模型程序化,研制出钻井隔水导管 3 种下入方式的导管入泥深度计算软件系统,软件能够实现钻井隔水导管入泥深度计算。

第一节 软件说明书

一、软件的结构及功能

本软件以油田海域地区管理的方式管理数据,主要功能包括海底土基础数据录入与管理、海况数据录入与管理、导管尺寸参数录入与管理、不同下入方式的导管入泥深度计算及钻井参数优化及结果输出等模块,以及帮助系统等。

(一) 基础数据录入与管理

主要功能包括以下内容。

(1) 油田名与井名录入。

输入需要处理的油田名称,油田名输入后,输入该油田的井名。

(2) 钻井导管基本参数录入。

输入导管直径、壁厚、钻柱直径(内径)、海水密度、钻井液密度等。参数输入完毕后,可进行数据保存、打印等操作。

(3) 计算导管入泥深度所需基础参数录入。

其计算所需参数包括:水深、土深、岩性、抗剪强度、摩擦角、固结时间、上部载荷、钢材密度、设计的安全系数。参数输入完毕后,可进行数据保存、打印等操作。

(二) 数据处理

主要功能包括以下内容。

(1) 锤入法钻井导管最小入泥深度计算。

根据锤入法钻井隔水导管入泥深度计算模型,计算得到作为持力结构时导管的最小入泥深度。计算完毕后,可进行计算结果的保存、打印等操作。

(2) 浅层地层破裂压力计算。

根据海底调查资料的土力学性质计算海底浅层破裂压力,得出破裂压力与土深关系曲线,利用本井使用的钻井液密度,可以优化出满足钻井液正常循环时钻井导管入泥深度。计算完毕后,可进行计算结果的保存、打印等操作。

(3) 钻入法钻井隔水导管最小入泥深度计算。

根据钻入法钻井隔水导管入泥深度计算模型,计算得到作为持力结构时导管的最小入泥深度。计算完毕后,可进行计算结果的保存、打印等操作。

(4) 喷射法钻井隔水导管最小入泥深度计算。

根据海底土力学参数,结合使用的钻柱组合,对喷射施工过程中的钻压和排量进行优化设计，给出不同土深的钻压和排量曲线。计算完毕后，可进行计算结果的保存、打印等操作。

（三）分析结果输出

主要功能包括以下内容。

（1）钻井导管入泥深度计算报告。

根据导管最小入泥深度的计算结果，编写满足井口力学稳定时钻井导管最小入泥深度建议书，并注明计算时的环境条件。

（2）浅层破裂压力计算报告。

根据浅层破裂压力计算结果，编写满足正常钻井液循环条件下钻井导管入泥深度建议书，并注明计算时的环境条件。

（3）喷射钻进过程中钻井参数优化设计报告。

根据喷射钻进过程中钻井参数优化结果，编写钻井参数优化建议书。

（四）帮助

包括目录、搜索帮助主题等。

二、软件运行环境

（1）处理器：X86 架构 PentiumIII 以上处理器。

（2）内存储器：256MB 或更高。

（3）外存储器：2000MB 以上硬磁盘空间。

（4）安装介质：CD—ROM 只读光盘或软磁盘。

（5）操作系统：Microsoft Windows2000 或 XP 及以上系统。

（6）开发平台：Microsoft Visual Baisc 6.0 中文版。

三、软件运行界面

软件运行界面如图 7-1-1~图 7-1-10 所示。

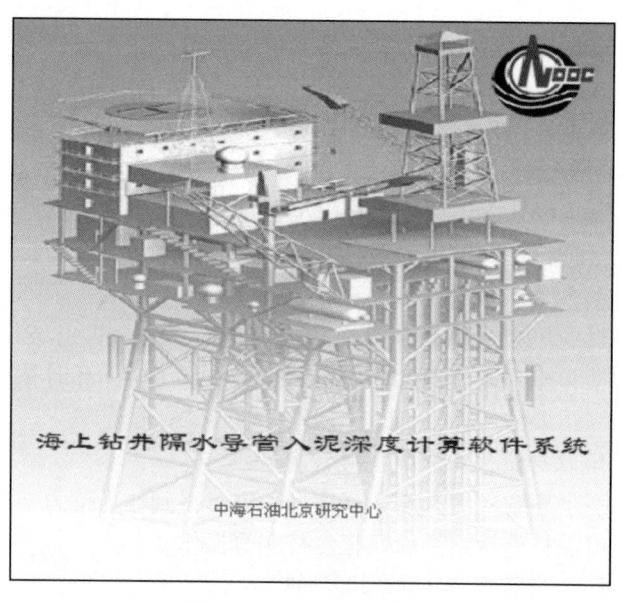

图 7-1-1　软件开始界面

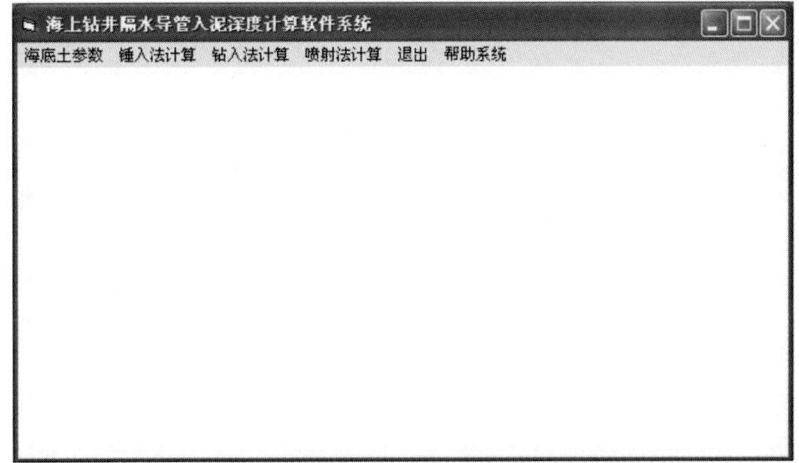

图 7-1-2　软件主界面

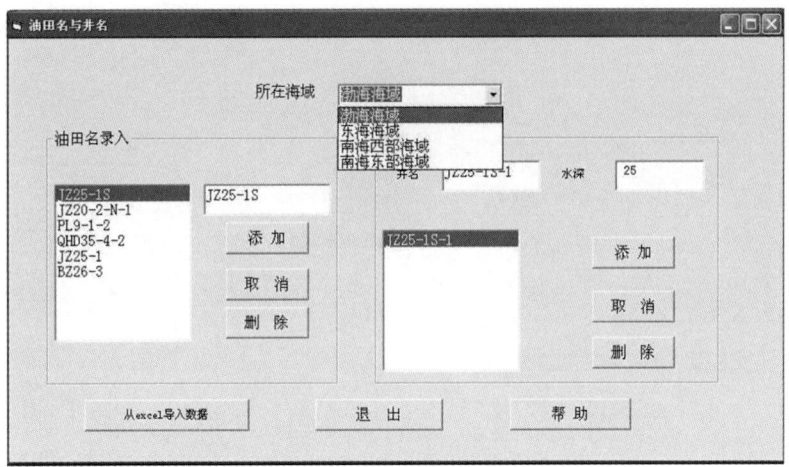

图 7-1-3　油田名界面

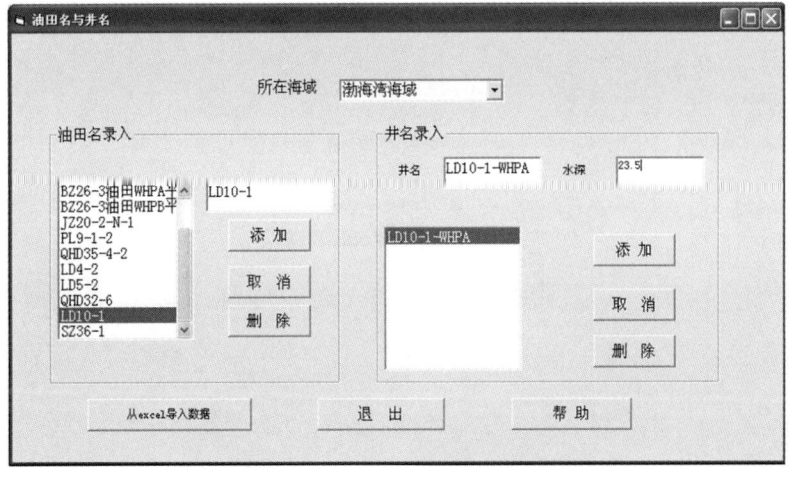

图 7-1-4　油田名与井名界面 1

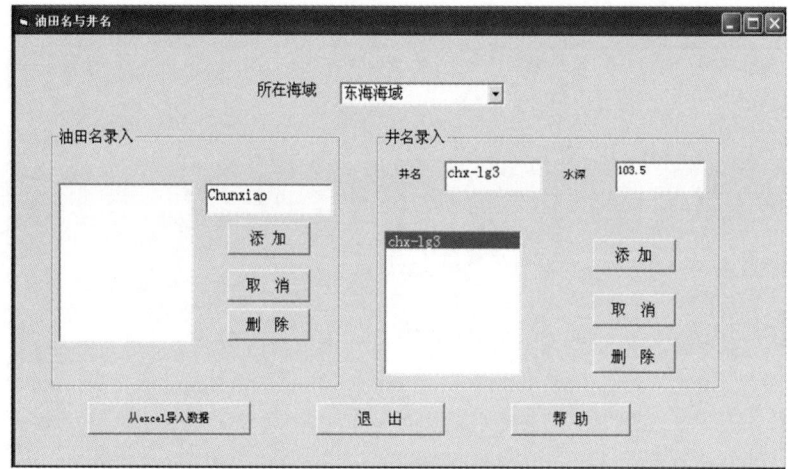

图 7-1-5 油田名与井名界面 2

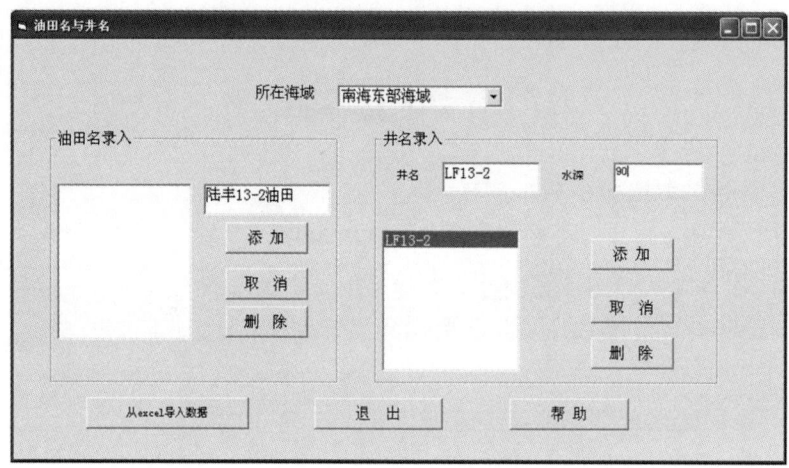

图 7-1-6 油田名与井名界面 3

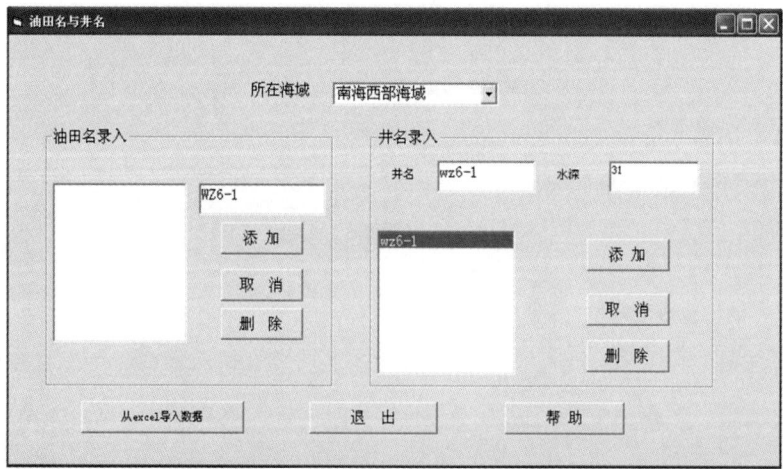

图 7-1-7 油田名与井名界面 4

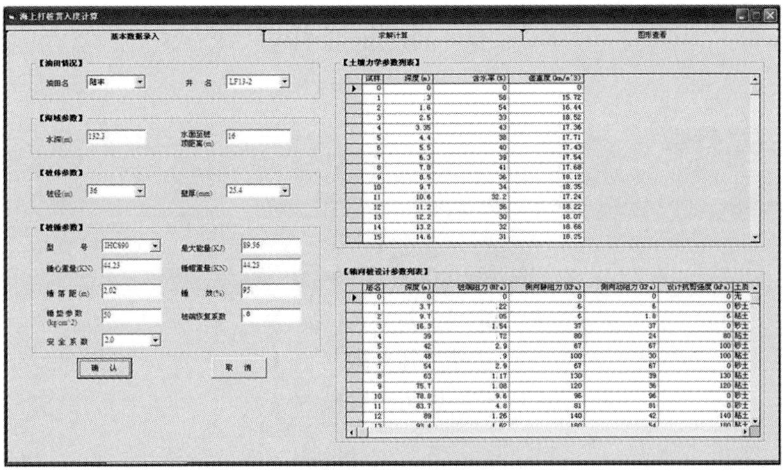

图 7-1-8　打桩参数

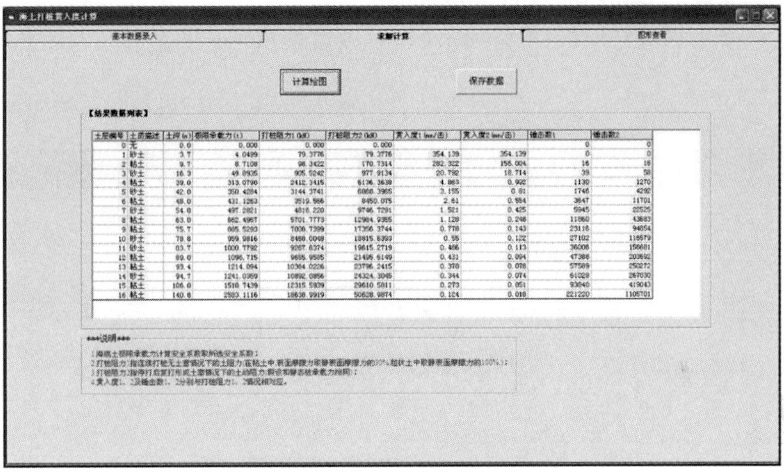

图 7-1-9　打桩参数计算结果

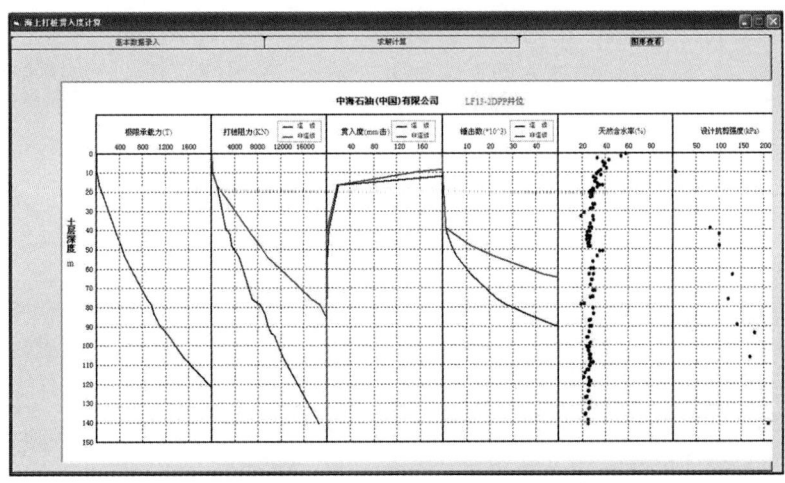

图 7-1-10　打桩参数结果界面

第二节　软件操作步骤

一、海底土参数

选择海底土参数，弹出图 7-2-1 所示选项：

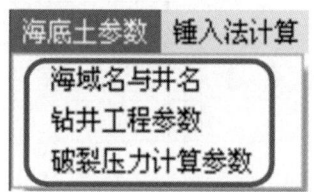

图 7-2-1　海底土参数界面

点击海域名与井名，弹出海域名与井名录入对话框，可以在其中管理海域名与井名，对海域名与井名以及水深进行增减操作。同时还可以直接从 Excel 表格导入计算所用土参数等（图 7-2-2）。

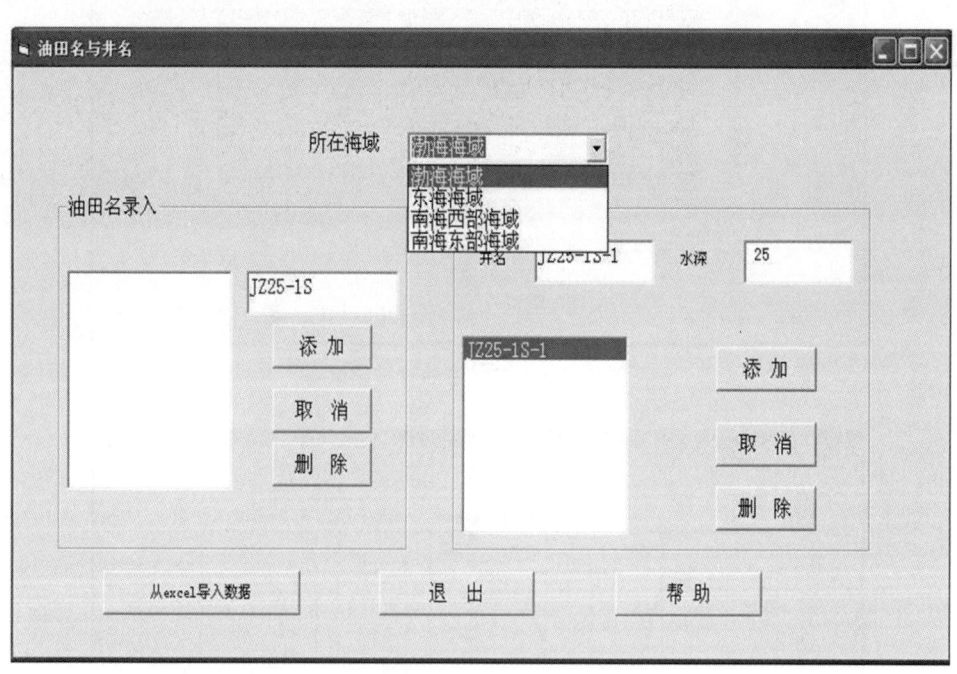

图 7-2-2　海域名与井名界面

海域名与井名录入完毕以后可以查看各部分数据，并对其中的数据进行修改。

（1）点击 菜单，进入钻井工程参数录入模块，在本模块中，可以选择各油田名与井名，修改或保存各相应井的钻井工程参数（图 7-2-3）。

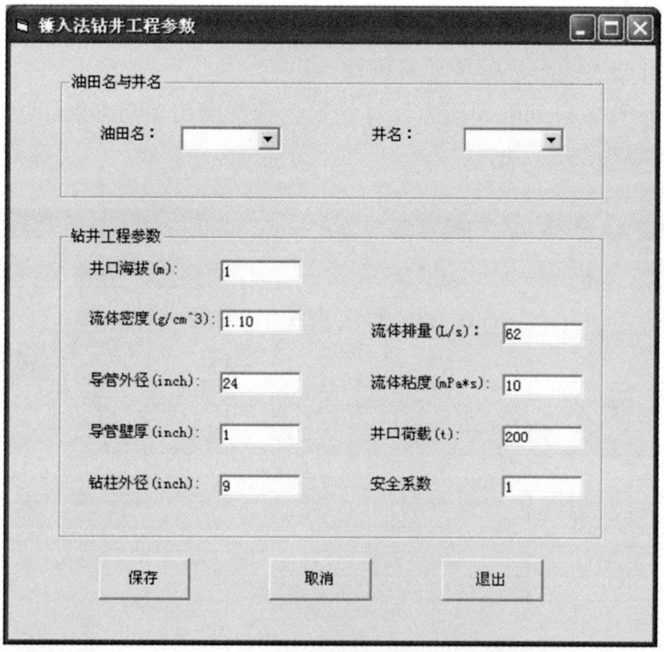

图 7-2-3　锤入法钻井工程参数界面

（2）点击 [海底土参数 / 锤入法计算 / 海域名与井名 / 钻井工程参数 / 破裂压力计算参数] 菜单，进入破裂压力计算参数录入模块，在本模块中，可以选择各油田名与井名，修改或保存各相应井的相关破裂压力计算参数（图7-2-4）。

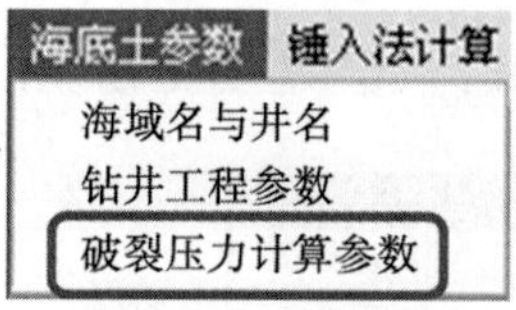

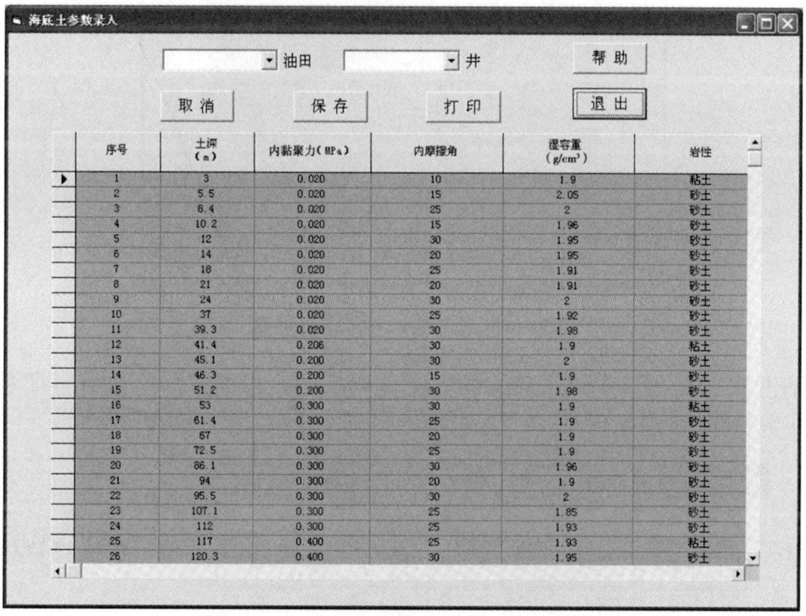

图 7-2-4　破裂压力计算参数界面（海底土参数）

二、锤入法计算

点击锤入法计算可进入锤入法分析计算模块。

点击破裂压力计算，得到破裂压力计算结果，选择油田名与井名，可以查看对应的破裂压力计算结果，如图 7-2-5 所示。

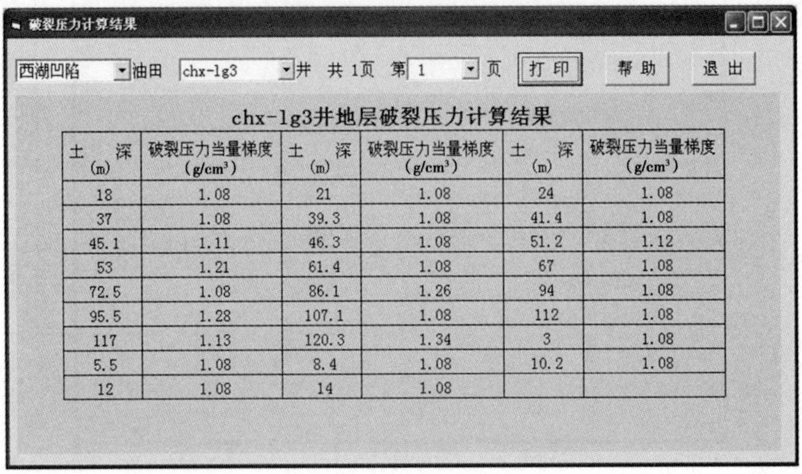

土深 (m)	破裂压力当量梯度 (g/cm³)	土深 (m)	破裂压力当量梯度 (g/cm³)	土深 (m)	破裂压力当量梯度 (g/cm³)
18	1.08	21	1.08	24	1.08
37	1.08	39.3	1.08	41.4	1.08
45.1	1.11	46.3	1.08	51.2	1.12
53	1.21	61.4	1.08	67	1.08
72.5	1.08	86.1	1.26	94	1.08
95.5	1.28	107.1	1.08	112	1.08
117	1.13	120.3	1.34	3	1.08
5.5	1.08	8.4	1.08	10.2	1.08
12	1.08	14	1.08		

图 7-2-5　破裂压力计算结果界面（锤入法）

点击钻井工程参数按钮，可以录入相应井的钻井参数，如图 7-2-6 所示。

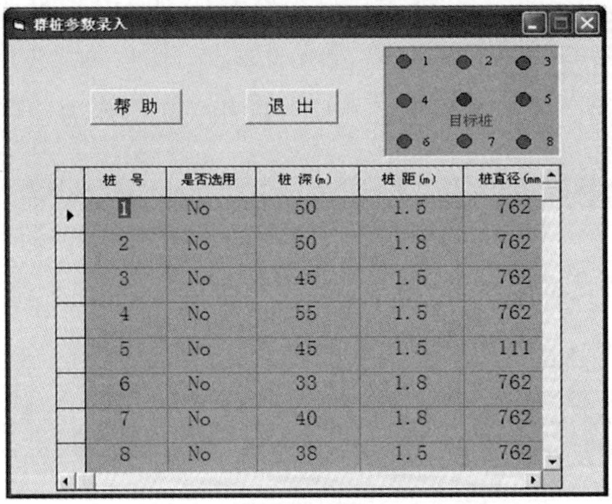

桩 号	是否选用	桩 深(m)	桩 距(m)	桩直径(mm
1	No	50	1.5	762
2	No	50	1.8	762
3	No	45	1.5	762
4	No	55	1.5	762
5	No	45	1.5	111
6	No	33	1.8	762
7	No	40	1.8	762
8	No	38	1.5	762

图 7-2-6　群桩参数录入界面

在默认情况下，存在一些默认通用的群桩数据，进入界面以后可以对各项参数进行详细修改。

（1）点击

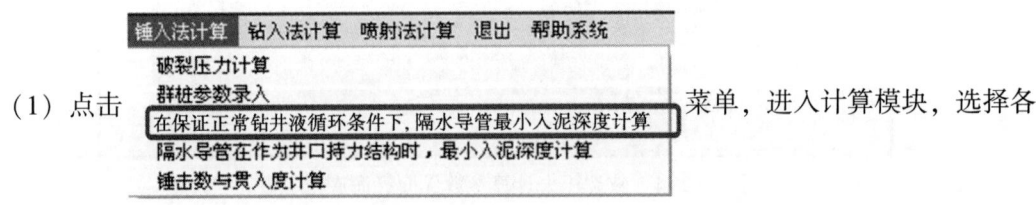

菜单，进入计算模块，选择各

个海域名与井名，可以查看对应井的计算结果。界面如图 7-2-7 所示。

图 7-2-7 保证钻井液循环时最小入泥深度计算结果界面（锤入法）

（2）点击 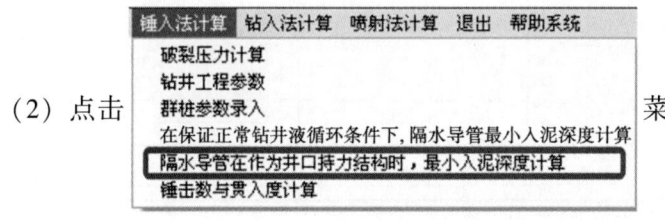 菜单，进入最小入泥深度计算模块，选择油田名与井名，可以查看相应井的入泥深度计算结果。界面如图 7-2-8 所示。

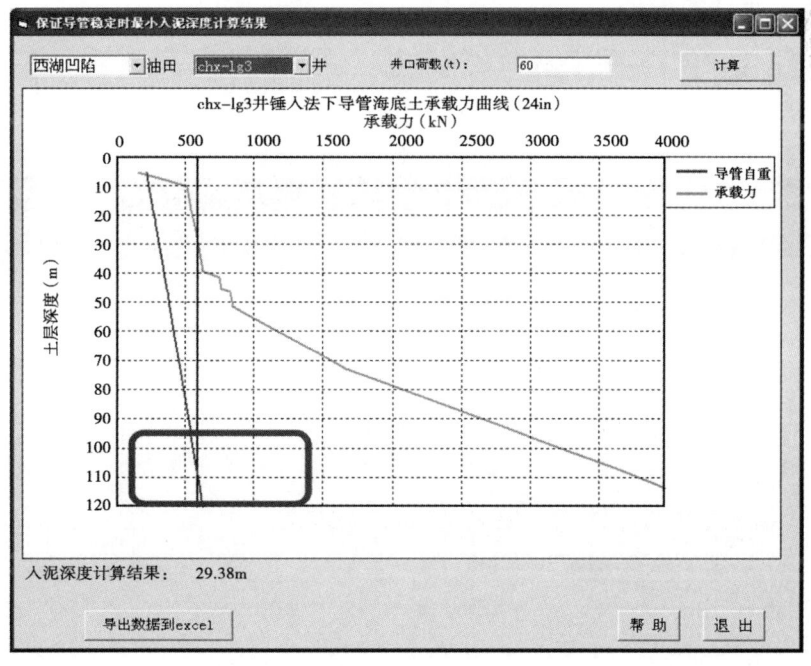

图 7-2-8 保证导管稳定时最小入泥深度计算结果界面（锤入法）

141

(3) 点击 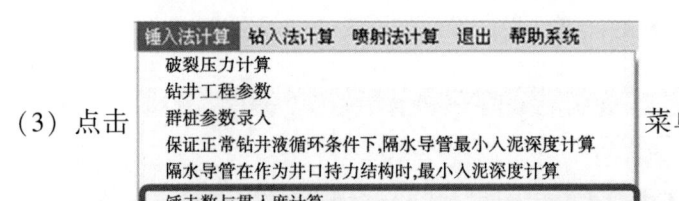 菜单,进入锤击数与贯入度计算模块,输入计算所需信息,得出锤击数与贯入度。界面如图7-2-9所示。

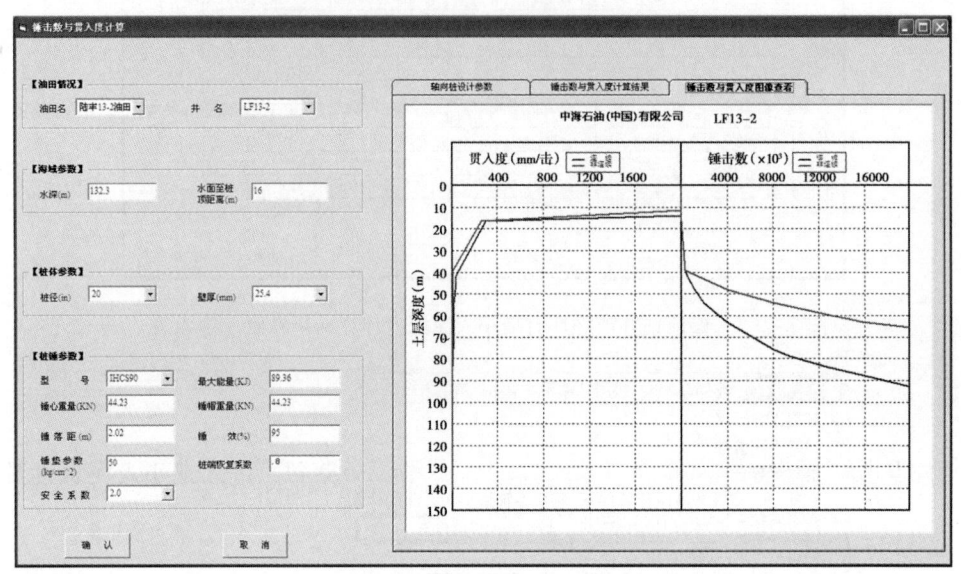

图 7-2-9　锤击数与贯入度计算界面

三、钻入法计算模块

点击破裂压力计算,得到破裂压力计算结果,选择油田名与井名,可以查看对应的破裂压力计算结果(图7-2-10)。

土深 (m)	破裂压力当量梯度 (g/cm³)	土深 (m)	破裂压力当量梯度 (g/cm³)	土深 (m)	破裂压力当量梯度 (g/cm³)
3	1.08	5.5	1.08	8.4	1.08
10.2	1.08	12	1.08	14	1.08
18	1.08	21	1.08	24	1.08
37	1.08	39.3	1.08	41.4	1.08
45.1	1.08	46.3	1.08	51.2	1.08
53	1.08	61.4	1.08	67	1.08
72.5	1.08	86.1	1.08	94	1.08
95.5	1.08	107.1	1.08	112	1.08
117	1.08	120.3	1.13		

图 7-2-10　破裂压力计算结果界面(钻入法)

（1）点击

菜单，进入保证钻井液循环条件时最小入泥深度计算模块，选择各个海域名与井名，可以查看对应井的计算结果。界面如图7-2-11所示。

LF13-2井喷射导管在正常钻井液循环条件下入泥深度计算结果

土深(m)	岩性	最小深度(m)	土深(m)	岩性	最小深度(m)
3	黏土	15	5.5	砂土	15
8.4	砂土	15	10.2	砂土	15
12	砂土	15	14	砂土	15
18	砂土	15	21	砂土	15
24	砂土	15	37	砂土	15
39.3	砂土	15	41.4	粘土	15
45.1	砂土	15	46.3	砂土	15
51.2	砂土	15	53	粘土	15
61.4	砂土	15	67	砂土	15
72.5	砂土	15	86.1	砂土	15
94	砂土	15	95.5	砂土	15
107.1	砂土	15	112	砂土	15
117	黏土	15	120.3	砂土	15

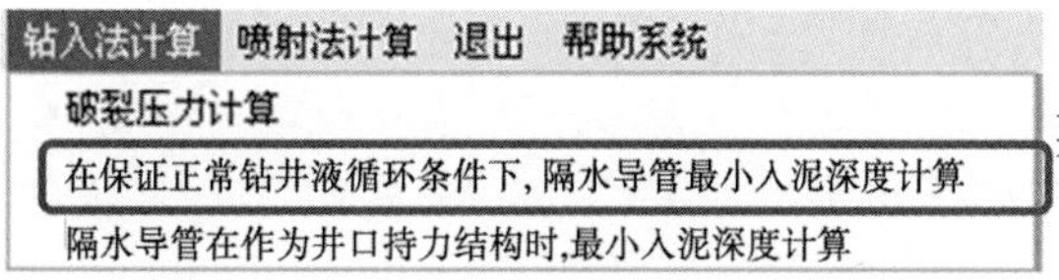

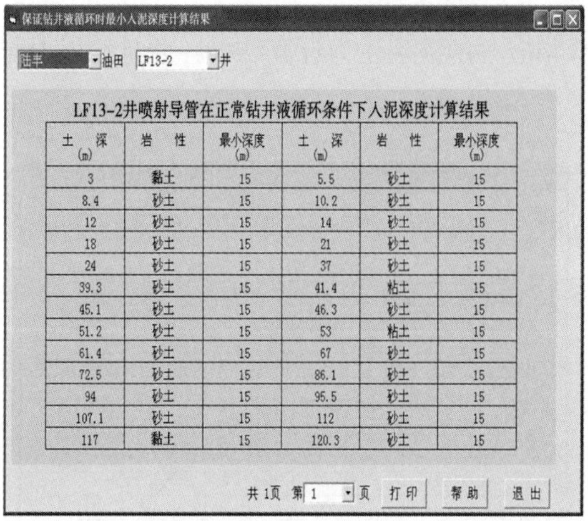

图 7-2-11　保证钻井液循环时最小入泥深度计算结果界面（钻入法）

（2）点击

菜单，进入隔水导管作为井口持力结构时最小入泥深度计算模块，选择油田名与井名，可以查看相应井的入泥深度计算结果。界面如图 7-2-12 所示。

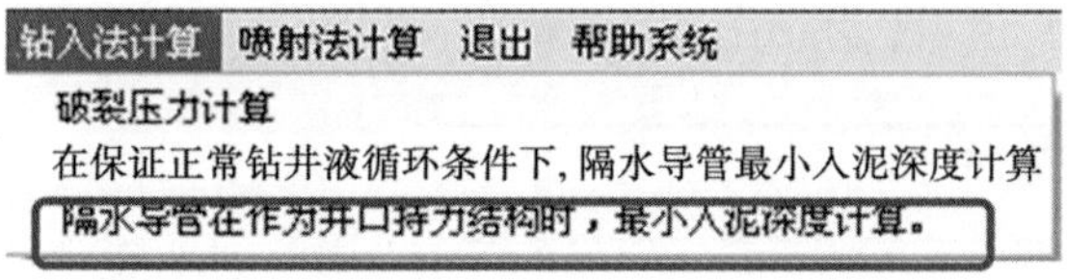

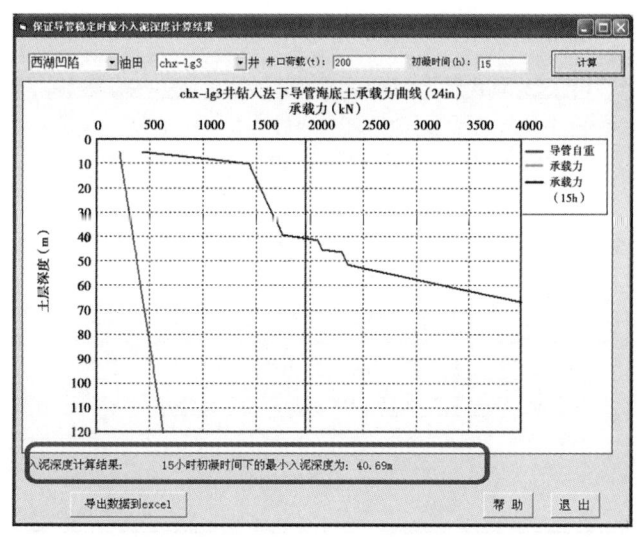

图 7-2-12　保证导管稳定时最小入泥深度计算结果界面（钻入法）

四、喷射法计算模块

点击 喷射法计算 弹出喷射法计算相关菜单。

（1）点击 在保证正常钻井液循环条件下,隔水导管最小入泥深度计算 ，弹出破裂压力计算结果，选择油田名与井名，可以查看相应井的破裂压力计算结果，并且可以对结果进行打印操作。界面如图 7-2-13 所示。

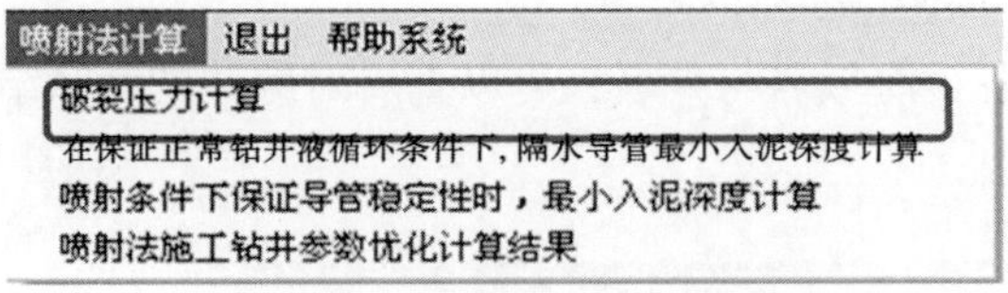

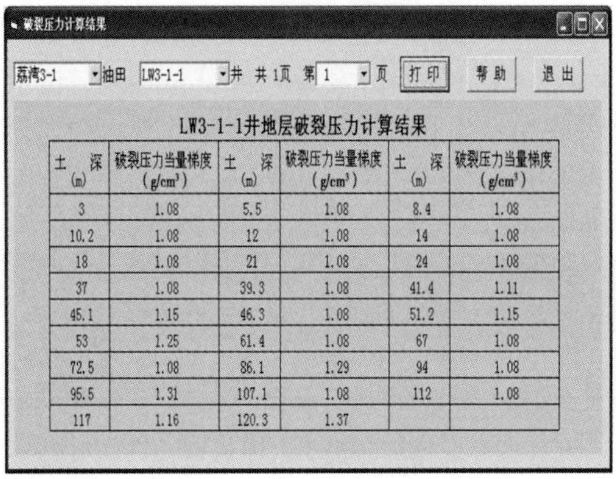

图 7-2-13 破裂压力计算结果界面（喷射法）

（2）点击 在保证正常钻井液循环条件下,隔水导管最小入泥深度计算 菜单，进入正常钻井液循环条件下最小入泥深度计算模块，选择相应的油田名与井名，可以查看相应井的入泥深度计算结果。界面如图 7-2-14 所示。

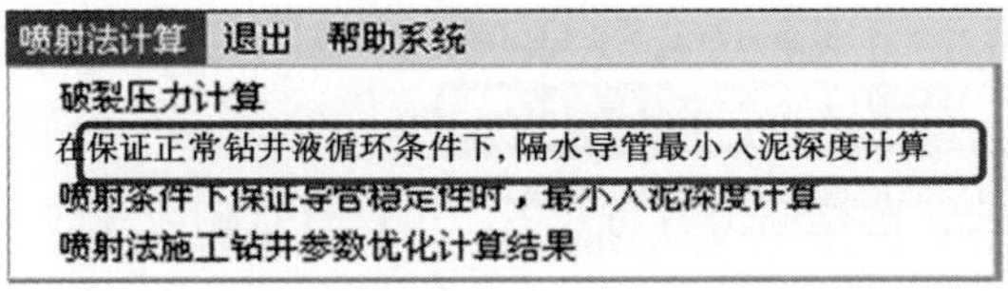

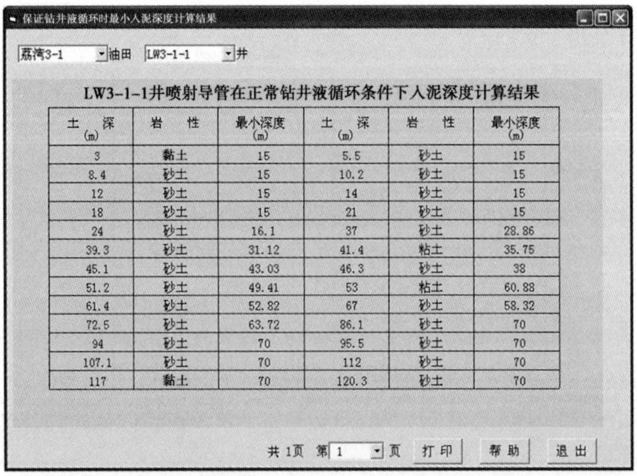

图 7-2-14 保证钻井液循环时最小入泥深度计算结果界面（喷射法）

（3）点击 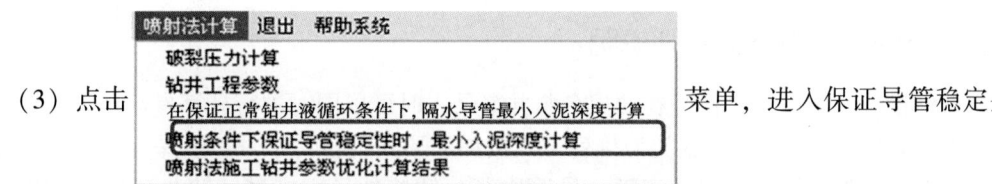 菜单，进入保证导管稳定条件下导管入泥深度计算模块，选择油田名与井名，可以查看相应的最小入泥深度计算结果数据。界面如图 7-2-15 所示。

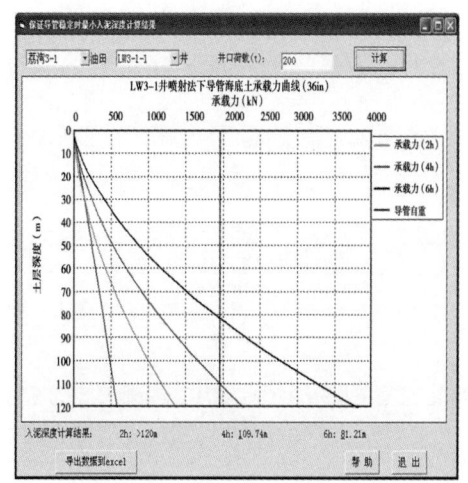

图 7-2-15　保证导管稳定时最小入泥深度计算结果（喷射法）

（4）点击 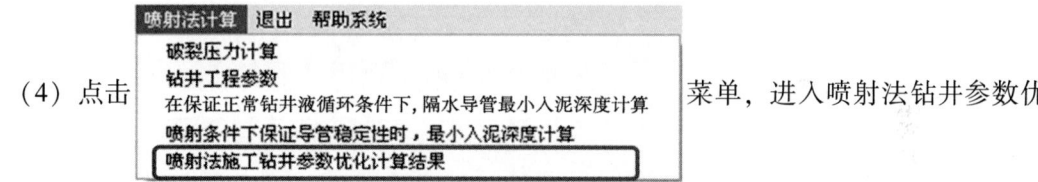 菜单，进入喷射法钻井参数优化模块，选择油田名与井名，可以查看相应井的钻井参数优化结果。界面如图 7-2-16 所示。

图 7-2-16　钻井参数优化设计计算结果界面（喷射法）

五、软件导入数据的规则说明

本软件设计时为简化操作,在油田名与井名录入时可以同时进行计算参数导入,导入数据使用 Excel 表格导入,其数据类型排列方式按如下形式进行:序号、土深、岩性、内黏聚力、内摩擦角、湿容重、钻井液密度、导管内径、钻柱外径、排量、钻井液黏度、井口海拔、安全系数、上部载荷、抗剪强度、导管外径、导管壁厚、防喷器高度、浮力系数、抗剪强度 3、抗剪强度 2。

第八章 工程应用案例

第一节 隔水导管入泥深度应用案例

利用隔水导管最小入泥深度计算软件，对中国海上几个地区的现场地质调查数据进行了处理，并得出了这些地区隔水导管的最小入泥深度，计算结果与实际情况吻合度较高。

一、锤入法或钻入法最小入泥深度预测案例

以 DF 某气田 A 平台为例，本分析结果是按照 DF 某气田 A 平台区域工程地质调查报告海底土质参数处理得出的。

（一）DF 某气田 A 平台区域土质分层及特性

DF 某气田 A 平台土层性质见表 8-1-1，30in 和 24in 隔水导管下的钻井施工参数和井口载荷基本参数见表 8-1-2~表 8-1-5。

表 8-1-1 DF 某气田 A 平台土层性质基本参数

土深（m）	内黏聚力（MPa）	内摩擦角（°）	湿容重（g/cm³）	水深（m）	土质
6.0	0.01010	—	1.62	67.6	黏土
8.0	0.03200	—	1.93	67.6	黏土
42.0	0.03280	—	1.95	67.6	黏土
49.5	0.05847	—	1.84	67.6	黏土
66.0	0.05600	—	1.89	67.6	黏土
69.0	—	28	1.89	67.6	砂土
90.0	0.06014	—	1.90	67.6	黏土
95.0	0.10920	—	1.91	67.6	黏土
112.0	0.05000	—	1.88	67.6	黏土
120.0	0.13075	—	1.82	67.6	黏土

表 8-1-2 DF 某气田 A 平台钻井施工参数（30in 隔水导管）

土深（m）	钻井液密度（g/cm³）	导管内径（in）	钻柱外径（in）	排量（L/s）	安全系数	土质
6.0	1.10	28	9	66	1.2	黏土
8.0	1.10	28	9	66	1.2	黏土
42.0	1.10	28	9	66	1.2	黏土
49.5	1.10	28	9	66	1.2	黏土

续表

土深 (m)	钻井液密度 (g/cm³)	导管内径 (in)	钻柱外径 (in)	排量 (L/s)	安全系数	土质
66.0	1.10	28	9	66	1.2	黏土
69.0	1.10	28	9	66	1.2	砂土
90.0	1.10	28	9	66	1.2	黏土
95.0	1.10	28	9	66	1.2	黏土
112.0	1.10	28	9	66	1.2	黏土
120.0	1.10	28	9	66	1.2	黏土

表 8-1-3　DF 某气田 A 平台井口载荷基本参数（30in 隔水导管）

土深 (m)	上部载荷 (tf)	导管外径 (in)	导管壁厚 (in)	防喷器高度 (m)	土质
6.0	116	30	1	23	黏土
8.0	116	30	1	23	黏土
42.0	116	30	1	23	黏土
49.5	116	30	1	23	黏土
66.0	116	30	1	23	黏土
69.0	116	30	1	23	砂土
90.0	116	30	1	23	黏土
95.0	116	30	1	23	黏土
112.0	116	30	1	23	黏土
120.0	116	30	1	23	黏土

表 8-1-4　DF 某气田 A 平台钻井施工参数（24in 隔水导管）

土深 (m)	钻井液密度 (g/cm³)	导管内径 (in)	钻柱外径 (in)	排量 (L/s)	安全系数	土质
6.0	1.10	22	9	66	1.2	黏土
8.0	1.10	22	9	66	1.2	黏土
42.0	1.10	22	9	66	1.2	黏土
49.5	1.10	22	9	66	1.2	黏土
66.0	1.10	22	9	66	1.2	黏土
69.0	1.10	22	9	66	1.2	砂土
90.0	1.10	22	9	66	1.2	黏土
95.0	1.10	22	9	66	1.2	黏土
112.0	1.10	22	9	66	1.2	黏土
120.0	1.10	22	9	66	1.2	黏土

表 8-1-5　DF 某气田 A 平台井口载荷基本参数（24in 隔水导管）

土深（m）	上部载荷（tf）	导管外径（in）	导管壁厚（in）	防喷器高度（m）	土质
6.0	116	24	1	23	黏土
8.0	116	24	1	23	黏土
42.0	116	24	1	23	黏土
49.5	116	24	1	23	黏土
66.0	116	24	1	23	黏土
69.0	116	24	1	23	砂土
90.0	116	24	1	23	黏土
95.0	116	30	1	23	黏土
112.0	116	30	1	23	黏土
120.0	116	30	1	23	黏土

（二）DF 某气田 A 平台 30in 隔水导管入泥深度分析结果

DF 某气田 A 平台 30in 隔水导管最小入泥深度计算结果为 54.56m。其对应的土质性质为黏土。

本结果是按隔水导管作为井口持力结构时，计算出的隔水导管最小入泥深度。计算条件为：井口载荷为 116.0tf（其中井口防喷器重设为 20t，13⅜in 套管下深为 950m；当用 20in 套管下深为 400m 时，井口载荷为 83.4tf）；井口海拔为 30m；使用流体密度为 1.10g/cm³；隔水导管外径为 30in；隔水导管内径为 28in；钻柱外径为 9in；流体排量为 66L/s；安全系数为 1.2。

（三）DF 某气田 A 平台 24in 隔水导管入泥深度分析结果

DF 某气田 A 平台 24in 隔水导管最小入泥深度计算结果为：62.82m。其对应的土质性质为黏土。

本结果是按隔水导管作为井口持力结构时，计算出的隔水导管最小入泥深度。计算条件为：井口载荷为 116.0tf（其中井口防喷器重设为 20t，13⅜in 套管下深为 950m）；井口海拔为 30m；使用流体密度为 1.10g/cm³；隔水导管外径为 24in；隔水导管内径为 22in；钻柱外径为 9in；流体排量为 66L/s；安全系数为 1.2。

二、喷射法最小入泥深度预测案例

以 A17-2 气田为例，A17-2 气田群包括 8 个作业井区，其中 A22-1-1 井区水深 1336m，作业井名 A01；A17-2-1 井区作业水深 1447m，探井井名 A02，水平井井名 A03H；A17-2-2 井区作业水深 1547m，作业井名 A04H 和 A05H；A17-2-3 井区作业水深 1501m，作业井名 A06；A17-2-4 井区作业水深 1466m，探井井名 A07，直井井名 A08；A17-2-7 井区作业水深 1252m，作业井名 A09H 和 A10H；A17-2-8 井区作业水深 1365m，作业井名 A11H；A25-1 井区中，A25-1-2 井作业水深 900m（表 8-1-6）。本节以 A22-1-1 井区为例，详细介绍预测过程。

表 8-1-6　A17-2 气田群 8 个作业井区概况

作业井区	作业井名	作业水深（m）
A22-1-1 井区	A01	1336
A17-2-1 井区	A02 和 A03H	1447
A17-2-2 井区	A04H 和 A05H	1547
A17-2-3 井区	A06	1501
A17-2-4 井区	A07 和 A08	1466
A17-2-7 井区	A09H 和 A10H	1252
A17-2-8 井区	A11H	1365
A25-1 井区	A25-1-2	900

（一）表层套管固井最危险工况下井口载荷计算

由于表层导管承受载荷最大的工况很有可能出现在 20in 表层套管固井，且水泥浆到达井眼底部并尚未进入表层导管和表层套管环形空间那一刻最大，表层套管固井方式选为内管柱插入式，如图 8-1-1 所示。因此，根据此表层套管固井最大载荷工况确定该井的表层导管安全入泥深度。

表层导管安全入泥深度的确定与井口载荷密切相关，根据下面井身结构设计方案确定井口载荷。其井身结构设计如图 8-1-2 所示。根据区域作业经验，36in 表层导管按上部两根为 1.5in 壁厚、其余为 1.0in 壁厚考虑，低压井口头出泥高位取为 3.5m，具体取值将在井口稳定性分析章节（本章第三节）中讨论。工程参数见表 8-1-7。

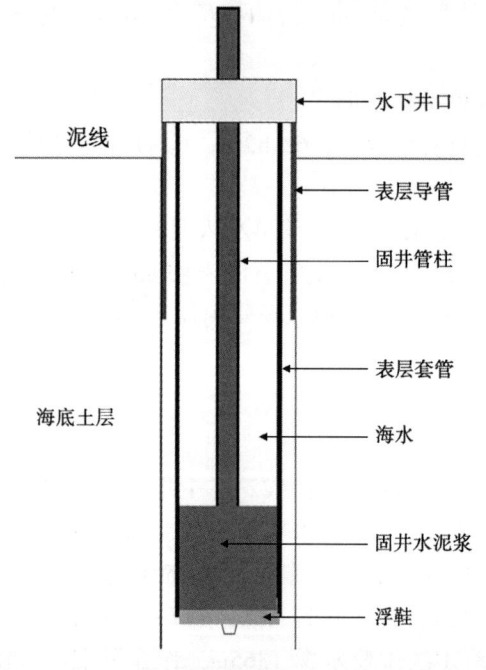

图 8-1-1　表层套管固井最大载荷工况示意图

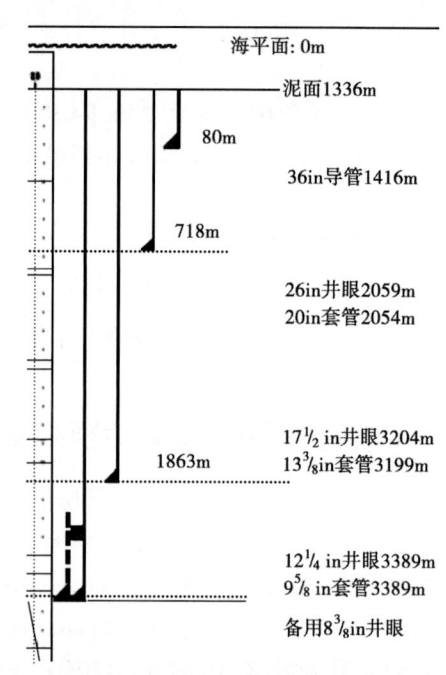

图 8-1-2　井身结构设计示意图

表 8-1-7 工程参数

工程参数	数值
水深	1336m
海水密度	1030kg/m³
低压井口头重量	11.12kN
高压井口头重量	33.58kN
CADA 重量	23.13kN
防沉板重量	38.50kN
壁厚1.5in 的 36in 表层导管重量	193.66kN
壁厚1in 的 36in 表层导管重量	5.45kN/m
喷射管柱串重量	2.57kN/m
表层套管送入工具 MRLD 重量	41.37kN
20in 表层套管下深	718m
20in 表层套管重量	1115.2kN
表层套管固井管柱重量	0.78kN/m
表层套管固井水泥浆密度	1600kg/m³
表层套管固井水泥环密度	3100kg/m³

固井最大载荷工况下表层导管承受的载荷 W_{load} 组成如下：

$$W_{load} = W_{conductor} + W_{wellhead} + W_{mud-mat} + 1.3 \cdot (W_{casing} + W_{c-string} + W_{cement} + W_{MRLD}) \quad (8-1-1)$$

式中 W_{load}——固井最大载荷工况下表层导管承受的载荷，kN；

$W_{conductor}$——表层导管湿重，kN；

$W_{wellhead}$——井口头湿重，kN；

$W_{mud-mat}$——防沉板湿重，kN；

W_{casing}——表层套管湿重，kN；

$W_{c-string}$——固井管柱湿重，kN；

W_{cement}——固井水泥浆湿重，kN；

W_{MRLD}——表层套管送入工具湿重，kN。

表层导管安全入泥深度就是确保海底浅层土壤对导管的实时承载力能承受表层套管固井最危险工况下的载荷。一般情况下，表层导管和表层套管的直径、线重，防沉板和井口头等工程参数都是确定的。因此，当海底浅层土对导管的实时承载力为确定值的情况下，决定导管入泥深度的主要因素是表层套管固井最危险工况下的井口载荷和导管静置时间。A22-1-1 井区海底浅层土对表层导管的实时承载力在上文已经求得，下面根据钻井设计计算表层套管固井最危险工况载荷（表 8-1-8）。

表 8-1-8 表层套管固井最危险工况下井口载荷（A22-1-1 井区）

计算项目	载荷（kN）
井口头湿重	38.89
防沉板湿重	33.50
表层套管送入工具湿重	35.99
表层套管湿重	970.22
固井水泥浆湿重	212.41
固井管柱湿重	570.76
表层导管湿重	4.74L+54.72

$$W_{\text{load}} = 4.74L + 38.89 + 33.5 + 1.3 \times (35.99 + 970.22 + 212.41 + 570.76) + 54.72$$
$$= 4.74L + 2453.30 \text{(kN)} \tag{8-1-2}$$

式中 L——表层导管入泥深度设计值，m。

钢材在海水中浮力系数取 0.87。

（二）表层导管安全入泥深度计算

根据 A22-1-1 井区海底浅层土实时承载力，结合表层套管固井最危险工况下施加给导管的井口载荷，并考虑固井时管柱上提力不小于 1037.6kN（110t），确定在表层导管喷射到位后至表层套管固井时不同静置时间下的安全入泥深度，如图 8-1-3 和表 8-1-9 所示。

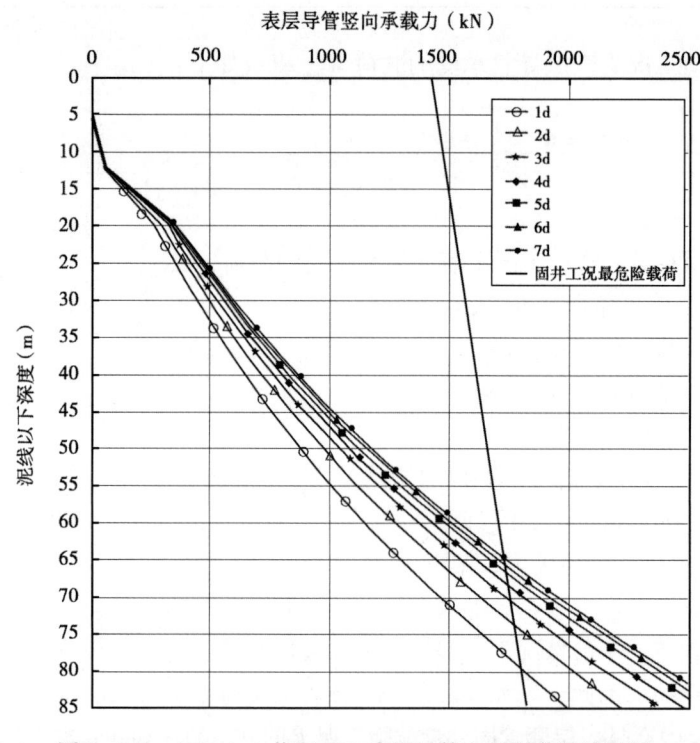

图 8-1-3 A22-1-1 井区 36in 表层导管入泥深度设计图版

表 8-1-9　A22-1-1 井区 36in 表层导管安全入泥深度计算结果

表层导管静置时间（d）	1	2	3	4	5	6
安全入泥深度（m）	80.0	74.5	72.0	68.0	67.0	65.5

(三) 表层导管安全等候时间确定

根据工程实际，表层导管安全等候时间的确定分别考虑表层导管喷射到位后解脱 CADA 工具的浸泡时间和 20in 表层套管固井结束坐上防喷器时的导管承载力校核。

表层导管喷射到位，经静置若干小时后与 CADA 工具解脱时容易发生下沉。为保证导管不发生下沉，需满足：

$$F_f \geqslant G \tag{8-1-3}$$

即表层导管最大侧向摩擦力 F_f 要大于 CADA 解脱时导管所承受的竖向载荷 G。表层导管的最大侧向摩擦力则依据海底浅层土对导管的实时承载力确定，竖向载荷可由式 (8-1-4) 确定：

$$G = W_{conductor} + W_{LPWH} + W_{mud-mat} + W_{CADA} \tag{8-1-4}$$

式中　W_{LPWH}——深水水下低压井口头的重量，kN；

$W_{mud-mat}$——深水表层导管泥线防沉基盘的重量，kN；

W_{CADA}——深水表层导管喷射下入送入工具的重量，kN。

根据前面的工程参数，可以容易求出表层导管在 CADA 工具解脱时所承受的竖向载荷：

$$G = 4.74L + 38.5 + 9.67 + 54.72 + 20.12 = 4.74L + 123.01 (kN) \tag{8-1-5}$$

由此可求出在此载荷作用下表层导管所需最小入泥深度，分别考虑导管喷射到位至解脱 CADA 时的浸泡时间为 1h、2h、3h、4h、5h、6h。计算结果如图 8-1-4 和表 8-1-10 所示。

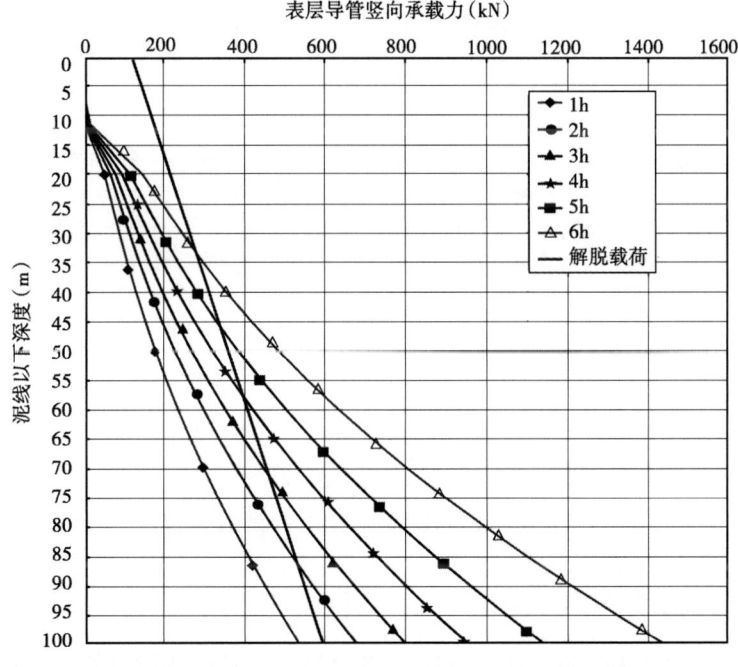

图 8-1-4　A22-1-1 井区 36in 表层导管入泥深度设计图版

表 8-1-10　A22-1-1 井区导管浸泡不同时间下所需最小入泥深度计算结果

表层导管静置时间（h）	1	2	3	4	5	6
最小入泥深度（m）	>100.0	87.0	72.5	57.5	47.0	34.0

由图 8-1-4 和表 8-1-10 计算结果可知，假设在 A22-1-1 井区表层导管设计入泥深度为 72.0m 的情况下，为保证作业安全性，推荐表层导管喷射到位后至 CADA 工具解脱时浸泡时间不小于 3.0h。

（四）承受防喷器重量时表层导管入泥深度校核

二开表层套管固井结束坐防喷器系统时，如图 8-1-5 所示，由于 HYSY981 深水钻井平台防喷器系统重量大，整体湿容重为 3971.15kN，其中隔水管底部总成 LMRP（Lower Marine Riser Package）为 1294.96kN、下部水下防喷器 BOP 组为 2328.29kN，可能出现导管下沉的风险。因此需要对此工况下表层导管的入泥深度进行校核，根据初步设计，A22-1-1 井区表层导管入泥深度取为 72m。

在坐防喷器系统时，上部有隔水管提供上提力，基于底部残余张力的顶张力确定方法，考虑隔水管系统下部提供的上提力大小为 LMRP 和 BOP 之间解脱所需的 1294.96kN 的上提力。因此，考虑防喷器系统坐在高压井口头的湿重为 2328.29kN。由于此时 20in 表层套管已固井，因此需要考虑固井水泥浆固结后对表层套管的竖向承载力。根据模拟实验可知，水泥环与海底土第二界面摩擦力随时间的变化规律如图 8-1-6 所示。

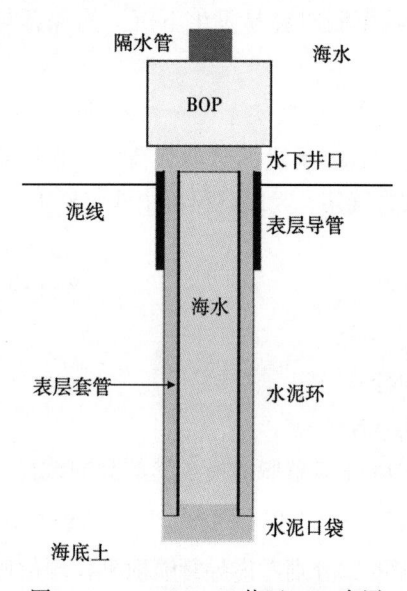

图 8-1-5　A22-1-1 井区 36in 表层导管入泥深度校核示意图

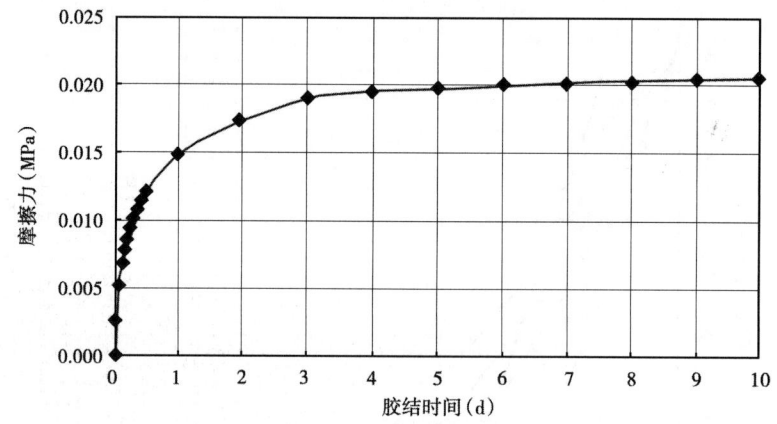

图 8-1-6　表层套管水泥环与海底土第二界面摩擦力随时间变化关系

A22-1-1 井区侧向摩擦力计算如下：

$$F = 0.35 \times 3.14 \times 26.0 \times 0.0254 \times (718-72) \times [(\lg 3 + 3.912)/274] \times 1000$$
$$= 8578.23 (\text{kN}) \tag{8-1-6}$$

根据坐防喷器时的作业工况,得到此时井口载荷,见表 8-1-11。

表 8-1-11　A22-1-1 井区坐防喷器时井口载荷计算

A22-1-1 井区计算项目	载荷（kN）
防喷器组湿重	2302.02
防沉板湿重	33.50
井口头湿重	38.50
表层导管干重	455.26
表层套管湿重	970.22
表层套管固井水泥环干重	3508.30
总计	7307.80

考虑坐防喷器时表层导管已静置 7 天,根据上文求得的实时承载力图版（图 8-1-3）可知,A22-1-1 井区导管入泥深度为 72m 时可获地层承载能力大于 1950.00kN。坐防喷器工况下表层导管—水泥环—表层套管系统可获得的承载力最小值为：8578.23+1950.00=10528.23kN,大于井口载荷。

因此,考虑表层套管固井水泥环固结影响时,在坐防喷器的工况下表层导管是安全的,井口稳定性满足作业要求。

根据坐采油树和防喷器时的作业工况,得到此时井口载荷,见表 8-1-12。

表 8-1-12　A22-1-1 井区坐采油树和防喷器时井口载荷计算

A22-1-1 井区计算项目	载荷（kN）
防喷器组湿重	2302.02
采油树湿重	523.33
井口头重量湿重	33.50
防沉板湿重	38.50
表层导管干重	455.26
表层套管湿重	970.22
表层套管固井水泥环干重	3508.30
总计	7831.13

考虑坐采油树和防喷器时表层导管已静置 7 天,根据上文求得的实时承载力图版（图 8-1-3）可知,A22-1-1 井区导管入泥深度为 72m 时可获地层承载能力大于 1950.00kN。坐采油树和防喷器工况下表层导管—水泥环—表层套管系统可获得的承载力最小值为：8578.23+1950.00=10528.23kN,大于井口载荷。

因此,考虑表层套管固井水泥环固结影响时,在坐采油树和防喷器的工况下表层导管是安全的,井口稳定性满足作业要求。

三、应用效果

（1）现场应用时间：近 12 年,2005—2017 年。
（2）应用区域：四个海域,渤海油田、南海西部、南海东部、东海油田。

(3) 应用油田：53个油田。
(4) 应用井数量：3000余口井。
(5) 节约隔水导管钢材量：8133.6t。
(6) 节约海上作业时间：1461.94d。

通过对中国海上多个地区的资料处理，得出了这些地区的群桩条件下隔水导管最小入泥深度，结果见表8-1-13。

表8-1-13 不同地区隔水导管最小入泥深度统计（部分）

序号	油田名称	原估计深度（m）	群桩条件下隔水导管最小入泥深度（m）	实际打入深度（m）	管材尺寸（in）
1	东方1-1	80	62.80	63	24
2	涠洲12-1N	70	55.40	57	24
3	涠洲11-1	70	43.87	45	24
4	涠洲6-1	70	41.97	43	42
5	涠洲11-4N	70	40.88	42	24
6	涠洲12-1	70	41.11	43	24
7	涠洲11-1N	70	44.01	45	24
8	BZ25-1	50	34.23	35	30或20
9	春晓	70	52.21	55	24
10	天外天	70	59.42	60	24
11	旅大4-2	50	43.20	45	20
12	旅大5-2	50	41.66	43	20
13	旅大10-1	50	39.48	40	20
14	南堡35-2	50	42.32	43	20
15	渤中34-1	50	38.56	38	20
16	JZ9-3E	60	39.00	40	24
17	渤中29-4	70	46.00	47	24
18	BZ28-2SN	70	45.00	45	24
19	渤中19-4A平台	50	38.00	40	24
20	渤中19-4B平台	50	39.00	40	24
21	BZ28-2S-CEP平台	50	36.00	40	24
22	JZ油田A平台	50	38.00	40	20
23	JZ油田B平台	50	39.00	40	24
24	JZ油田C平台	50	38.00	40	24
25	JZ-1油田	50	40.00	40	24
26	JX1-1油田CEPA平台	70	40.00	40	24
27	JX1-1油田WHPB平台	70	38.00	40	24
28	LD27-2油田	70	48.00	49	20
29	LD32-2油田	70	49.00	49	20
30	kl20-1油田	70	52.00	50	24

续表

序号	油田名称	原估计深度（m）	群桩条件下隔水导管最小入泥深度（m）	实际打入深度（m）	管材尺寸（in）
31	LD15-1 气田	80	52.00	52	24
32	LD22-1 气田	80	56.00	56	24
33	LF 油田	90	66.00	66	24
34	西江 23-1 油田	90	61.00	61	24
35	SZ36-1 油田	50	34.23	35	24
36	QHD32-6 油田	50	34.00	35	24

2005—2017年期间，已在我国渤海、东海、南海西部和南海东部53个油田进行了现场应用，取得了显著的经济效益。渤海在2002年一期隔水导管打桩施工中，由于没有对隔水导管入泥深度进行研究，凭经验入泥深度选择为70m，在实际打桩过程中拒锤严重，一个平台的锤击数相当于渤海湾其他油田全年的锤击数总和。

对该地区的海底土资料进行了处理分析，得出该地区隔水导管最小入泥深度可为40m。2005年将二期的隔水导管入泥深度调整为52m，隔水导管打桩作业非常顺利。

第二节　隔水导管强度及稳定性分析应用案例

以南海东部LF油田为例，开展风浪流载荷对隔水导管强度影响和稳定性分析。油田所在海域水深约132m。采用固定式导管架平台开发，隔水导管拟采用规格：外径24in，壁厚1in，入泥深度约66m。

一、力学分析模型

隔水导管处于海洋环境中，受到的载荷主要包括自重、顶部井口载荷、风载、海流载荷、海浪载荷等，其力学模型如图8-2-1所示。有关风浪流载荷计算参见第四章有关内容。

二、作业海域环境条件

根据所提供的资料，LF油田地区环境载荷条件如下。

（一）水深和工程设计水位

LF油田，海图水深约为132.3m。具体数据参见表8-2-1。

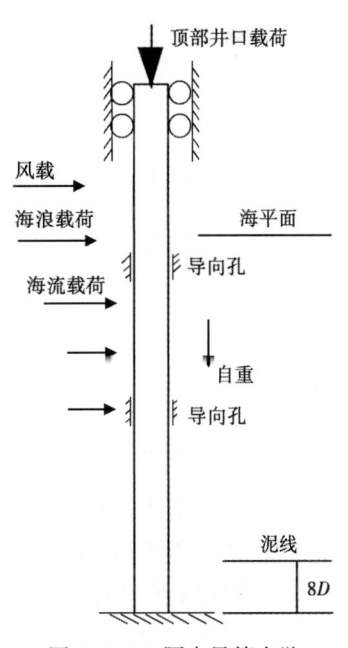

图8-2-1　隔水导管力学分析模型

表 8-2-1 水位条件

要素	相对于平均海平面（m）	相对于海图基准面（m）
100年一遇高水位	1.43	2.38
50年一遇高水位	1.40	2.35
最高天文潮位	0.99	1.94
平均海平面	0.0	0.95
海图基准面	−0.95	0
最低天文潮位	−0.97	−0.02
50年一遇低水位	−1.19	−0.24
100年一遇低水位	−1.22	−0.27

（二）风、浪、流设计条件

强风向：NNE；强浪向：E；强流向：W。

风、浪、流主极值：具体数据参见表 8-2-2。

表 8-2-2 风、浪、流极值情况

要素	单位	重现期（a）				
		1	10	25	50	100
1h 平均风速	m/s	25.6	29.8	33.8	37.7	42.2
10min 平均风速	m/s	27.4	31.9	36.2	40.4	45.2
1min 平均风速	m/s	32.3	37.5	42.6	47.5	53.2
3s 阵风风速	m/s	38.4	44.7	50.8	56.6	63.3
有效波高 $H_{1/3}$	m	7.4	9.8	11.0	11.9	12.8
有效波周期 $T_{1/3}$	s	10.8	11.5	12.0	12.5	13.1
平均跨零周期 T_z	s	9.0	9.6	10.0	10.4	10.9
最大波高 H_{max}	m	12.7	16.8	18.9	20.4	21.9
最大波周期 T_{max}	s	11.4	12.1	12.7	13.2	13.8
0.1h	cm/s	114	163	183	203	221
0.5h	cm/s	81	102	112	123	132
0.9h	cm/s	38	58	65	70	74
极端高水位	m	2.07	2.26	2.32	2.35	2.38
极端低水位	m	−0.08	−0.17	−0.21	−0.24	−0.27

注：极端高水位和极端低水位值为相对于海图水深基准面。

三、隔水导管有限元模型建立

由于LF油田所处海域水深较深，实际工程中，沿导管长度一定位置安装导向孔，以此来保证隔水导管能够正常工作。

以LFWHPA平台为参考，隔水导管导向孔安装位置如下。

隔水导管顶部标高为EL（+）23.50m。1#导向孔：EL（+）22.50m。2#导向孔：EL（+）5.70m。3#导向孔：EL（−）17.00m。4#导向孔：EL（−）45.00m。5#导向孔：EL（−）73.00m。6#导向孔：EL（−）102.00m。对于导向孔，在计算中采用以下假设处理：

（1）导向孔为固定构件，为隔水导管提供稳定的横向支撑；
（2）导向孔与隔水导管之间用楔块将其固定，隔水导管横向位移自由度受到约束。

因此，在分析中可将安装导向孔位置处的导管模型约束其横向位移自由度。

隔水导管所用材料为X52钢，模型的杨氏模量取$2.1×10^{11}Pa$，泊松比取0.3，密度取$7.85×10^3 kg/m^3$。

PIPE59单元：是一种可承受拉、压、弯作用的管单元，能够模拟钢管承受海洋波浪和水流的作用，具有水动力效应和浮力效应，可进行线性静力、动力分析和非线性静力、动力分析。本模型中用此单元模拟泥面以上部分的桩管。拖曳力系数C_D取0.7，惯性力系数C_M取2.0，海水密度取$1.025×10^3 kg/m^3$，波浪计算取斯托克斯五阶波理论。

PIPE20单元：是一种单轴单元，具有拉压、扭转和弯曲性能的管单元，具有塑性、大变形等性能，与PIPE59相比，此单元不能考虑流体的作用，可进行线性静力、动力分析和非线性静力、动力分析。本模型中用此单元模拟泥面以下与土体相接触部分的桩管。

有限元模型如图8-2-2所示。

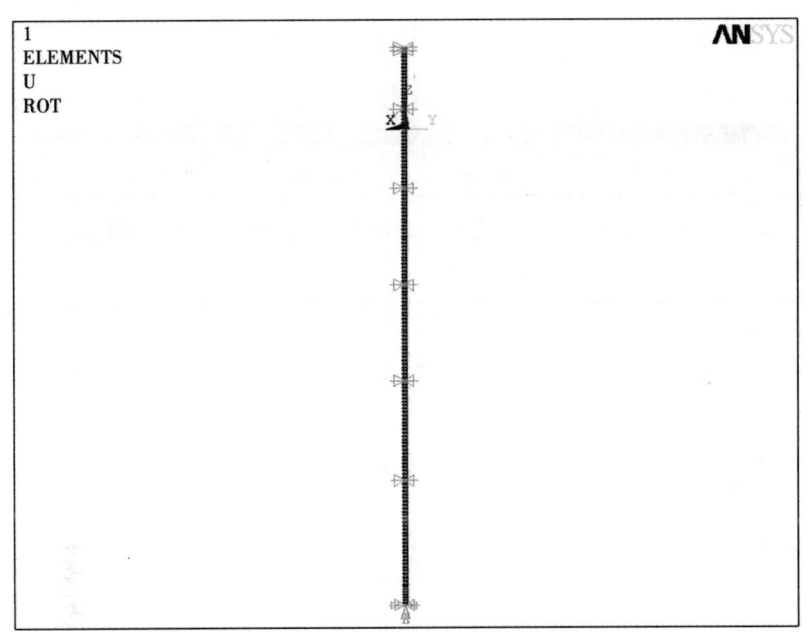

图8-2-2 LF油田隔水导管有限元模型（6个导向孔）

四、静力计算

对 ϕ20in×1in、ϕ24in×1in、ϕ30in×1in 三种隔水导管进行承受风浪流载荷作用下的结构计算。其工况分类见表8-2-3，计算结果如图8-2-3~图8-2-18所示。

表8-2-3 风浪流工况

工况（重现期）	隔水导管载荷状况
25a	（1）自重+顶载（300t）+强风、浪流耦合沿同一平面作用（0°）；
50a	（2）自重+顶载（300t）+强风、浪流耦合沿相互垂直平面作用（90°）。
100a	风速：10min均值。波浪：采用有效波高及有效周期

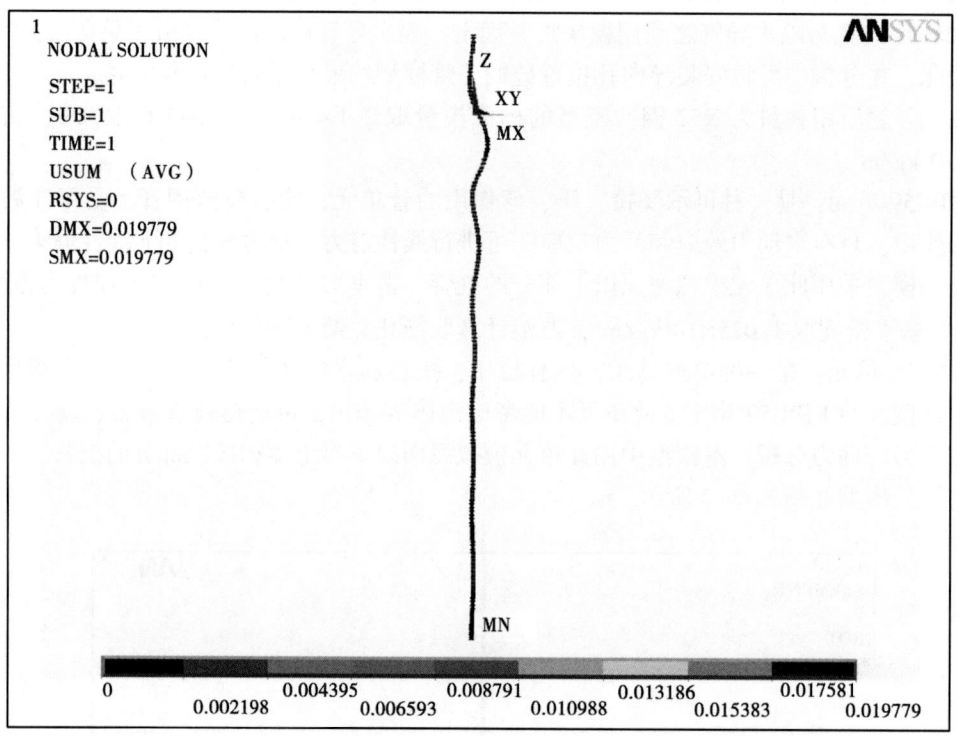

图 8-2-3　20in 波流载荷夹角 0°位移分布图（25 年期）$D_{max} = 0.0198\text{m}$

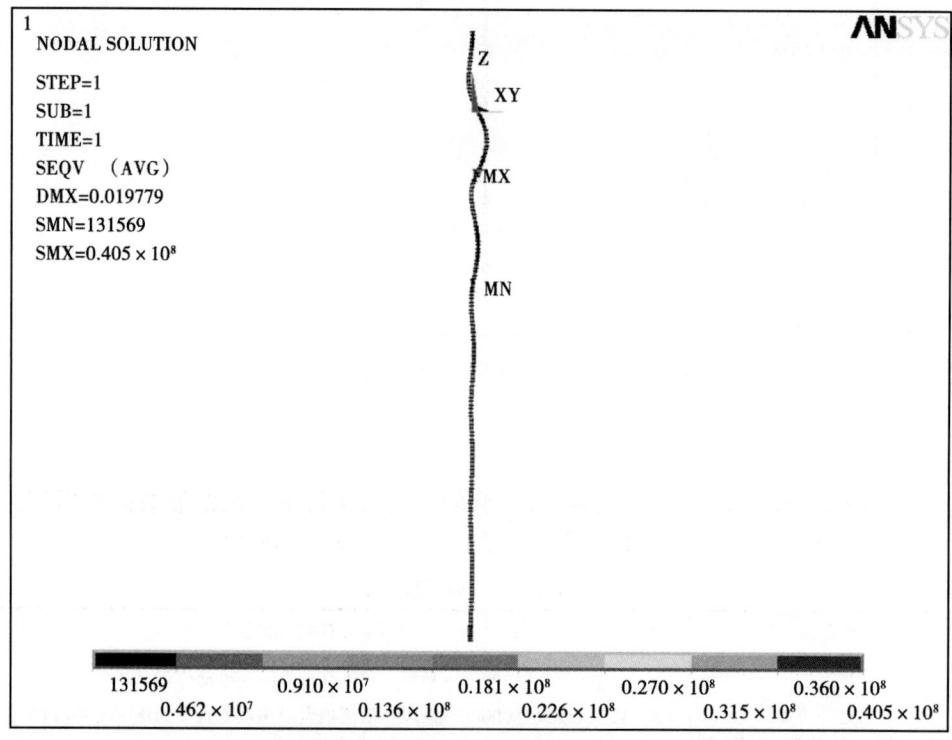

图 8-2-4　20in 波流载荷夹角 0°应力分布云图（25 年期）$S_{tmax} = 40.5\text{MPa}$

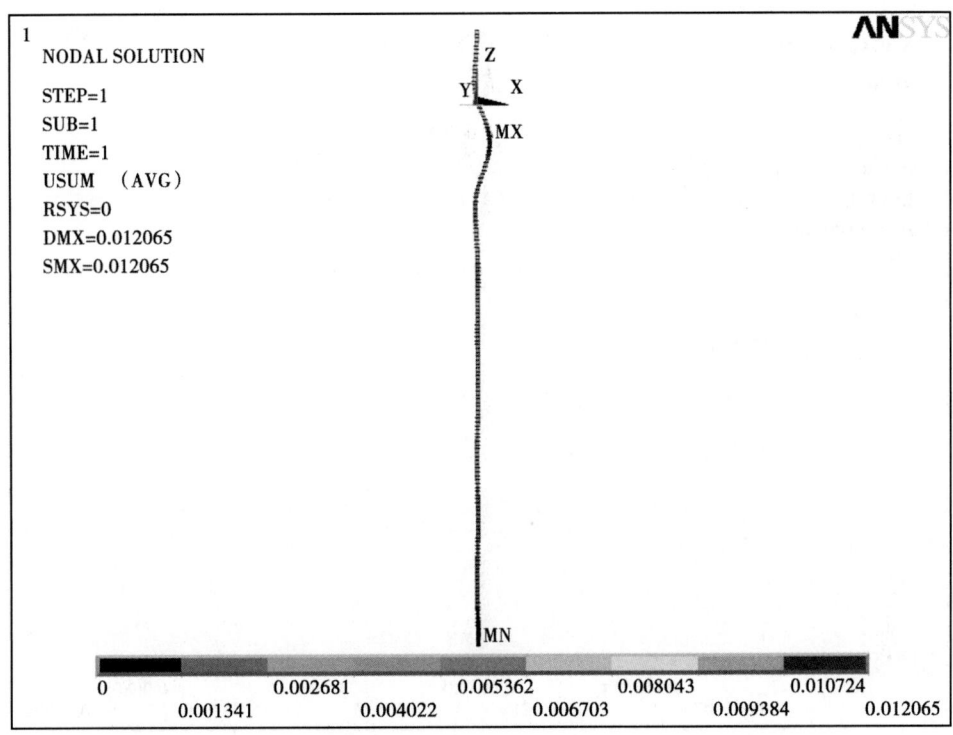

图 8-2-5　20in 波流载荷夹角 90°位移分布图（25 年期）$D_{max}=0.0121\mathrm{m}$

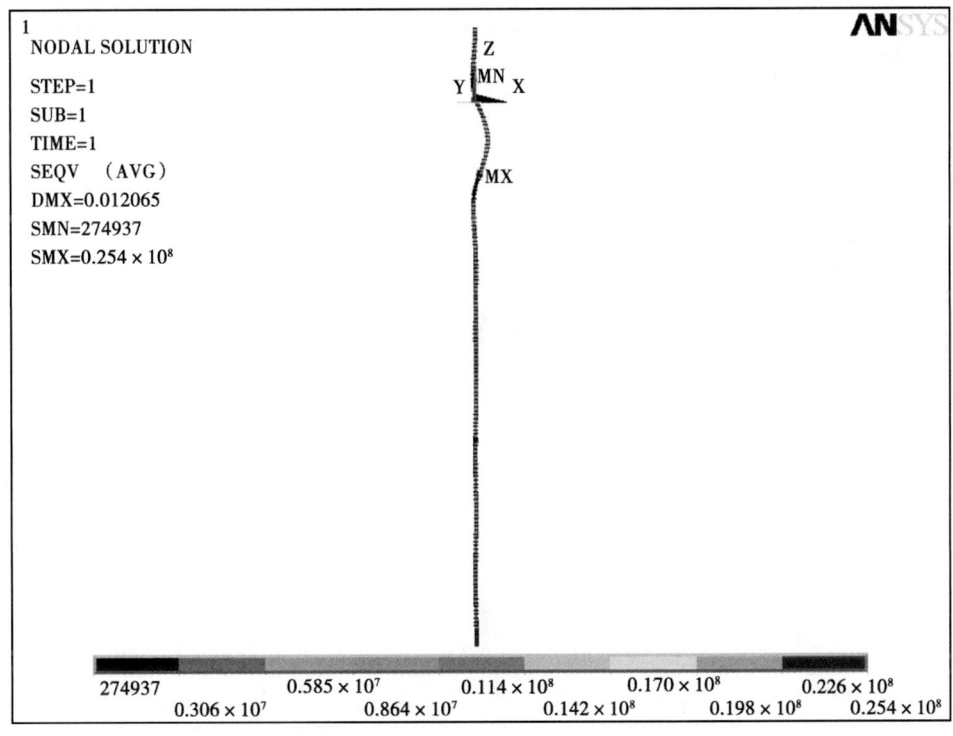

图 8-2-6　20in 波流载荷夹角 90°应力分布云图（25 年期）$S_{tmax}=25.4\mathrm{MPa}$

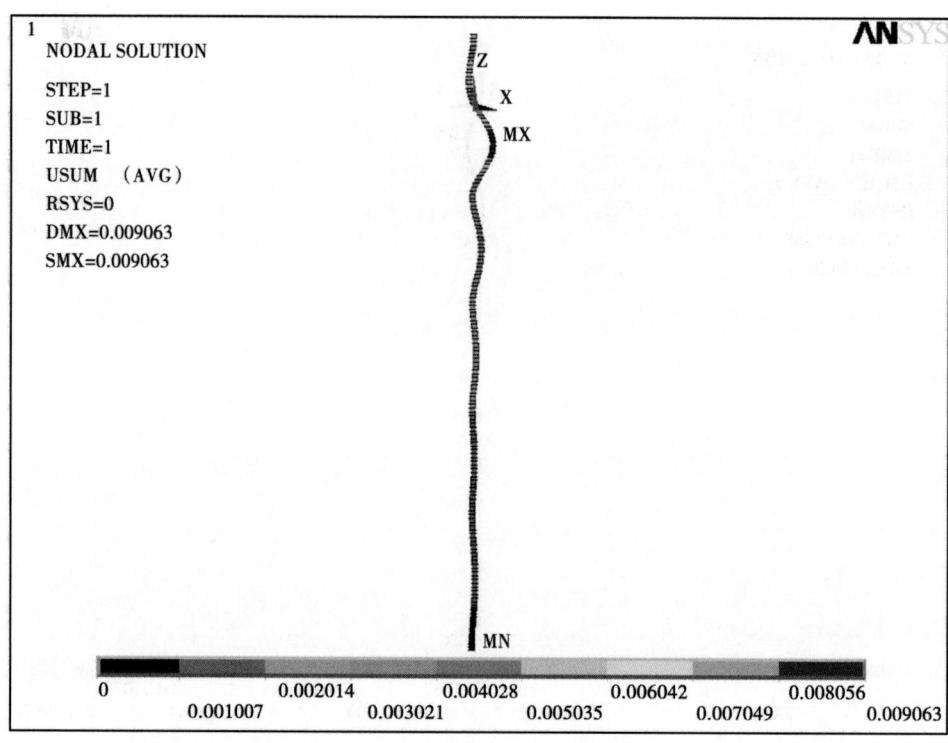

图 8-2-7 30in 波流载荷夹角 0°位移分布图（25 年期） $D_{max}=0.0091\text{m}$

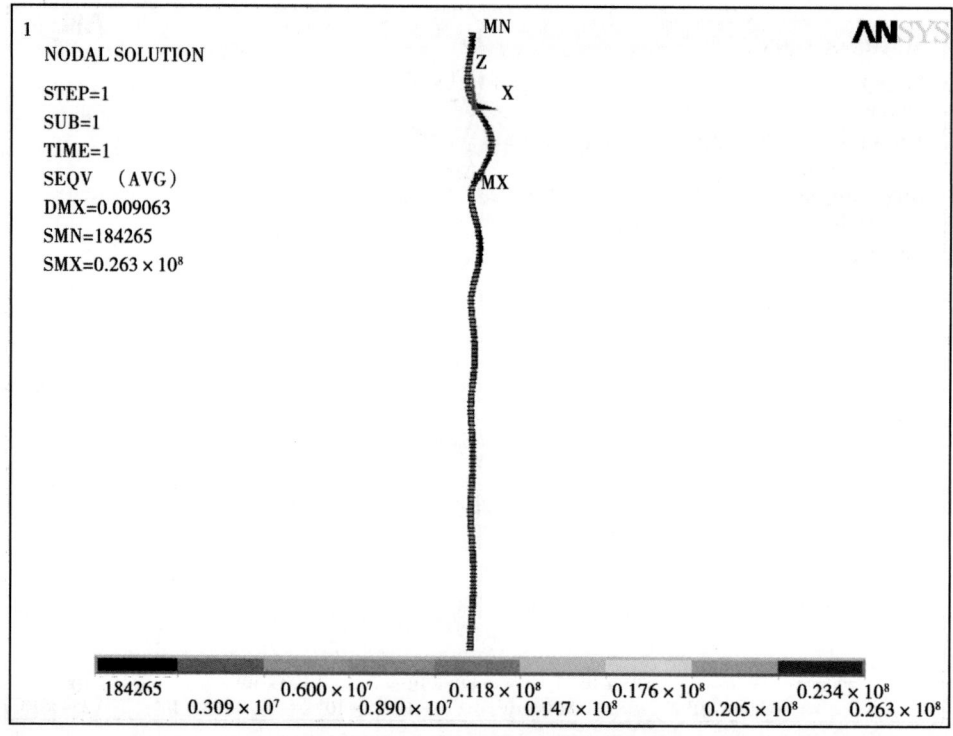

图 8-2-8 30in 波流载荷夹角 0°应力分布图（25 年期） $S_{tmax}=26.3\text{MPa}$

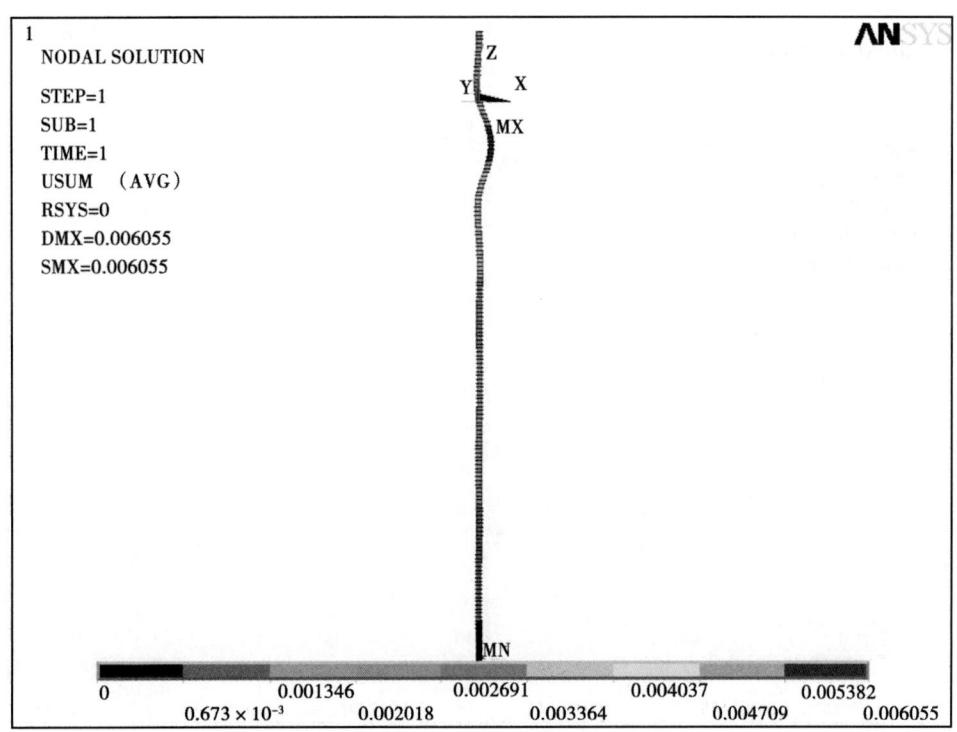

图 8-2-9　30in 波流载荷夹角 90°应力分布云图（25 年期）$D_{max}=0.0061\text{m}$

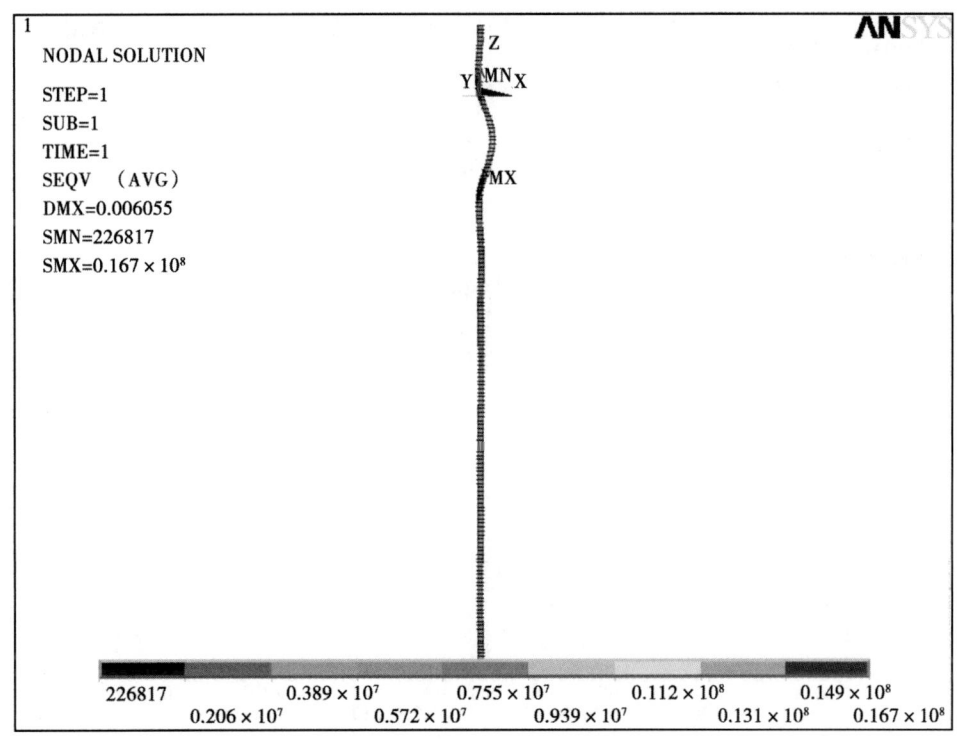

图 8-2-10　30in 波流载荷夹角 90°应力分布云图（25 年期）$S_{tmax}=16.7\text{MPa}$

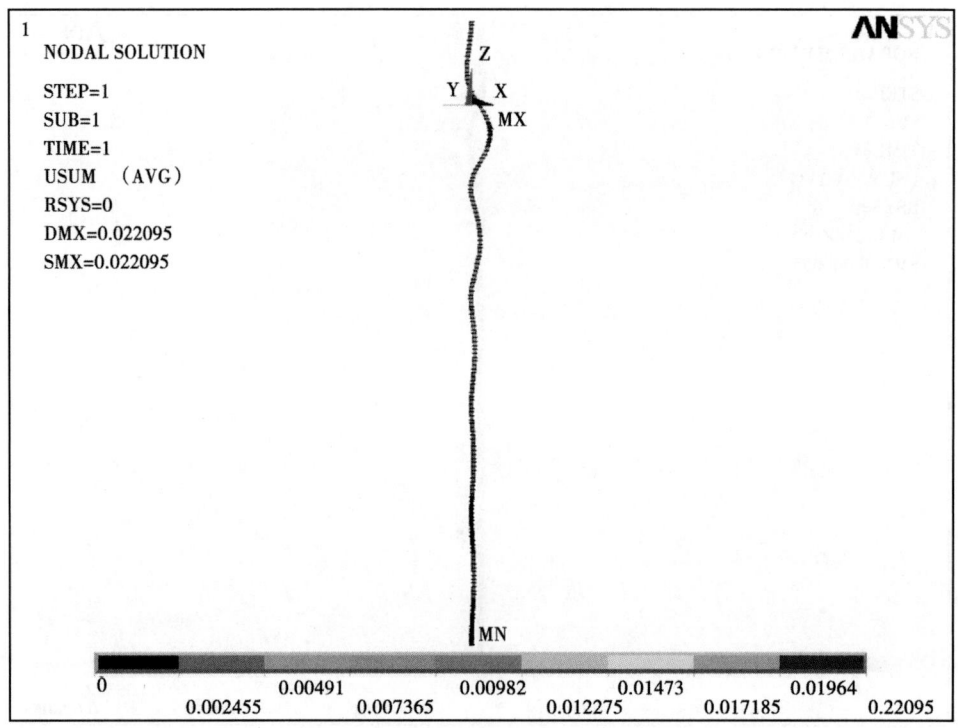

图 8-2-11　20in 波流载荷夹角 0°位移分布图（50 年期）$D_{max}=0.0221\mathrm{m}$

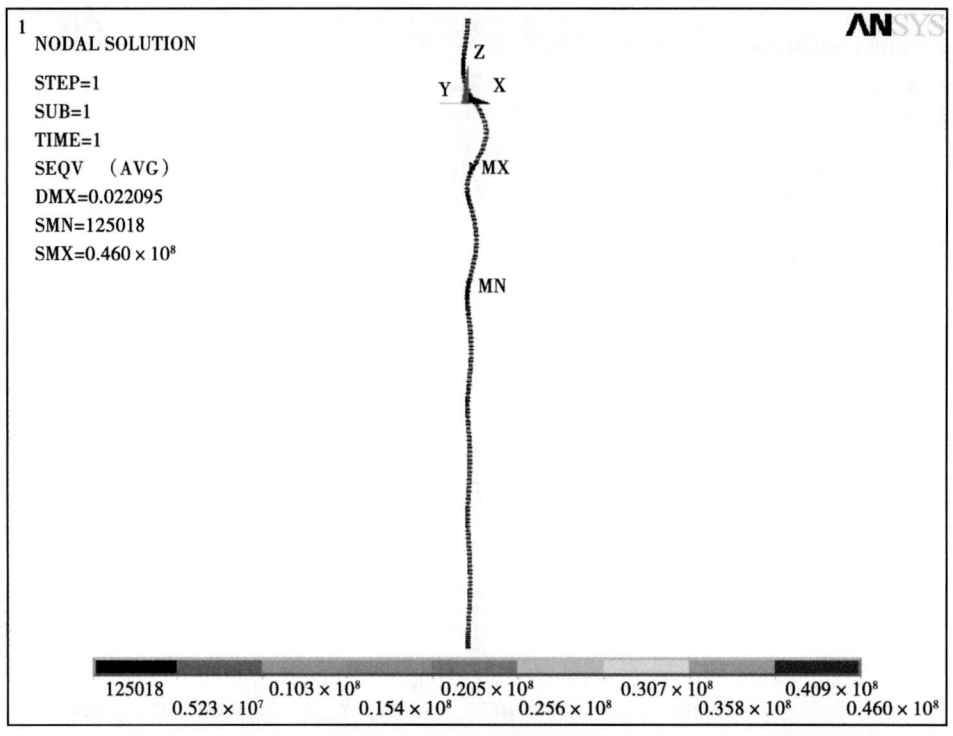

图 8-2-12　20in 波流载荷夹角 0°应力分布云图（50 年期）$S_{tmax}=46.0\mathrm{MPa}$

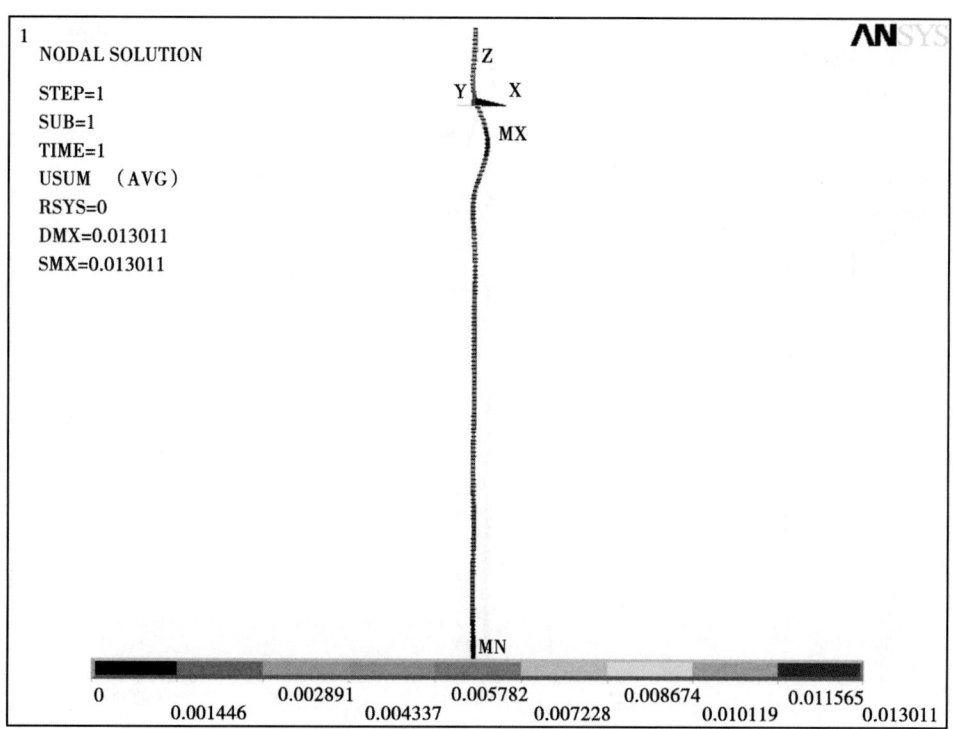

图 8-2-13　20in 波流载荷夹角 90°位移分布图（50 年期）$D_{max} = 0.0130\text{m}$

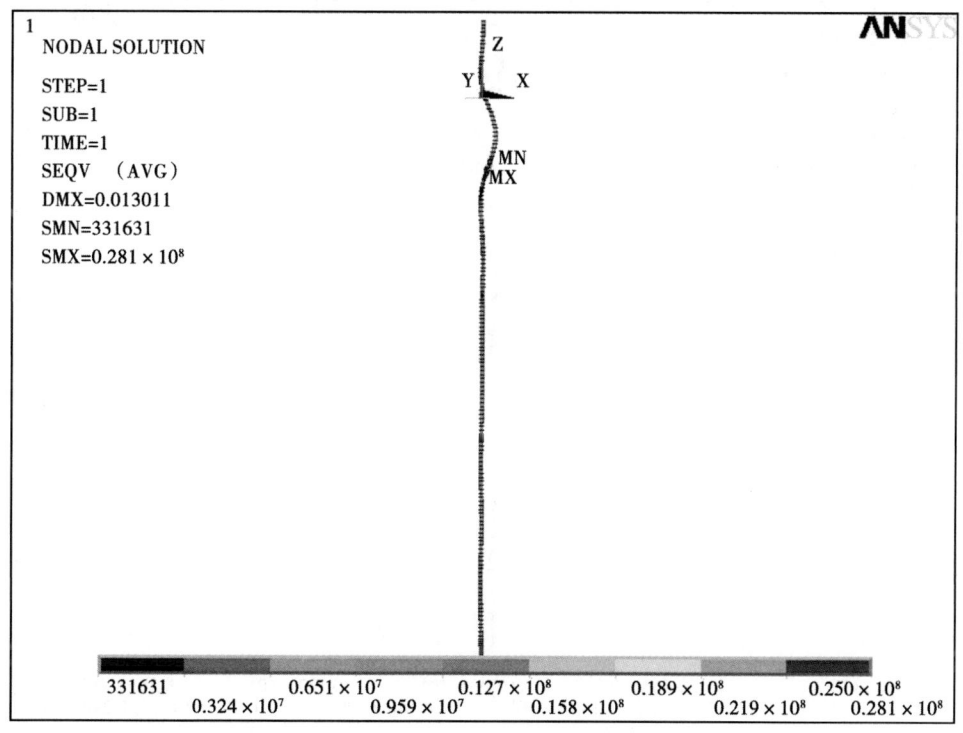

图 8-2-14　20in 波流载荷夹角 90°应力分布云图（50 年期）$S_{tmax} = 28.1\text{MPa}$

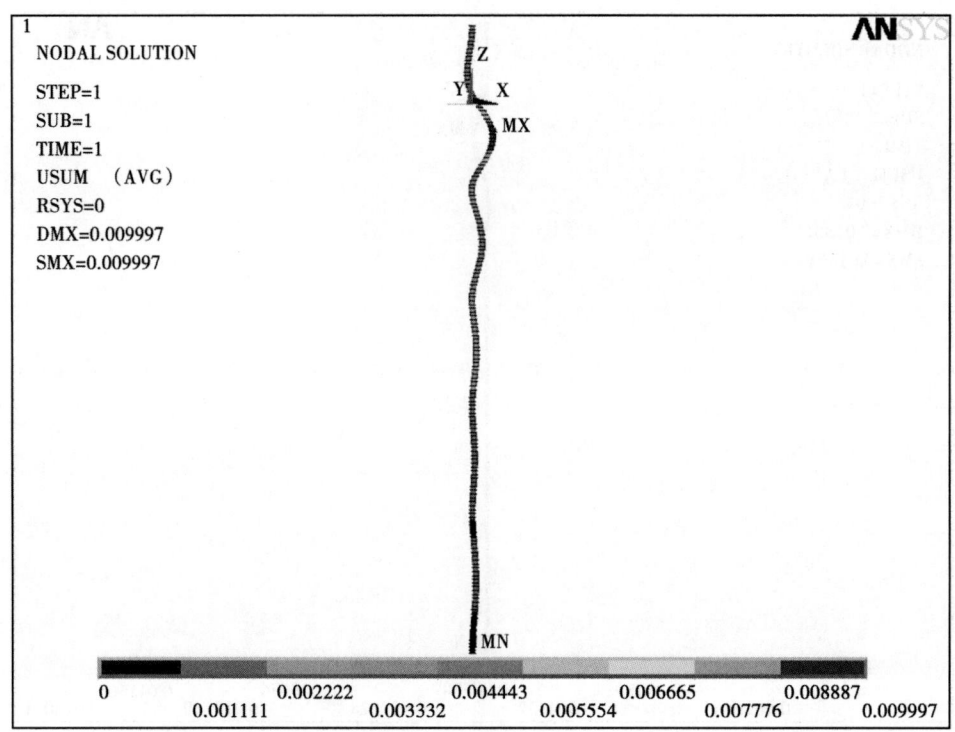

图 8-2-15　30in 波流载荷夹角 0°位移分布图（50 年期）$D_{max}=0.0100\text{m}$

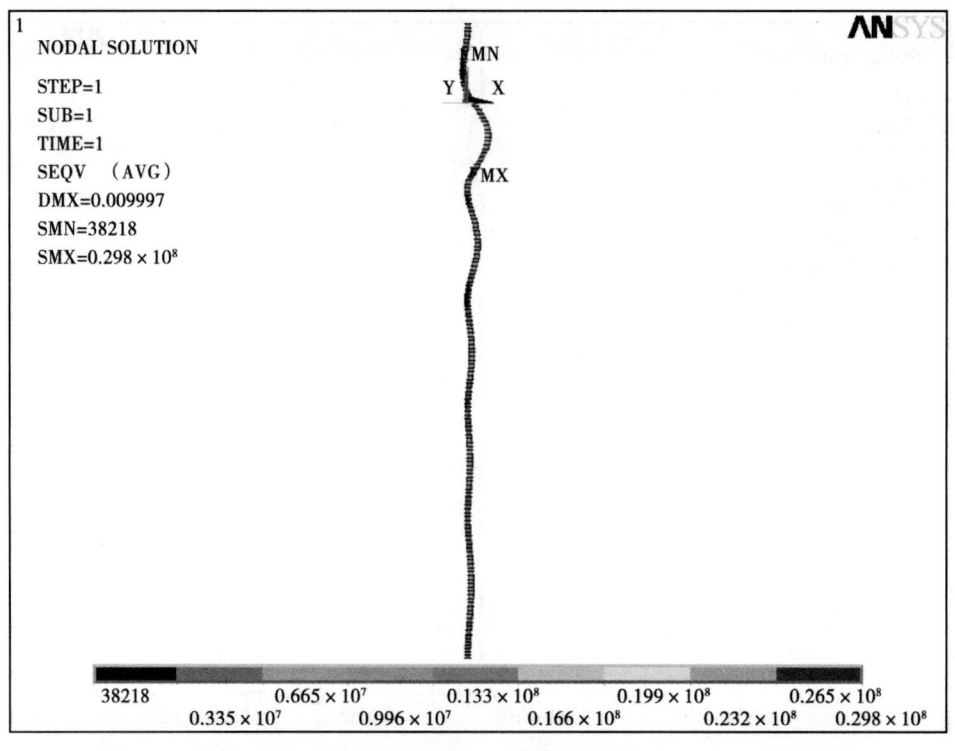

图 8-2-16　30in 波流载荷夹角 0°应力分布云图（50 年期）$S_{tmax}=29.8\text{MPa}$

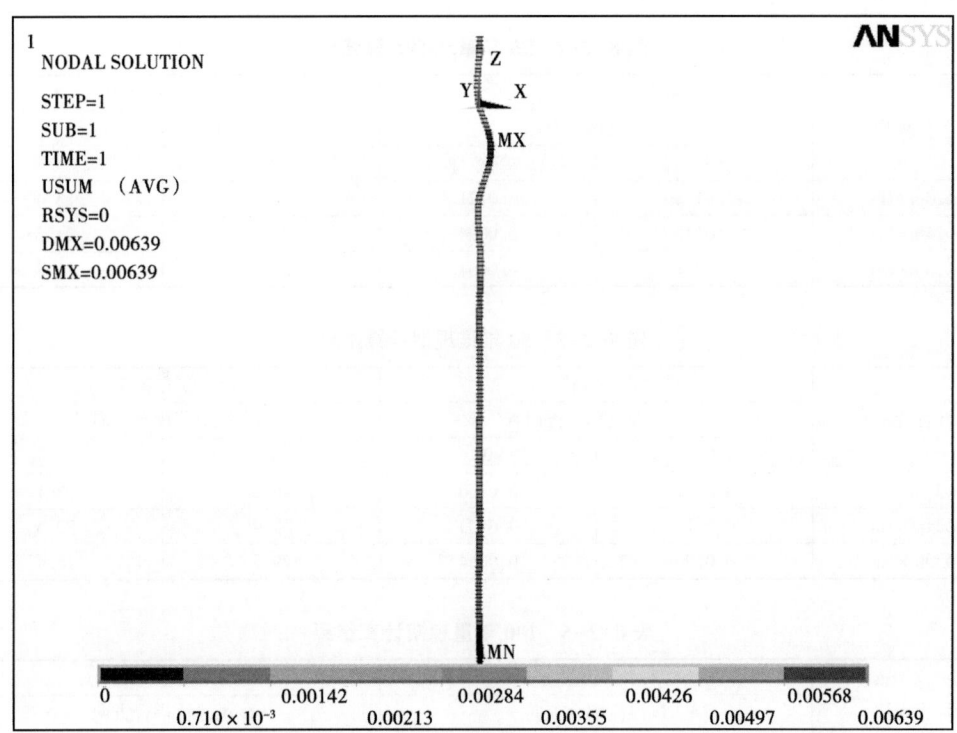

图 8-2-17　30in 波流载荷夹角 90°位移分布图（50 年期）$D_{max}=0.0064\mathrm{m}$

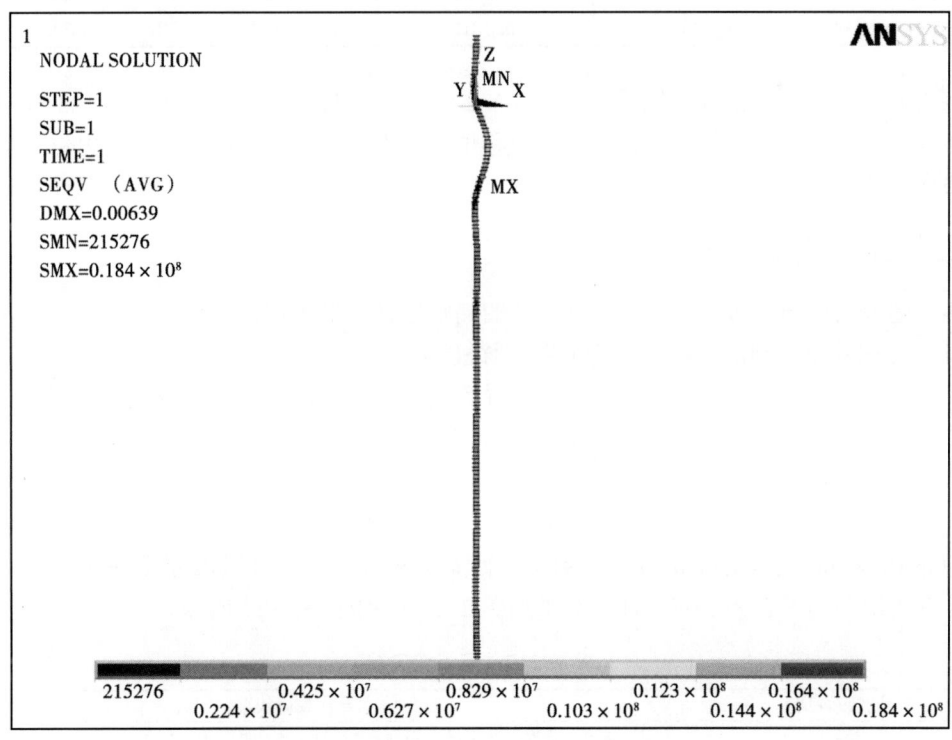

图 8-2-18　30in 波流载荷夹角 90°应力分布云图（50 年期）$S_{tmax}=18.4\mathrm{MPa}$

计算结果汇总见表 8-2-4~表 8-2-6。

表 8-2-4 25 年重现期计算结果

导管规格	最大水平位移（m）		最大应力（MPa）	
	风浪流耦合方向		风浪流耦合方向	
	0°	90°	0°	90°
φ20in×1in	0.0198	0.0121	40.5	25.4
φ24in×1in	0.0137	0.0094	32.9	21.3
φ30in×1in	0.0091	0.0061	26.3	16.7

表 8-2-5 50 年重现期计算结果

导管规格	最大水平位移（m）		最大应力（MPa）	
	风浪流耦合方向		风浪流耦合方向	
	0°	90°	0°	90°
φ20in×1in	0.0221	0.0130	46.0	28.1
φ24in×1in	0.0176	0.0103	37.4	23.5
φ30in×1in	0.0100	0.0064	29.8	18.4

表 8-2-6 100 年重现期计算结果

导管规格	最大水平位移（m）		最大应力（MPa）	
	风浪流耦合方向		风浪流耦合方向	
	0°	90°	0°	90°
φ20in×1in	0.0472	0.0361	77.5	58.4
φ24in×1in	0.0289	0.0176	63.2	45.8
φ30in×1in	0.0203	0.0105	56.6	39.3

由表 8-2-4~表 8-2-6 可以看出，对于 φ20in×1in、φ24in×1in、φ30in×1in 3 种隔水导管在不同工况下的分析结果为：最大水平位移位于水面以下 6m 左右，最大应力位置与载荷作用方向及工况相关。

五、导向孔位置优化

由上述分析可知，对于安装 6 个导向孔的隔水导管其最大横向位移位于水面以下 6m 左右，从 3#导向孔以下到固支端，导管横向位移极小。

由于随着水深的增加，在导向孔与隔水导管之间安装楔块难度越来越大，为了减小施工难度，本文将减少位于 EL（-）102.00m 的 6#导向孔。即采用以下参数进行计算。

隔水导管顶部标高为 EL（+）23.50m。1#导向孔：EL（+）22.50m。2#导向孔：EL（+）5.70m。3#导向孔：EL（-）17.00m。4#导向孔：EL（-）45.00m。5#导向孔：EL（-）73.00m。

对 φ20in×1in、φ24in×1in、φ30in×1in 3 种隔水导管进行承受风浪流载荷作用下的结构计算。其工况分类见表 8-2-7，计算结果如图 8-2-19~图 8-2-27 所示。

表 8-2-7 风浪流工况

工况（重现期）	隔水导管载荷状况
25a	自重+顶载（300t）+强风、浪流耦合沿同一平面作用（0°）；
50a	风速：10min 均值；
100a	波浪：采用有效波高及有效周期

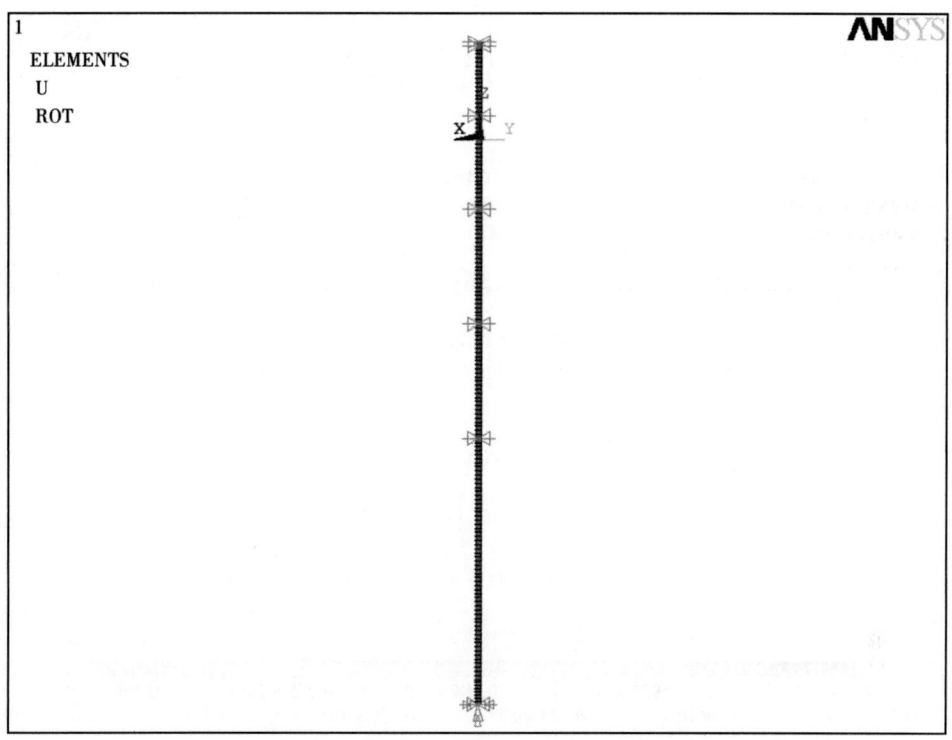

图 8-2-19 隔水导管有限元模型(5个导向孔)

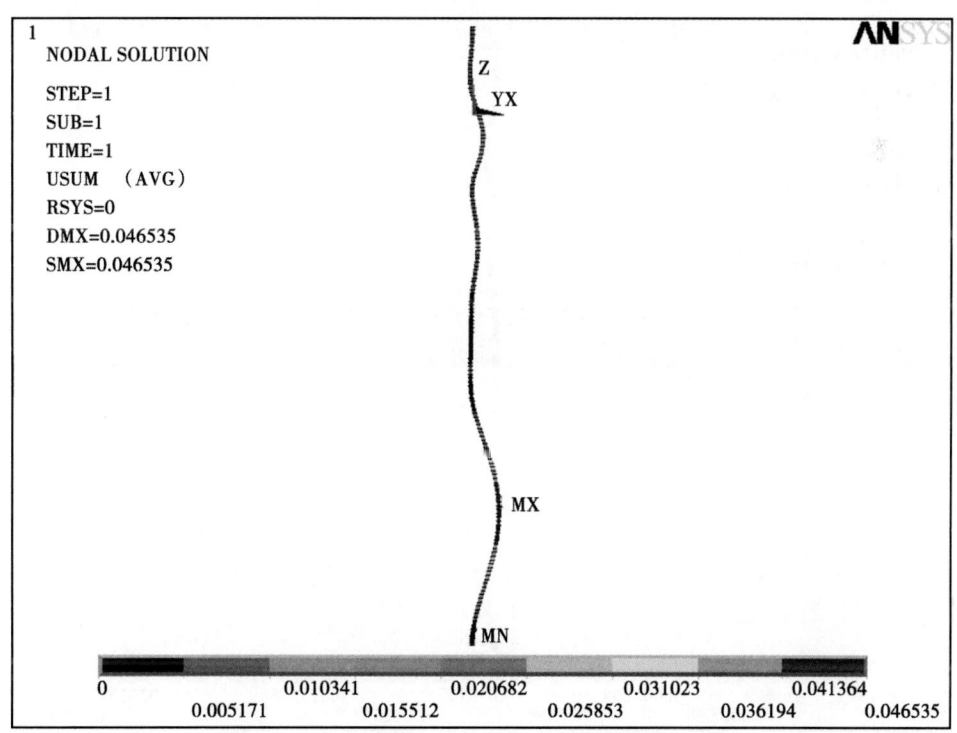

图 8-2-20 20in 波流载荷夹角 0°位移分布云图(25年期)$D_{max}=0.0465$m

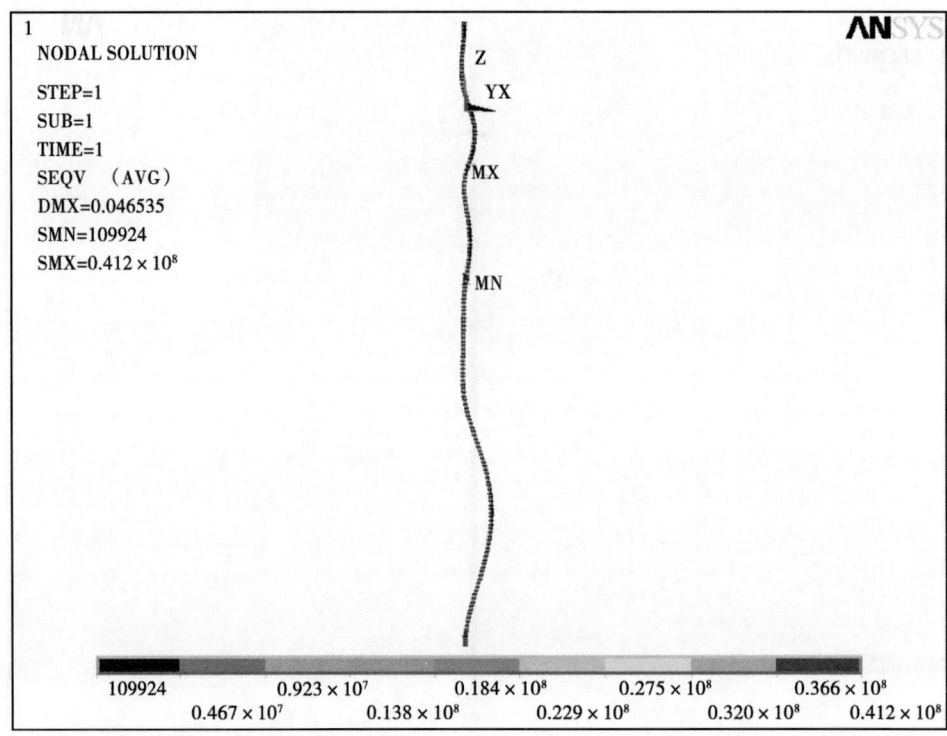

图 8-2-21 20in 波流载荷夹角 0°应力分布云图（25 年期）$S_{tmax}=41.2$MPa

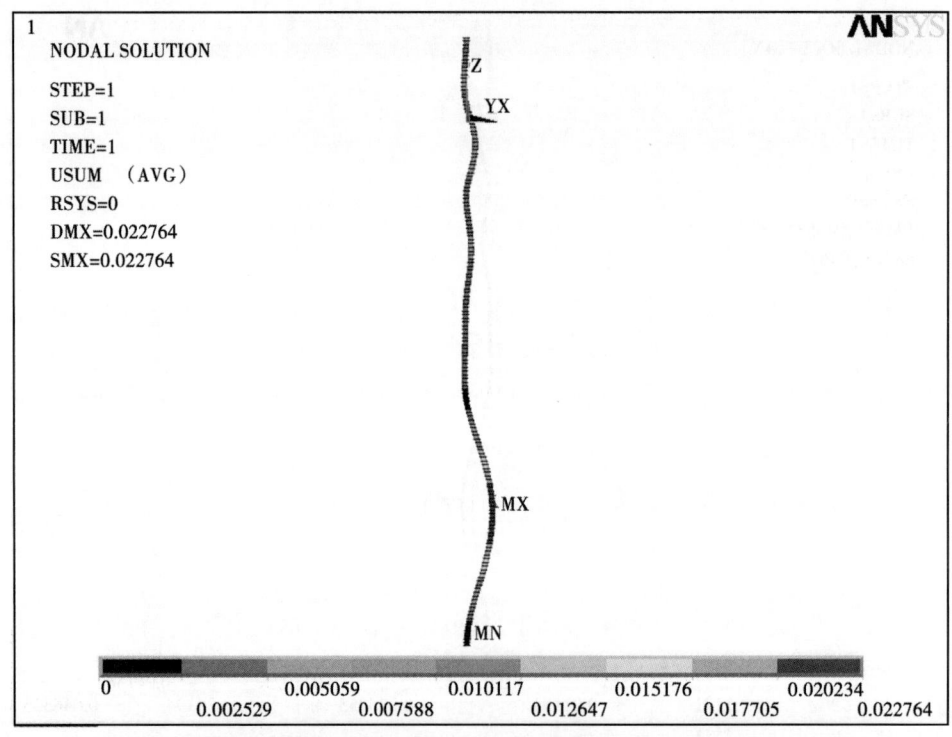

图 8-2-22 30in 波流载荷夹角 0°位移分布云图（25 年期）$D_{max}=0.0228$m

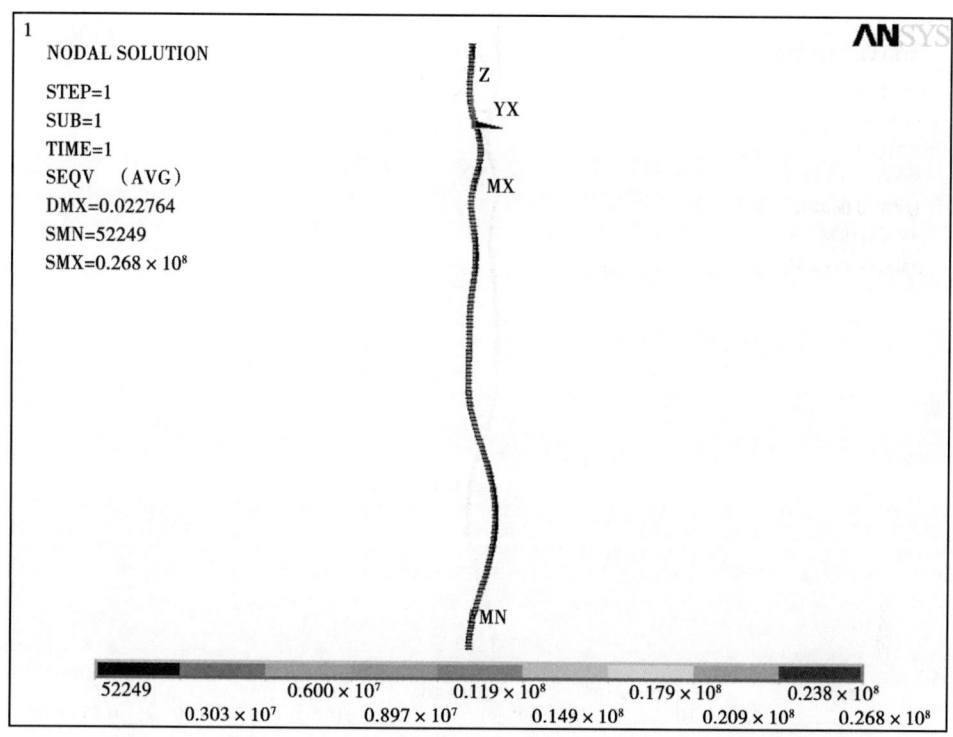

图 8-2-23 30in 波流载荷夹角 0°应力分布云图（25 年期）$S_{tmax}=26.8$MPa

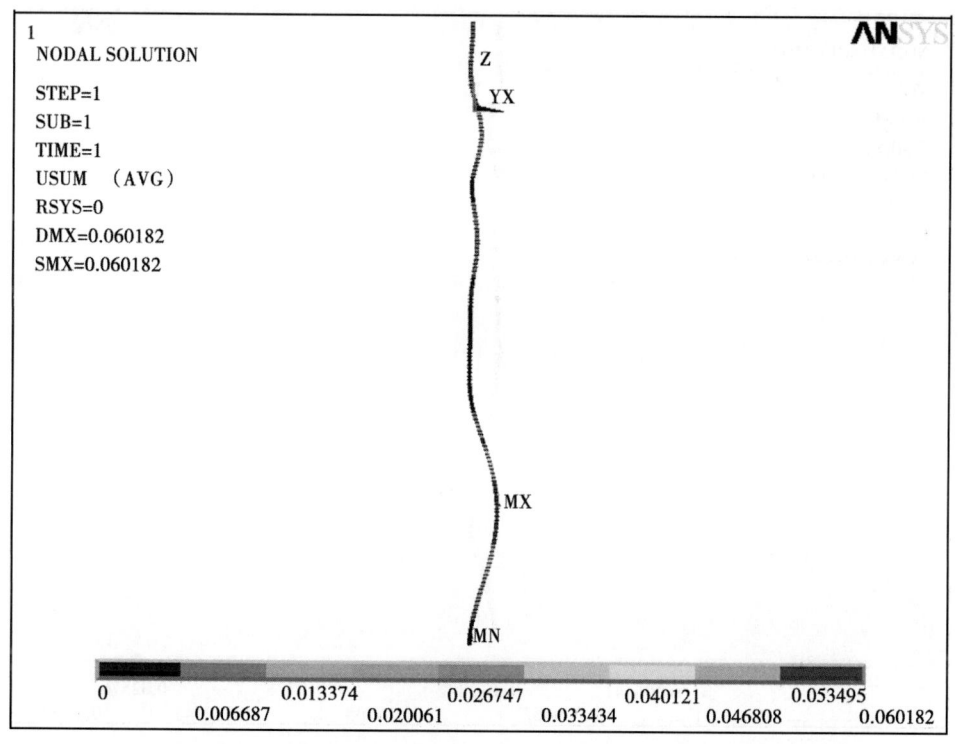

图 8-2-24 20in 波流载荷夹角 0°位移分布云图（50 年期）$D_{max}=0.0602$m

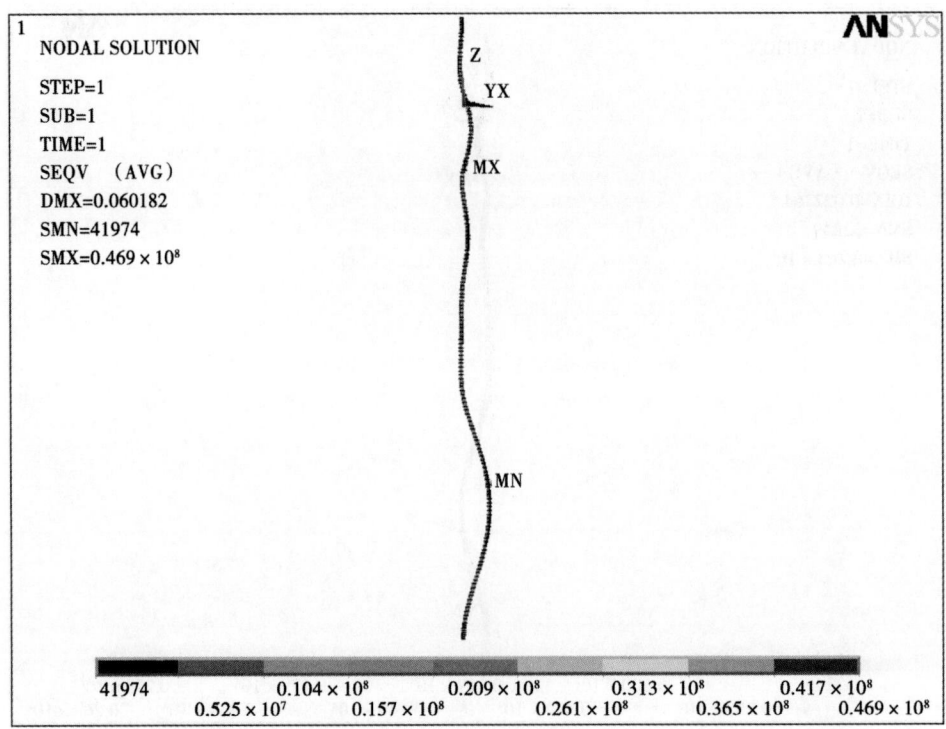

图 8-2-25　20in 波流载荷夹角 0°应力分布云图（50 年期）$S_{tmax}=46.9$MPa

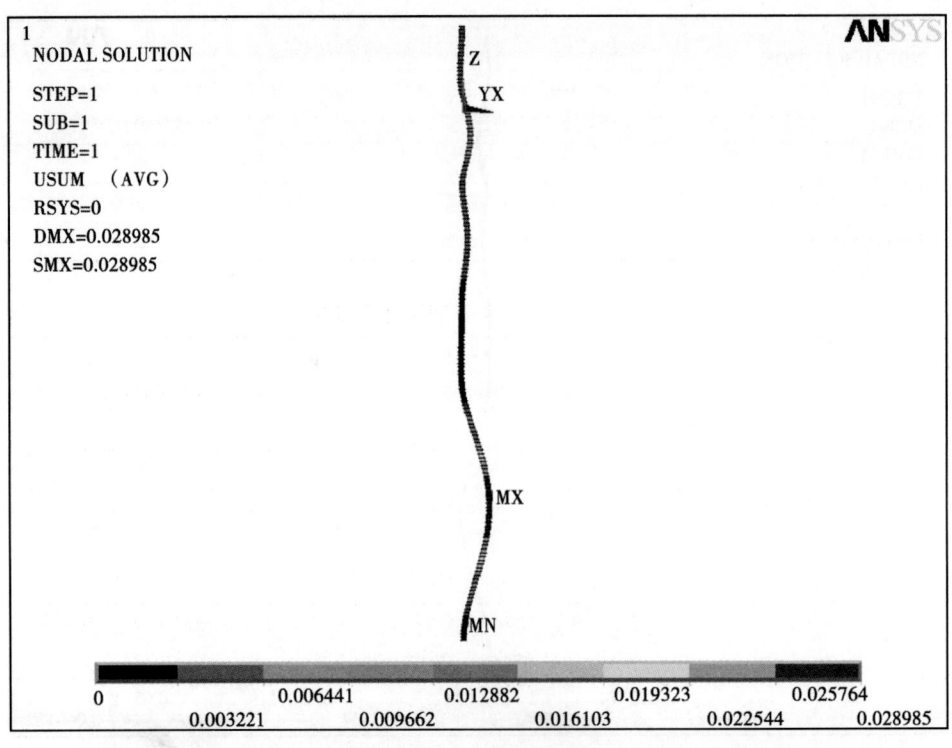

图 8-2-26　30in 波流载荷夹角 0°位移分布云图（50 年期）$D_{max}=0.0290$m

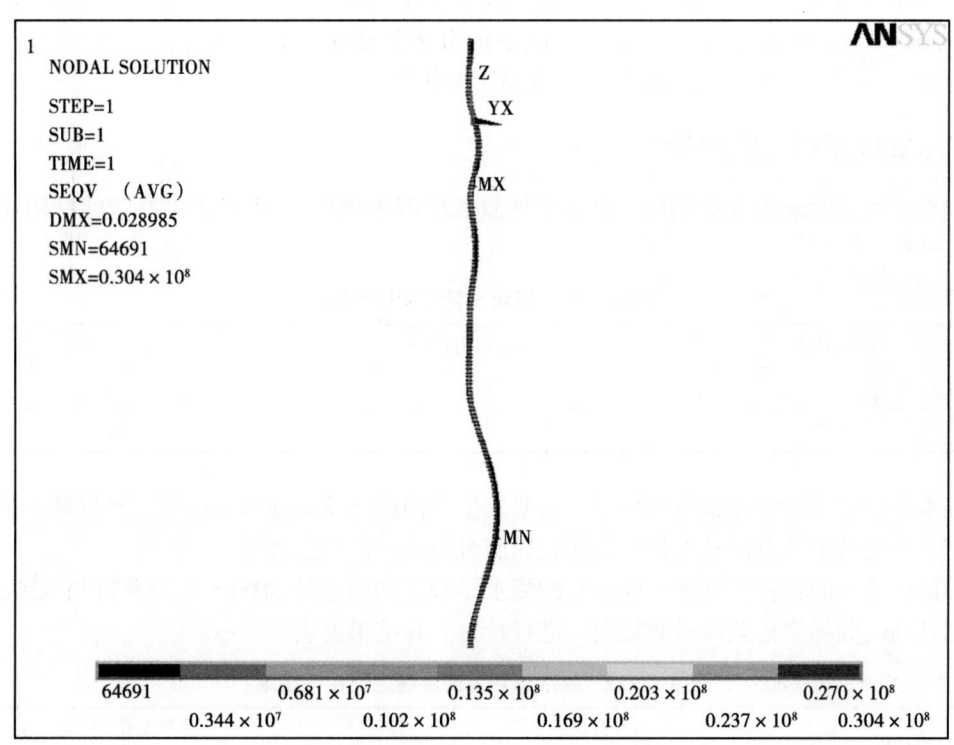

图 8-2-27　30in 波流载荷夹角 0°应力分布云图（50 年期）S_{tmax} = 30.4MPa

计算结果见表 8-2-8～表 8-2-10。

表 8-2-8　25 年重现期计算结果

导管规格	最大水平位移（m） （风浪流耦合方向 0°）	最大应力（MPa） （风浪流耦合方向 0°）
ϕ20in×1in	0.0465	41.2
ϕ24in×1in	0.0353	35.9
ϕ30in×1in	0.0228	26.8

表 8-2-9　50 年重现期计算结果

导管规格	最大水平位移（m） （风浪流耦合方向 0°）	最大应力（MPa） （风浪流耦合方向 0°）
ϕ20in×1in	0.0602	46.9
ϕ24in×1in	0.0416	39.4
ϕ30in×1in	0.0290	30.4

表 8-2-10　100 年重现期计算结果

导管规格	最大水平位移（m） （风浪流耦合方向 0°）	最大应力（MPa） （风浪流耦合方向 0°）
ϕ20in×1in	0.0923	79.6
ϕ24in×1in	0.0751	68.7
ϕ30in×1in	0.0512	59.8

由表 8-2-8~表 8-2-10 可知，对于安装 5 个导向孔的隔水导管，φ20in×1in、φ24in×1in、φ30in×1in 3 种隔水导管在不同工况下的分析结果为：最大水平位移位于水面以下 103m 左右，最大应力位置与载荷作用方向及工况相关。

六、强度与稳定性校核

隔水导管一般采用 X52 钢级，其最小屈服强度为 360MPa，所以隔水导管的许用应力见表 8-2-11。

表 8-2-11 隔水导管许用应力取值

应力种类	许用应力符号	许用应力值（MPa）
抗拉、抗压、抗弯	$[\sigma]$	216
抗剪	$[\tau]$	144

隔水导管在受风浪流载荷作用下，主要发生拉伸破坏及失稳弯曲破坏。根据第一强度理论可知，当结构中某点的最大拉应力达到屈服极限时结构就会破坏。

对前面分析的各种工况下不同尺寸的隔水导管结构的等效 MISES 应力分析与强度校核，并根据其轴向临界失稳载荷对其稳定性进行校核。其结果见表 8-2-12。

表 8-2-12 隔水导管强度及稳定性校核结果

导管规格	6 个导向孔		5 个导向孔	
	强度	稳定性	强度	稳定性
φ20in×1in	满足	满足	满足	满足
φ24in×1in	满足	满足	满足	满足
φ30in×1in	满足	满足	满足	满足

第三节 水下井口稳定性分析应用案例

以 A17-2 气田的 1 井区为例，A17-2-1 井区预定井位位置水深为 1447m，由于缺乏对目标海域海洋环境调查数据，环境参数根据《中国南海深水天然气开发研究气象、水文环境设计条件研究》选择，波浪参数选用有效波浪高及波浪周期，风速选用 10min 风速均值。参考 API RP 16Q、API RP 2RD、API RP 2A-WSD 规范和《海洋钻井手册》，环境载荷和安全系数选取见表 8-3-1，考虑钻井工况，环境参数选南海一年一遇非台风期条件下波流载荷，安全系数取为 1.50。

表 8-3-1 海洋环境参数及安全系数选取

环境参数	波浪高（m）	波浪周期（s）	海面流速（m/s）	中部流速（m/s）	底部流速（m/s）	风速（m/s）	安全系数
取值	4.8	10.5	0.99	0.45	0.30	19.1	1.50

一、隔水导管系统受力分析

采用有限元分析软件 ANSYS 建立隔水导管系统力学计算模型，在南海一年一遇非台风期海洋环境载荷条件下，计算在隔水导管最小顶部张力为417.9t（4.10MN）时，考虑HYSY981深水钻井平台相对于水深的偏移量分别为1%、3%、5%和7%时对模型进行计算分析，提取隔水导管的下部挠性X和Z方向支反力、弯矩、位移、接头转角，见表8-3-2。

表8-3-2 隔水导管下部挠性接头计算结果

平台偏移	转角（°）	弯矩（MN·m）	X方向支反力（kN）	Z方向支反力（kN）
1%	0.8	77.1	109.46	1322.78
3%	1.9	176.4	134.59	1322.78
5%	3.0	275.2	204.35	1322.78
7%	4.0	369.8	274.15	1322.78

注：表中的弯矩是根据底部挠性接头转角和接头抗弯刚度计算得出的，底部挠性接头抗弯刚度为19918ft·lbf/(°)，约27kN·m/(°)。为安全考虑，Z方向反力考虑为LMRP的湿重。

二、水下井口头顶端节点力学分析

（一）钻井工况下水下井口头顶端节点力学分析

根据表8-3-2中计算的数据，附加防沉板、三开套管固井水泥浆重量至井口，见表8-3-3，得出作用在水下井口头顶端节点的受力边界条件，见表8-3-4，A17-2-1井区低压井口头出泥高度取为3.5m。

表8-3-3 A17-2-1井区三开技术套管固井最危险工况载荷   单位：kN

项目	湿重	合计
固井水泥浆重量	494.51	533.01
防沉板	38.50	

表8-3-4 A17-2-1井区井口头顶端节点力学边界条件

平台偏移	弯矩（kN·m）	X方向支反力（kN）	Z方向支反力（kN）
1%	1607.14	113.77	2646.30
3%	2051.11	138.92	2646.30
5%	3106.66	208.75	2646.30
7%	4158.53	278.63	2646.30

（二）完井工况下水下井口头顶端节点力学分析

根据表8-3-2中计算的数据，附加防沉板、三开套管固井水泥浆重量至井口，见表8-3-5，得出作用在水下井口头顶端节点的力学边界条件，见表8-3-6，A17-2-1井区低压井口头出泥高度为3.5m。

表8-3-5 A17-2-1井区三开技术套管固井最危险工况载荷（完井）   单位：kN

项目	湿重	合计
固井水泥浆重量	523.33	561.83
防沉板	38.50	

表8-3-6 A17-2-1井区井口头顶端节点力学边界条件（完井）

平台偏移	弯矩（kN·m）	X方向支反力（kN）	Z方向支反力（kN）
1%	1618.26	114.77	2674.95
3%	2062.61	139.93	2674.95
5%	3117.90	209.76	2674.95
7%	4170.22	279.63	2674.95

三、平台偏移量分析

（一）钻井工况下平台偏移量分析

1. 井口倾斜角为0°工况下水下井口稳定性分析

为有效校核水下井口稳定性，从安全角度出发，按HYSY981深水钻井平台相对于水深的不同偏移量，20in表层套管固井水泥浆返高距离泥线为9.0m的工况计算高、低压井口头和表层导管的最大等效应力和弯矩。根据表层导管初步设计方案，表层导管下入7根，管串排列为：带低压井口头的1.5in壁厚的表层导管1根+外径36in×壁厚1.5in的表层导管1根+外径36in×壁厚1in的表层导管4根+带导管管鞋的外径36in×壁厚1in的表层导管1根。

通过有限元软件ANSYS计算该工况下水下井口—表层导管系统模型，分别提取高、低压井口头和表层导管最大等效应力和最大弯矩值，见表8-3-7。

表8-3-7 A17-2-1井区高、低压井口头和表层导管应力和弯矩计算结果

平台偏移	高压头最大弯矩（kN·m）	低压头最大弯矩（kN·m）	导管最大弯矩（kN·m）	导管最大等效应力（kPa）
1%	1.61	1.70	2.8550	93.50
3%	2.05	2.17	3.6601	126.37
5%	3.11	3.28	5.9619	220.25

A17-2-1井区在钻井工况下高压井口头、低压井口头及表层导管强度和稳定性校核标准见表8-3-8。

表8-3-8 A17-2-1井区高、低压井口头及表层导管校核标准（安全系数1.5）

项目	许用屈服强度（MPa）	许用抗弯强度（MN·m）
高压井口头	—	5.20
低压井口头	—	5.20
表层导管（1.5in壁厚）	257.33	5.68
表层导管（1.0in壁厚）	257.33	3.94

由计算结果分析可知，在该工况下，钻井平台偏移为水深4.75%时，表层导管最大等效应力和最大弯矩值接近导管许用值，为保证作业安全，平台最大偏移量不应大于4.75%。

2. 井口倾斜角为1°工况下水下井口稳定性分析

通过有限元软件ANSYS计算该工况下水下井口—表层导管系统模型，分别提取高、低压井口头和表层导管最大等效应力和最大弯矩值，见表8-3-9。

表8-3-9 A17-2-1井区高、低压井口头和表层导管应力和弯矩计算结果

平台偏移	高压头最大弯矩（MN·m）	低压头最大弯矩（MN·m）	导管最大弯矩（MN·m）	导管最大等效应力（MPa）
1%	1.61	1.70	3.4105	162.26
3%	2.05	2.17	4.2644	197.20
5%	3.11	3.28	6.8019	300.86

由计算结果分析可知，在该工况下，钻井平台偏移为水深4.11%时，表层导管最大等效应力和最大弯矩值接近导管许用值，为保证作业安全，平台最大偏移量不应大于4.11%。

3. 井口倾斜角为2°工况下水下井口稳定性分析

通过有限元软件ANSYS计算该工况下水下井口—表层导管系统模型，分别提取高、低压井口头和表层导管最大等效应力和最大弯矩值，见表8-3-10。

表8-3-10 A17-2-1井区高、低压井口头和表层导管应力和弯矩计算结果

平台偏移	高压头最大弯矩（MN·m）	低压头最大弯矩（MN·m）	导管最大弯矩（MN·m）	导管最大等效应力（MPa）
1%	1.61	1.70	4.0317	187.71
3%	2.05	2.17	4.9587	225.56
5%	3.11	3.28	7.7847	339.01

由计算结果分析可知，在该工况下，钻井平台偏移为水深3.51%时，表层导管最大等效应力和最大弯矩值接近导管许用值，为保证作业安全，平台最大偏移量不应大于3.51%。

（二）完井工况下水下平台偏移量分析

1. 井口倾斜角为0°工况下水下井口稳定性分析

通过有限元软件ANSYS计算该工况下水下井口—表层导管系统模型，分别提取高、低压井口头和表层导管最大等效应力和最大弯矩值，见表8-3-11。

A17-2-1井区在钻井工况下高压井口头、低压井口头及表层导管强度和稳定性校核标准，以及校核结果见表8-3-12。

表8-3-11 A17-2-1井区高、低压井口头和表层导管应力强度和弯矩校核结果

平台偏移	高压头最大弯矩（kN·m）	低压头最大弯矩（kN·m）	导管最大弯矩（kN·m）	导管最大等效应力（kPa）
1%	1.62	1.70	2.8842	94.458
3%	2.06	2.17	3.6917	127.430
5%	3.12	3.28	6.0083	221.900

表 8-3-12　A17-2-1 井区高、低压井口头及表层导管校核标准（安全系数 1.5）

项　　目	许用屈服强度（MPa）	许用抗弯强度（MN·m）
高压井口头	—	5.20
低压井口头	—	5.20
表层导管（1.5in 壁厚）	257.33	5.68
表层导管（1.0in 壁厚）	257.33	3.94

由计算结果分析可知，在该工况下，钻井平台偏移为水深 4.71% 时，表层导管最大等效应力和最大弯矩值接近导管许用值，为保证作业安全，平台最大偏移量不应大于 4.71%。

2. 井口倾斜角为 1°工况下水下井口稳定性分析

通过有限元软件 ANSYS 计算该工况下水下井口—表层导管系统模型，分别提取高、低压井口头和表层导管最大等效应力和最大弯矩值，见表 8-3-13。

表 8-3-13　A17-2-1 井区高、低压井口头和表层导管应力和弯矩计算结果

平台偏移	高压头最大弯矩（MN·m）	低压头最大弯矩（MN·m）	导管最大弯矩（MN·m）	导管最大等效应力（MPa）
1%	1.62	1.70	3.4481	164.04
3%	2.06	2.17	4.3085	199.25
5%	3.12	3.28	6.8672	303.76

由计算结果分析可知，在该工况下，钻井平台偏移为水深 4.07% 时，表层导管最大等效应力和最大弯矩值接近导管许用值，为保证作业安全，平台最大偏移量不应大于 4.07%。

3. 井口倾斜角为 2°工况下水下井口稳定性分析

通过有限元软件 ANSYS 计算该工况下水下井口—表层导管系统模型，分别提取高、低压井口头和表层导管最大等效应力和最大弯矩值，见表 8-3-14。

表 8-3-14　A17-2-1 井区高、低压井口头和表层导管应力和弯矩计算结果

平台偏移	高压头最大弯矩（MN·m）	低压头最大弯矩（MN·m）	导管最大弯矩（MN·m）	导管最大等效应力（MPa）
1%	1.62	1.70	4.0826	190.04
3%	2.06	2.17	5.0171	228.29
5%	3.12	3.28	7.8669	342.32

由计算结果分析可知，在该工况下，钻井平台偏移为水深 3.46% 时，表层导管最大等效应力和最大弯矩值接近导管许用值，为保证作业安全，平台最大偏移量不应大于 3.46%。

四、井口最大出泥高度分析

在南海一年一遇非台风期海洋环境载荷条件下，根据作业过程中平台偏移量不超过水深 5% 工况下，对不同井口倾斜角下允许的低压井口头最大出泥高度展开分析校核，分析结果如图 8-3-1 所示。

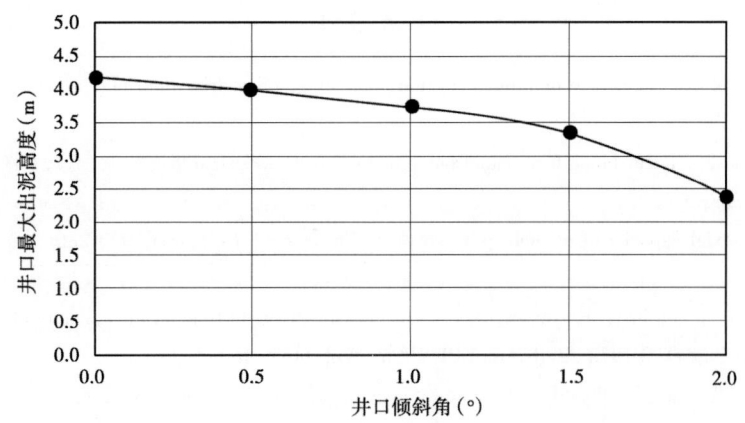

图 8-3-1 平台偏移 5%时井口最大出泥高度与井口倾斜角关系曲线

根据有限元软件 ANSYS 建立的计算模型分析结果，在平台倾斜 5%，井口出现小角度倾斜情况下，为保持井口的稳定性要求，本井设计低压井口头出泥高度 3.5m。

参 考 文 献

[1] Kolk H. J. A reliable method to determine friction capacity of piles driveninto clay (C). OTC 7993 28th SPE 1996, Vol. 1337-346.

[2] Randolph M. F. Field and laboratory data from pile load tests in calcareous soil (C). OTC 7992. 28th SPE 1996, Vol. 1327-336.

[3] Jardine R. J. Axial capacity of offshore piles diven in dense sand (C). OTC7973 28th Ann SPE1996, Vol. 1 161-170.

[4] F. C. Chow, R. J. Jardina, F. Brucy, J. F. Nauroy. The effects of time on the capacity of pipe piles in dense marine sand (C). OTC 7972. 28th Ann SPE 1996, Vol.1147-160.

[5] Pettingill H S, Weimer P. World-wide deepwater exploration and production: past, present and future [A]. Houston, Texas: 21st Annual Research Conference, 2001-12.

[6] Beck R D, Jackson C. W, Hamilton T K. Reliable deepwater structural casing installation using controlled jetting [R]. SPE22542. 1991, 75-84.

[7] Placido J C R, F. Medeiros. Casing Drilling-Experience in Brazil [J]. Offshore Technology Conference, 2005, 2-5.

[8] Beck R D, C. W. Jackson. Reliable deepwater Structural Casing Installaton Using Controlled Jetting [J]. SPE Annual Technical Conference and Exhibition, 1991, 6-9.

[9] 杨进，刘书杰，王平双，等. 海上钻井隔水导管下入深度理论与控制技术 [M]. 北京：石油工业出版社，2009.

[10] 杨进，周建良，刘书杰，等. 深水表层导管钻井技术 [M]. 北京：石油工业出版社，2012.

[11] 陈庭根，管志川. 钻井工程理论与技术 [M]. 东营：石油大学出版社，2000.

[12] 胡海良，唐海雄，汪顺文. 白云6-1-1井深水钻井技术 [J]. 石油钻采工艺，2008，30（6）：25-28.

[13] 林广辉. 随钻下套管技术——在我国南海油田的首次应用 [J]. 中国海上油气（工程），1996，8（1）：53-58.

[14] 刘彩红，杨进，曹式敬. 海洋深水钻井隔水管力学特性分析 [J]. 石油钻采工艺，2008，30（2）：28-31.

[15] 苏堪华. 深水钻井井口力学分析及导管承载能力研究 [D]. 青岛：中国石油大学（华东），2009.

[16] 徐荣强，陈建兵，刘正礼，等. 喷射导管技术在深水钻井作业中的应用 [J]. 石油钻采工艺，2007，29（3）：19-22.

[17] 杨进，曹式敬. 深水石油钻井技术现状及发展趋势 [J]. 石油钻采工艺，2008，30（2）：10-13.

[18] 翟慧颖，杨进，周建良，等. 隔水导管与土壤胶结强度试验分析研究 [J]. 石油钻采工艺，2008，30（2）：36-38.

[19] 刑延. 渤海南部海底土的工程性质 [J]. 中国海上油气，1989，1（3）：34-38.

[20] 李华桂. 海洋钻井隔水管的动力分析 [J]. 石油学报，1996，17（1）：122-127.

[21] 樊良本，朱国元. 桩周土应力状态的圆柱孔扩张理论试验研究 [J]. 浙江大学学报，1998，32(2)：228-235.

[22] 许清侠. 沉桩的挤土效应对周边环境的影响 [D]. 上海：同济大学，1998.

[23] 李建民. 导管架柱的布置、尺寸和贯入深度的确定 [J]. 中国海洋平台，1998，13（5）：39-41.

[24] 孙钧，汪炳鑑. 地下结构有限元法解析 [M]. 上海：同济大学出版社，1988.

[25] 华东水利学院土压力教研室. 土工原理与计算 [M]. 北京：水利电力出版社，1979.

[26] 杨进，彭苏萍，周建良，等. 海上钻井隔水导管最小入泥深度研究 [J]. 石油钻采工艺，2002，24（2）：1-4.

［27］杨进．海上钻井隔水导管极限承载力计算研究［J］．石油钻采工艺，2003，25（5）：28-31．

［28］杨进，周建良，刘书杰，等．海底土条件下群桩可打性试验研究［J］．中国海上油气（工程），2003，15（3）：32-35．

［29］杨进，彭苏萍．群桩条件下桩土相互作用实验研究［J］．岩土力学，2004，25（2）：312-315．